1+X 职业技术·职业资格培训教材

WANGYESHEJIZHIZUOYUA

网页设计制作员

（四级）第3版

U0251253

主　编　吴志刚

副主编　张红军

编　者　吴　悠　顾铁军　蔡　俊

主　审　李　杰

中国劳动社会保障出版社

图书在版编目（CIP）数据

网页设计制作员：四级／人力资源和社会保障部教材办公室等组织编写. —3 版. —北京：中国劳动社会保障出版社，2014

1＋X 职业技术·职业资格培训教材

ISBN 978-7-5167-0920-7

Ⅰ．①网…　Ⅱ．①人…　Ⅲ．①网页制作工具-技术培训-教材　Ⅳ．①TP393.092

中国版本图书馆 CIP 数据核字（2014）第 064670 号

中国劳动社会保障出版社出版发行

（北京市惠新东街1号　邮政编码:100029）

*

北京北苑印刷有限责任公司印刷装订　新华书店经销

787 毫米×1040 毫米　16 开本　30.75 印张　581 千字

2014 年 4 月第 3 版　　2018 年 1 月第 2 次印刷

定价：68.00 元

读者服务部电话:(010)64929211/64921644/84626437

营销部电话:(010)64961894

出版社网址:http://www.class.com.cn

内 容 简 介

　　本教材由人力资源和社会保障部教材办公室、中国就业培训技术指导中心上海分中心、上海市职业技能鉴定中心依据上海 1 + X 网页设计制作员（四级）职业技能鉴定细目组织编写。教材从强化培养操作技能，掌握实用技术的角度出发，较好地体现了当前最新的实用知识与操作技术，对于提高从业人员基本素质，掌握网页设计制作员的核心知识与技能有直接的帮助和指导作用。

　　本教材在编写中摒弃了传统教材注重系统性、理论性和完整性的编写方法，而是根据本职业的工作特点，从掌握实用操作技能和能力培养为根本出发点，采用模块化的编写方式。全书共分为 7 章，主要内容包括网站项目开发知识、网站中的多媒体应用、网页效果图制作、前端开发、表单验证、网页动画制作以及建站与优化。

　　本教材可作为网页设计制作员（四级）职业技能培训与鉴定考核教材，也可供全国中、高等职业技术院校相关专业师生参考使用，以及本职业从业人员培训使用。

改 版 说 明

　　1+X 职业技术·职业资格培训教材《网页设计制作员（中级）第 2 版》自 2009 年出版以来深受从业人员的欢迎，经过多次重印，在网页设计制作员（四级）职业资格鉴定、职业技能培训和岗位培训中发挥了很大的作用。

　　随着我国科技进步、产业结构调整和服务业的不断发展，新的国家和行业标准的相继颁布和实施，对网页设计制作员的知识结构和职业技能提出了新的要求。为此，人力资源和社会保障部教材办公室、中国就业培训技术指导中心上海分中心、上海市职业技能鉴定中心联合组织了有关方面的专家和技术人员，按照新的网页设计制作员（四级）职业技能鉴定要素细目对教材进行了改版，使其更适应社会发展和行业需求，更好地为从业人员和广大读者服务。

　　为保持本套教材的延续性，本次修订根据教学和技能培训的实践以及网页设计制作员（四级）鉴定要素细目表，对教材做了适当调整，使知识结构更加严密，逻辑性和层次性更加清晰，做到知识全面、重点突出，更加注重操作技能的实用性，以期本教材对从业人员在实际工作中也能起到一定的指导作用。新教材删除了第 2 版教材中 Fireworks CS3 的内容，对其他应用软件的版本进行升级讲解，全书列举了详细的操作步骤，供读者参考。

　　因时间仓促，教材中难免存在疏漏和不足之处，欢迎广大读者以及业内同仁批评指正。

前　　言

　　职业培训制度的积极推进，尤其是职业资格证书制度的推行，为广大劳动者系统地学习相关职业的知识和技能，提高就业能力、工作能力和职业转换能力提供了可能，同时也为企业选择适应生产需要的合格劳动者提供了依据。

　　随着我国科学技术的飞速发展和产业结构的不断调整，各种新兴职业应运而生，传统职业中也愈来愈多、愈来愈快地融进了各种新知识、新技术和新工艺。因此，加快培养合格的、适应现代化建设要求的高技能人才就显得尤为迫切。近年来，上海市在加快高技能人才建设方面进行了有益的探索，积累了丰富而宝贵的经验。为优化人力资源结构，加快高技能人才队伍建设，上海市人力资源和社会保障局在提升职业标准、完善技能鉴定方面做了积极的探索和尝试，推出了 1 + X 培训与鉴定模式。1 + X 中的 1 代表国家职业标准，X 是为适应经济发展的需要，对职业的部分知识和技能要求进行的扩充和更新。随着经济发展和技术进步，X 将不断被赋予新的内涵，不断得到深化和提升。

　　上海市 1 + X 培训与鉴定模式，得到了国家人力资源和社会保障部的支持和肯定。为配合 1 + X 培训与鉴定的需要，人力资源和社会保障部教材办公室、中国就业培训技术指导中心上海分中心、上海市职业技能鉴定中心联合组织有关方面的专家、技术人员共同编写了职业技术·职业资格培训系列教材。

　　职业技术·职业资格培训教材严格按照 1 + X 鉴定考核细目进行编写，教材内容充分反映了当前从事职业活动所需要的核心知识与技能，较好地体现了适用性、先进性与前瞻性。聘请编写 1 + X 鉴定考核细目的专家，以及相关行业的专家参与教材的编审工作，保证了教材内容的科学性及与鉴定考核细目以及题库的紧密衔接。

　　职业技术·职业资格培训教材突出了适应职业技能培训的特色，使读者通过学习与培训，不仅有助于通过鉴定考核，而且能够有针对性地进行系统学习，真正掌握本职业的核心技术与操作技能，从而实现从懂得了什么到会做什么的飞跃。

职业技术·职业资格培训教材立足于国家职业标准，也可为全国其他省市开展新职业、新技术职业培训和鉴定考核，以及高技能人才培养提供借鉴或参考。

新教材的编写是一项探索性工作，由于时间紧迫，不足之处在所难免，欢迎各使用单位及个人对教材提出宝贵意见和建议，以便教材修订时补充更正。

人力资源和社会保障部教材办公室

中国就业培训技术指导中心上海分中心

上海市职业技能鉴定中心

目　　录

第1章　网站项目开发知识

第1节　网站开发基础知识 ………………………………… 2
第2节　功能与结构设计 …………………………………… 9

第2章　网站中的多媒体应用

第1节　文字 ………………………………………………… 14
第2节　图片 ………………………………………………… 25
第3节　动画 ………………………………………………… 39
第4节　视频 ………………………………………………… 44
第5节　音频 ………………………………………………… 50

第3章　网页效果图制作

第1节　栅格布局 …………………………………………… 54
第2节　绘制版块 …………………………………………… 75
第3节　导航设计 ………………………………………… 106
第4节　Banner 设计 ……………………………………… 115
第5节　专题/活动类网页设计 …………………………… 123
第6节　网页图片优化 …………………………………… 127

第4章　前端开发

第1节　div + CSS 布局 ………………………………… 134
第2节　文档结构 ………………………………………… 135
第3节　一列布局 ………………………………………… 137
第4节　多列布局 ………………………………………… 155
第5节　图文排版 ………………………………………… 168
第6节　导航栏制作 ……………………………………… 195
第7节　更好地设计 ……………………………………… 253

第5章　表单验证

第1节　表单设计 ·· 256

第2节　JavaScript ··· 282

第3节　表单验证 ··· 353

第6章　网页动画制作

第1节　GIF 动画制作 ··· 392

第2节　Flash 动画制作 ·· 415

第7章　建站与优化

第1节　建站 ··· 474

第2节　网站优化 ·· 480

1

第1章

网站项目开发知识

第 1 节　网站开发基础知识　／ 2
第 2 节　功能与结构设计　　／ 9

　　本章主要讲解设计网站前所必需的基础知识，这些内容重在理解，不要求实践操作，主要为后面的设计制作提供一种宏观的思路，了解网页设计的整体流程。

第1节　网站开发基础知识

 学习单元1　网站的构成

 学习目标

- 了解网站的构成要素
- 了解静态网页和动态网页的概念

 知识要求

　　如果将网站比作一个街区，那么服务器是这个街区的地皮，网页是这个街区的房屋与绿化，而这个街区的名字，就是域名。

一、网页

　　打开浏览器，映入眼帘的就是网页，这个大家再熟悉不过，但是，作为网页设计师，还应该了解网页的另一个样子。

　　如图1—1所示是一个网站所包含的内容。

　　许多后缀为html的文件就是平时在浏览器中查看的网页，将这些html文件用浏览器打开，网页就变成了平时熟悉的样子。

　　另外，网页中的所有图片，都被放进了名为"images"的文件夹里；而网页中关于布局、文字、图片或其他元素的特效，都被放进名为"css"和"js"的文件夹里。

　　这样一来，当用浏览器打开html文件的时候，html就会调用这些图片和特效，组成一个完整的网页，展现在浏览者眼前。

　　以上描述是静态网页所包含的内容。静态网页，是指没有数据库，不含程序或复制动

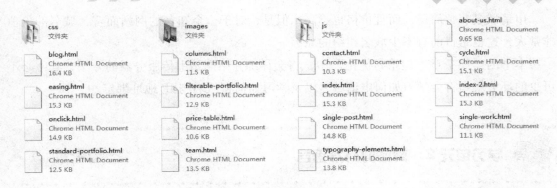

图 1—1　网站所包含的内容

态交互的网页。通俗一点说就是，网页设计师设计成什么样，浏览者看到的就是什么样，浏览者只能观看，不能对网页做出任何改变。

动态网页是与静态网页相对的。这里的动态，并非指网页中插入的动画、视频或者文字滚动效果等（这些是静态的内容，因为它们一样无法被浏览者改变），而是指包含数据库和动态交互语言，它们的作用只有一个：让浏览者能够与网页发生交互，并改变网页的显示内容。

本书将主要讲解静态网页的制作。

二、服务器

看到的网页，并不是由网页设计师直接传输到浏览器上给浏览者观看的，而是将网页传输到服务器上，当浏览者想要浏览某个网页时，向服务器发出请求，服务器将网页传输给浏览器显示给有需求的人看。

因此，当一个网站设计完成时，必须将网站的全部文件上传到服务器上，这样网页才能被浏览者正常浏览。

另外，网站的信息量和处理方式直接影响着服务器的工作效率，如果一个网站信息量过于庞大，信息处理过于复杂，那么，将其上传到一台性能不佳的服务器上，往往会造成浏览者的浏览困难。因此，作为一个网页设计师，对于信息的设计和处理也是至关重要的能力。

本书的"第 7 章　建站与优化"将会详细介绍网站上传服务器的方法。

三、域名

要浏览某一个网站，需要向服务器发出请求，这个"请求"就是域名。

申请域名非常简单，而且价格也不高，但是，对于一个知名的网站而言，域名的价值非常大，这也是目前有不少域名纠纷的原因。

本书的"第 7 章　建站与优化"中，将会详细介绍网站上传服务器的方法，其中必不可少的环节就是将会学习如何申请域名以及学习如何将域名与 IP 地址绑定。

 ## 学习单元 2　网站的开发语言

 ## 学习目标

- 了解常用网站开发语言的功能
- 了解常用网站开发语言之间的关系和侧重点

 ## 知识要求

网站的页面规划、特效与动态效果的制作，是用编程代码完成的，这些代码被称为网站的开发语言，尽管现在的网页制作软件都包含了可视化设计的工作区，但是，有些工作仍然需要手动来编写代码。

一、html 介绍

html 是用来描述网页的一种语言，但是它不是一种编程语言，而是一种标记语言。也就是说，这种语言使用一套标记标签来描述网页，例如，哪里显示标题，哪里显示超链接，用什么形式显示等。

平时浏览网页的浏览器的作用就是解释这些标签，并把这些语言"翻译"成浏览者熟悉的网页的样子，而不是显示这些标签。

二、CSS 介绍

前面说到，html 是一套标记标签的语言，尽管能很有效地定义网站的结构，但是，对于每个结构的美化效果，实现起来却不尽如人意。因此，现在很多网页设计师使用 html 来构建网站的结构，而用 CSS 来美化网页。

使用 CSS 美化页面的另一个好处就是当页面需要进行视觉修改时，设计师无须改动 html（甚至不需要打开 html 文件），仅需针对 CSS 进行修改，就能够完成对网页的美化工作，CSS 为页面美化提供了方便。

三、xhtml 介绍

通俗地说，html 语言是一种用来显示数据的语言，它的重点是显示外观；而在网页设计中，还有一种语言，它是用户用来传输数据的，它的重点是数据内容，它就是 xml。

xml 的语法和 html 有很多不一样的地方，这对于既要使用 html 设计网页外观，又要使用 xml 传输数据的设计师而言，显得十分不便，于是，设计师希望能够使用 html 来代替 xml 的传输功能。

此时，xhtml 诞生，它基于 html 进行改造，为 xml 的子集，所有针对 xml 的操作都可以用于 xhtml。但是，它的语法比 html 更加严格。

四、JavaScript 介绍

在前面的介绍中，html 用于表现外观，而这种外观大都是静态的，而网页设计师也需要一种能够完成客户端动态效果的开发语言来丰富网页，这就是 JavaScript。

本书将在"第 5 章 表单验证"中详细讲解 JavaScript 的内容。

五、PHP 介绍

PHP 和 JavaScript 一样，也是用于制作动态交互网页的一种开发语言，但是，JavaScript 更加偏重客户端动态，而 PHP 则偏重服务器端动态。通俗一点说，就是一般用 JavaScript 编写的动态效果，都是下载到用户的浏览器中，在用户的计算机上运行；而用 PHP 编写的服务器端动态，一般是在服务器上执行，不下载在用户的浏览器上，因此，无须考虑用户浏览器的类型和配置。

 **学习单元 3 网站的开发要点**

 学习目标

- 了解网站开发流程
- 了解网站开发的原则
- 了解网站策划的内容

 **知识要求**

网站的开发是一项很有系统性的工作，网页设计师往往不只是单纯设计网页视觉效果那么简单，还需要配合其他部门共同完成很多工作，才能够搭建一个成功的网站。因此，无论从事网站开发的哪个环节，了解网站的开发流程及要点是很有必要的。

一、开发流程

根据网站规模和功能的不同，网站的开发流程不尽相同，但基本流程都是一样的，可能有些规模较小的网站并没有将某项工作单独作为一个流程的环节，但是在整个流程中，这些工作是必不可少的。如图1—2所示是网站开发的一般流程。

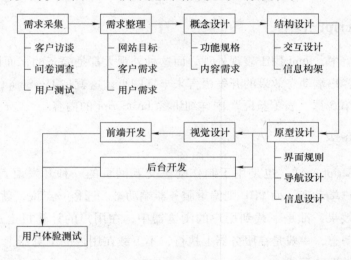

图1—2　网站开发的一般流程

网页设计师需要参与的主要环节包括"需求整理""概念设计""结构设计""原型设计""视觉设计"和"前端开发"。其中"需求整理""概念设计""结构设计"属于网站策划的工作。

网页设计师一般很少去亲自采集需求，往往是根据已经搜集好的信息来进行分析，从中总结出网站目标、客户需求和用户需求。

这些需求整理好以后，需要着重考虑的就是"概念设计"和"结构设计"的部分了。这两个部分是对前面抽象的需求具体化，即将需求转化为可在网站上实现的解决办法。这两个部分会在本章第2节详细说明。

网站策划结束后，需要使用网页制作软件进行"原型设计""视觉设计"和"前端开发"的工作，也就是将上述"可在网站上实现的解决办法"视觉化的过程。"原型设计"和"视觉设计"这两个部分会在"第3章　网页效果图制作"中详细说明，而"前端开发"将会在"第4章　前端开发"和"第5章　表单验证"中详细说明。

如果是动态网站，则需要涉及数据库的构建和连接，也就是"后台开发"环节。

最后一个环节是"用户体验测试"环节，测试人员会对网站进行一系列测试，从而提出改进的建议，这些建议将返回到之前的环节进行审视，按上述流程重复，直至达到满意的效果。

二、开发原则

1. 以客户优先

在这里并没有写成"以用户优先"，这是出于对目前工作环境现状的考虑。当然，设计网页的最终目的，必然是为网站的用户服务的，但是，在现在的工作环境中，网页设计师的工作往往"听命"于客户，而往往客户对此一窍不通。

网页设计师不能去埋怨客户，甚至不能擅自更改客户的要求，即使客户的意见是片面的甚至错误的。有效地沟通是解决设计师和客户分歧的办法，也是设计师必备的能力之一。

尽量和客户在各个阶段保持密切的沟通，运用谈话技巧，一步一步确定网页设计的各个方面：

（1）首先确定网站的目标。即客户需要设计一个网站的原因。这个阶段，需要设计师聆听客户的想法，并重复对方说的内容以确认用户提出的网站目标。

（2）接下来确认网页的内容需求和功能规格，即这个网站需要包含的内容、功能。这个阶段，设计师要引导客户，根据之前确定的网站目标，将网站的内容和功能梳理顺畅，确保没有遗漏和重复。

（3）最后，向客户展示大量且丰富的优秀网站设计案例，以确定网站的整体风格。切记不要口头表述自己想要设计的网站的样子，这样客户很容易被设计师的主观描述弄迷糊，从而做出错误的决定。

2. 主题与形式统一

网站的主题应向浏览者提供所有的服务，确保所有的设计都服务于网站的主题，不要因为要保证视觉上的效果而忽略网站最重要的服务功能。优质精准的服务才是网站设计首先要考虑的。

通常，为了达到这种统一性，在设计之前往往会制定一系列设计的通用原则，使相关的设计人员领会和理解。

这一点在网页中视觉元素的表现上体现得比较明显，作为设计体系的一部分，这些元素体现出了一致的设计思想。当人们使用不同类型的设备访问站点时，保持视觉风格及体验的一致也是很重要的。

3. 体现信息价值

在设计网站时，确保浏览量最重要。最有价值的信息或功能应出现在醒目的地方。切记所有视觉上的元素往往不是平行的，而是有层次的、有优先级别的。

三、文档布局

通过之前介绍的"以客户优先"原则，已经可以确定网站的需求和整体视觉定位了，在这个基础上，还要进行文档布局。

所谓文档布局，指的是为网站前期创建本地文件夹以及所属的子文件，例如，之前在"第1章｜学习单元1｜一、网页"展示的一个网站所包含的内容，其中网页中的所有图片，都被放进了名为"images"的文件夹里，而网页中关于布局、文字、图片或其他元素的特效，都被放进了名为"css"和"js"的文件夹里面。

另外，文档布局还要遵循一个原则，即结构扁平化原则。这个原则是以网站推广为目的的，使搜索引擎更容易访问网站，它要求设计师设计的文档布局（也叫作目录结构）尽可能简单，层级不要太深，最好所有网页都存在网站根目录下。

这种单一目录的扁平结构对搜索引擎而言是最为理想的，因为只要一次访问即可遍历。但是如果太多文件都放在根目录下，维护起来就显得相当麻烦。而对规模大一些的网站，往往需要两层到三层甚至更多层级子目录才能保证文件内容页的正常存储，这种多层级目录也叫作树型结构，即根目录下再细分成多个频道或目录，在每一个目录下面再存储属于这个目录的终极内容网页，这样的好处是维护容易，但是搜索引擎的抓取将会变得相对困难一些。

四、环境配置

如果要设计的是一个动态网页，那么，在整个设计过程中就需要一个合适的环境配置，开发动态网站的环境配置包括：安装和配置环境、指定数据源、定义网站及服务器等。

由于动态网站的开发不是本章的重点，所以关于动态网站的环境配置这里不作详细说明。

五、素材收集

在设计网页的时候，往往需要用到很多文本、图片，甚至是声音、动画和视频素材，然而，这些素材并不是都可以直接拿来使用的，网页有其自身的一套规范素材的标准，需要对其中的素材进行处理，以符合这个标准。

不要在素材合成时再一一处理素材，在设计前，尽量对已经确定的素材进行处理，避免后面制作时工序的混乱。

关于素材的处理，本书将会在"第2章　网站中的多媒体应用"中详细介绍。

六、后期维护

为了使网站能够被长期正常访问以及更新网站内容，网页设计师还需要配合相关人员对网站进行后期维护，其中工作包括：检查错误链接、补充和更新网站资料等，从而保持网站的信息价值。

第 2 节　功 能 与 结 构 设 计

 学习单元 1　功能规格与内容需求

 学习目标

- 了解网站功能规格的设计思路
- 了解网站内容需求的含义和划分原则

 知识要求

在了解了网站的开发原则之后，将开始具体的网站策划工作。除了包含之前提到的确定网站目标、确定网站整体视觉定位和文档布局之外，还需要重点考虑功能规格和内容需求。

一、功能规格

当网页设计师与客户达成一致、网站策划基本敲定、环境配置与素材收集工作就绪之后，首先要做的是整理将要设计的网站功能规格。

最主要的是需要明确网站需要包含什么功能。

可能在与客户交流的时候，已经和客户达成了共识——这个网站将包含什么功能。但是，在展开设计工作之前，仍然有必要重新审视这些功能，它们是否真的是必要的，或者有效的，更重要的是，是否人性化，尤其是不同功能之间的关系。

例如，网页设计师可能从客户那里得知，网站将要包含为注册用户提供在线购买的功能，那么，对于未注册的用户在使用在线购买的功能时，应该让网站自动跳转到注册页面，而不是拒绝提供在线购买功能。

二、内容需求

当所有的功能规格定好之后，要整理网站的信息/内容，这包括所有的文字、图片、音频、动画、视频和其他外载应用，除了依照网页中素材的规范标准进行处理外（规范标准将在"第2章　网站中的多媒体应用"中详细介绍），还需要为信息/内容"分门别类"。

这里的"分门别类"不是指按照素材的类型（如文字、图片或动画等）进行分类，而是依据内容的关联性进行分类。

例如，在介绍一个产品的时候，除了产品的文字说明之外，产品的相关图片、演示视频也应该被划入同一个类别中。

上述例子是显而易见的，有时候会碰到更加复杂的情况，例如是否将介绍公司的所有素材和公司构架的所有素材放到同一类别里？它们既可以划为一类，也可以分开成为单独的两类，这取决于网页设计师先前和客户确定的网站目标。

就上述例子而言，如果网站并不是非常强调公司的人员组成，那么以上的素材可以归为一类；但如果网站想展示公司雄厚的人力资源，具有严谨高效的层级协作，那么，将公司构架的所有素材单独划分成一类将是很有必要的。

划分的标准来源于网站目标。

 学习单元2　交互设计和信息构架

 学习目标

- 了解交互设计的方法
- 了解信息构架的基本思路

知识要求

交互设计和信息构架其实是功能规格和内容需求的进阶工作，也就是将功能规格和内容需求的工作细化，以便逐渐符合后面的开发需要。

一、交互设计

根据已经确定的功能规格，可以为该功能制作流程图，尤其是对于初学者而言，这个环节十分重要，它能帮助网页设计师理清每一个功能是如何实现的，从而清晰明了地对应到每一个相关的视觉元素上，这样将不会出现"失误时缺少返回按钮"等诸如此类的问题。

这种流程图的一般思路是：用户使用某功能（不必考虑如何使用或交互过程），这个功能根据用户的使用情况，分别做出不同的判断，并反馈不同的内容。如图1—3所示是某电子商务网站的功能流程图。

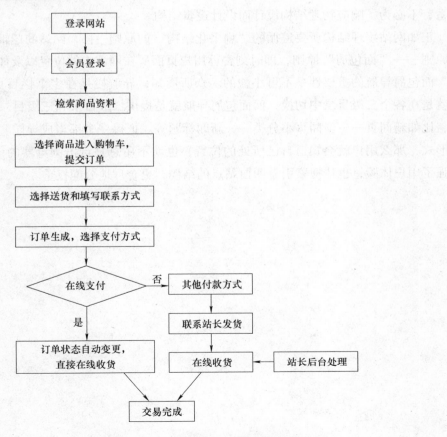

图1—3　某电子商务网站的功能流程图

二、信息构架

在内容需求阶段，已经对所有的内容进行"分门别类"，这种分类是横向的。在信息构架中，要再次进行分类，这种分类是纵向的。

例如，之前提到的将公司介绍和公司构架的素材分类的问题，落实到这个环节，要考虑的是：是否能够将这两个部分放在"关于我们"的目录下，使公司介绍和公司架构成为"关于我们"目录下的二级内容；还是让公司介绍和公司架构成为两个独立的一级内容。

说得再通俗一点，在这个阶段，需要设计网站的导航。

这很容易联想到之前在"第1章｜ 第1节｜ 学习单元3｜ 三、文档布局"中提到的文档布局工作，工作很类似，不同的是，文档布局是为网站文件的结构目录进行设计，这个设计称为网站的物理结构设计，而信息构架环节中对于网站导航的设计，称为网站逻辑结构设计，或网站链接结构设计。要说明的是，物理结构和逻辑结构的设计并没有太大的联系，不必为了响应物理结构设计而设计逻辑结构。

正如网站物理结构所要遵循的"扁平化结构"的原则一样，网站的逻辑结构也遵循一个原则——"面包屑"原则，即时刻告诉用户页面所在网站中的位置以及如何返回。

面包屑导航的重要性是不可小觑的。众所周知，导航栏是在多个栏目页面之间切换，也就是在各个二级目录中切换，而面包屑导航就是提供二级目录和三级目录之间自由切换的，比如新闻页——新闻页小分类——新闻标题等。把每一个都当成导航，都设计成链接的形式，那么用户就会知道自己所处的位置，也就不用总是点击浏览器的前进和后退了，增强了用户体验，也让搜索引擎明白站点的结构，更合理地分配权重。

第 2 章

网站中的多媒体应用

第 1 节　文字　/ 14

第 2 节　图片　/ 25

第 3 节　动画　/ 39

第 4 节　视频　/ 44

第 5 节　音频　/ 50

在开始设计前，网页设计师需要依照网页设计的技术规范，对设计所需的素材进行预处理，减少后期设计中因素材规范问题产生的困难。本章主要讲解网站中视觉素材（多媒体）的规范和应用，要求学员理解并记住这些规范，并贯穿到后面的设计工作中。

第1节 文 字

 学习单元1 字体

 学习目标

- 了解不同平台下的常用中英文字体

 知识要求

在网页的常用字体中，"宋体""黑体"使用的频率最高，因为它们在大多数计算机中都有安装，如果使用其他字体，则有可能被计算机中的默认字体代替。

网页设计中常用的英文字体见表2—1。

表2—1　　　　　　　　　　　网页设计中常用的英文字体

字体	描述	效果
Helvetica	被评为设计师最喜爱的字体之一，简洁现代的线条，非常符合现代的审美趣味。在 Mac 系统中被认为是最佳的网页字体，而在 Windows 下则因系统匹配问题，效果较差	Helvetica
Arial	和 Helvetica 非常像，细节上有细微差别，如 R 和 G。如果字号太小，文字太多，容易让人产生疲劳。Windows 和 Mac 中都能正常显示	Arial
Verdana	专门为屏幕显示而设计的字体，在较小的字号下仍可以清楚显示，但是字体细节缺失严重，尽量避免用作标题字体	Verdana

字体	描述	效果
Tahoma	字体和 Verdana 有点像,但是略窄一些,counter 略小,曾经是 Windows 的标准字体,Mac 10.5 之后也默认安装	**Tahoma**
Trebuchet MS	由微软设计的一个风格字体,字体特性突出	**Trebuchet MS**
Georgia	最适合正文屏幕显示的衬线字体,非 Georgia 莫属。笔画粗重,衬线明显,字体轮廓较大,小字号显示也很清晰,细节处理到位	**Georgia**

中文的常用字体比英文对显示平台的要求更高,不同的平台下,常用的字体是完全不同的,并没有英文那样可以通用的字体。

网页设计中常用的中文字体见表2—2。

表 2—2   网页设计中常用的中文字体

字体	描述	效果
微软雅黑	Windows Vista 之后新引入的字体,在打开 ClearType 功能时显示效果不错,不打开则会有些发虚	**微软雅黑**
中易宋体	Windows 平台下最常见的字体,小字体点阵,大字体 TrueType,但是字号较大时并不美观,尽量避免用作标题字体	**中易宋体**
华文黑体	Mac 下的默认中文字体	**华文黑体**
文泉驿微米黑	Andriod 中的默认中文字体,也是 Linux 绝大多数发行版本的默认中文字体	**文泉驿微米黑**

前面说到,用户计算机中没有安装的字体,在网页显示时将以默认字体代替。如果网页设计师希望每一个用户都能够看到自己设计的特殊字体,较常规的方法是将这些字体转化为图片。

将特殊字体转化成图片显示,虽然解决了字体显示的问题,但是却有很多缺陷,例如,无法大范围使用该字体、图片修改不如文字修改简单方便、不利于搜索引擎识别等。所以,目前不少设计师也开始尝试使用一种新的方法来解决这个问题,用非图片的方式来显示特殊字体。

关于显示特殊字体的方法这里不作详细介绍,将在后面学习。

 特别提示: 网页设计中的文字使用经验

一般的,一个网站中,最多使用 3 种字体,最多使用 3 种字体颜色,否则容易造成阅读困难。

学习单元2 颜色

 学习目标

- 了解网页文字配色的基本方法
- 了解比较优秀的配色示范，以便日后参考

 知识要求

文字的颜色直接影响着用户的阅读感受，因此，考虑到用户视力不佳或者显示设备不亮等因素，黑底白字或者白底黑字是最佳的配色选择。

如果背景不是黑底或白底，那么，建议选择较为柔和、朴素的背景颜色，因为一些高饱和度的"艳丽"色彩很容易引起视觉疲劳，如图2—1所示。

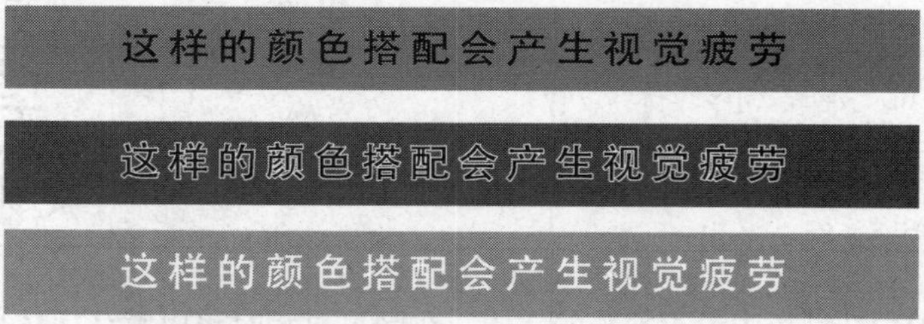

这样的颜色搭配会产生视觉疲劳

这样的颜色搭配会产生视觉疲劳

这样的颜色搭配会产生视觉疲劳

图2—1　易产生视觉疲劳的颜色搭配

当文字的颜色是高饱和度的时候，往往容易引起用户的注意，例如，平时看到的文字链接，采用的往往都是与周围文字相区别的颜色，文字色彩运用经验如图2—2所示。

不建议使用这种颜色（#FF0000）的文字

不建议使用这种颜色（#FF00FF）的文字

少量使用这种颜色（#1834D1）的文字以吸引注意

少量使用这种颜色（#FF4E00）的文字以吸引注意

建议使用这种颜色（#005599）的文字作为链接文字

图2—2　文字色彩运用经验

这里还总结了一些网上比较成功的文字颜色搭配经验，见表2—3，希望能有帮助。

表2—3 成功的文字颜色搭配经验

效果	背景颜色
此处显示文字	#F1FAFA
此处显示文字	#E8FFE8
此处显示文字	#E8E8FF
此处显示文字 此处显示文字	#8080C0
此处显示文字	#E8D098
此处显示文字 此处显示文字	#EFEFDA
此处显示文字 此处显示文字	#F2F1D7
此处显示文字	#336699
此处显示文字	#6699CC
此处显示文字	#66CCCC
此处显示文字	#B45B3E

效果	背景颜色
此处显示文字	#479AC7
此处显示文字	#00B271
此处显示文字	#FBFBEA
此处显示文字	#D5F3F4
此处显示文字	#D7FFF0
此处显示文字	#F0DAD2
此处显示文字	#DDF3FF

在表 2—3 中，可以看到，背景颜色是以"颜色代码"的形式描述的，这种"颜色代码"，将在本章第 2 节中的"学习单元 2　颜色模式与分辨率"进行详细解释。

 学习单元 3　大小

 学习目标

- 了解表示文字大小的计算单位
- 了解相对单位标识符和绝对单位标识符两个概念
- 了解网页文字大小的常用单位

 **知识要求**

文字大小同样也会影响用户的阅读。文字大小单位见表2—4。

表 2—4 文字大小单位

单位	描述	类型
em（元素字体的高度）	它与使用该字体的元素的字体大小属性计算值相等。1em＝16px	相对单位标识符
ex（x 高度）	小写字母 x 的高度	
px（像素）	与背景或屏幕的分辨率有关。根据显示器分辨率输出不同像素，由于用户的喜好不同，显示器的分辨率可能会有很大差异	
in	英寸（inch）	绝对单位标识符
cm	厘米（Centi Meter）	
mm	毫米（Milli Meter）	
pt	点（Point）	
pc	12 点活字，1pc＝12 点	

这里要解释一下绝对单位标识符和相对单位标识符两个概念。绝对单位标识符指的是字体大小不受显示器的分辨率或者父级代码影响，而相对单位标识符则反之。

许多开发者偏爱用点来衡量字体大小，但点主要用于桌面印刷系统，移植到网络后会出现许多问题。在呈现文本时，操作系统或浏览器默认使用像素。

像素是最通用的文字大小单位。像素的一个缺点在于，它忽略或否定用户的喜好，且不能在早期的 IE 浏览器（或 IE 内核浏览器）中调整大小，但随着浏览器的不断升级，大多数浏览器都已经支持网页的整体缩放，因此这个问题已经不存在了。

国外最常用的标准是使用 em 或百分比文字大小单位。em 可在所有支持调整尺寸的浏览器中进行调整。em 还与用户偏爱的默认大小有关。但在 IE 浏览器中应用 em 的结果难以预料，因此在 IE 浏览器中最好使用百分比来设定文字大小。

本书将以像素为基本单位来设定文字的大小。

特别提示：为什么在国外要使用 em 和百分比结合的方式来设定文字的大小？

中国的网站大多数使用的是以 px 为单位的字体，这样做最大的好处是它与图片、布局等尺寸是统一的，便于操作，而且也易于理解。但是，在国外，使用 em 为单位的网站很多，原因是在互联网发展早期，为了照顾那些视力不佳的浏览者（如老人），浏览器中的文字有时需要进行放大。但随着浏览器技术的进步，这种方式已经没有必要了。

另外值得说明的是，现在网页设计中，浏览器默认的字体大小为 16px，而主流的中文字体大小一般不小于 12px，因为这是中易宋体能够清晰显示的最小字号。设计师经常使用 12px 的中文字体来呈现中文信息，栏目标题则使用 14px。

学习单元 4　排版

学习目标

- 了解网页中常见行间距、段落间距的规格
- 了解标题与正文排版的原理和技巧
- 了解文字对齐方式及其特点

知识要求

曾有人说：95% 的网页设计是排版设计。可以肯定的是，排版对于网页设计十分重要。网页设计师对于文字排版的经验很多都来自于书本，而书本的排版首先基于一个原则——易于阅读。

一、行间距

行间距就是指两个相邻的行之间，基线的距离。

特别提示：什么是基线？

Sphinx 基线

如上图所示，所谓基线，就是那条红色的线。

在浏览器中，默认的行间距并没有一个准则，很多网页设计师建议，默认的行间距应该在 16~19px。事实上，在设定行间距的时候，排版上有个原则，就是行与行的空隙一定要大于单词与单词的空隙，否则阅读者在阅读的时候容易"串行"，造成阅读困难。充足的行间距可以隔开每行文字，使得眼睛容易区分上一行或下一行。

近几年网页上对于正文的排版，大多喜欢 1.5 倍行间距，尤其是中文网站。也就是如果使用了 12px 的字体大小，那么设计师常常喜欢 18px 的行间距。事实上，在中文论文的排版规范中，也是使用 1.5 倍的行间距作为标准。

二、段落间距

段落之间留出间距，不仅是美学的需要，也是易读性的需要。

通常，为了整体布局的需要，段落间距通常为 1 个行间距或者是行间距的倍数。比较常见的布局是段前距为 0.5 个行间距，段后距为 0.5 个行间距；或者段前距为 0，段后距为 1 个行间距。

三、标题与正文

显然，标题和正文的文字排版是不一样的，为了吸引阅读者，标题的字体、字体大小和颜色等通常不同于正文，因此，它们的排版也不尽相同。

前面说到，段落间距之和通常为行间距的倍数。事实上，任何文字排版，在垂直方向上的间距之和，都应该符合行间距的倍数原则，包括标题。

例如，当行间距定为 1.5 倍行间距（24px），正文文字为 16px 时，需要为这段正文添加一个标题，那么，可以这样定义标题：

标题文字大小为 32px，段前距为 0px，段后距为 16px，这样，标题在垂直方向上的间距之和为 48px，是行间距的 2 倍，如图 2—3 所示。

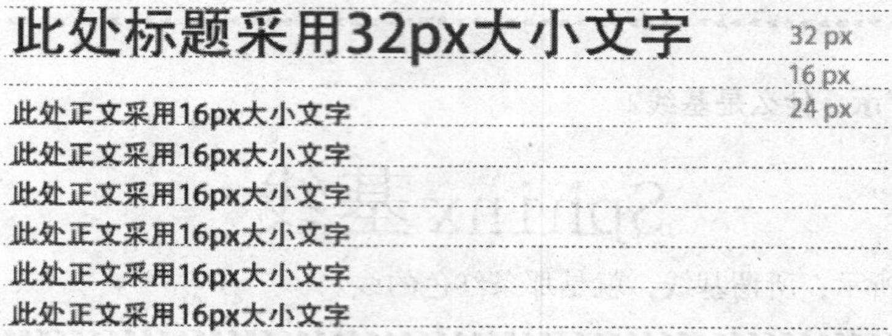

此处标题采用32px大小文字   32 px

16 px

24 px

此处正文采用16px大小文字

此处正文采用16px大小文字

此处正文采用16px大小文字

此处正文采用16px大小文字

此处正文采用16px大小文字

此处正文采用16px大小文字

图2—3　标题与正文的行间距

 特别提示：为什么要这样排版？

对于初学者而言，可能会认为这样很麻烦，为什么不能"随心所欲"地进行文字排版呢？

网页设计和其他看似同类的设计，例如，平面设计有所不同，它的布局既要遵循美学，也要考虑到网站制作的便捷与统一、后期维护与更新等问题，因此，在设计时，如果能尽可能考虑到这些问题，将为后面的工作带来很大的便利。

四、对齐方式

段落对齐的基本方式有四种：左对齐、右对齐、居中对齐和两端对齐。

左对齐（见图2—4）是指设置文本内容，调整文字的水平间距，使段落或者文章中的文字沿水平方向向左对齐的一种对齐方式。左对齐将使文章左侧文字具有整齐的边缘，但同时文字的右边就会依照文字数量的不同，呈现参差不齐的状况。

右对齐（见图2—5）与左对齐基本相同，只是对齐的方向变到了右边。

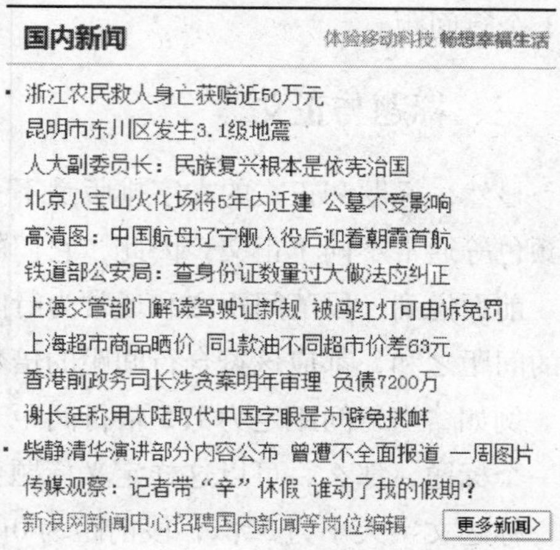

国内新闻   体验移动科技 畅想幸福生活

· 浙江农民救人身亡获赔近50万元

昆明市东川区发生3.1级地震

人大副委员长：民族复兴根本是依宪治国

北京八宝山火化场将5年内迁建 公墓不受影响

高清图：中国航母辽宁舰入役后迎着朝霞首航

铁道部公安局：查身份证数量过大做法应纠正

上海交管部门解读驾驶证新规 被闯红灯可申诉免罚

上海超市商品晒价 同1款油不同超市价差63元

香港前政务司长涉贪案明年审理 负债7200万

谢长廷称用大陆取代中国字眼是为避免挑衅

· 柴静清华演讲部分内容公布 曾遭不全面报道 一周图片

传媒观察：记者带"辛"休假 谁动了我的假期？

新浪网新闻中心招聘国内新闻等岗位编辑 [更多新闻>]

图2—4　新浪网新闻栏目文字左对齐排版

图 2—5 某网站的文字右对齐排版

居中对齐（见图 2—6）是指设置文本内容，调整文字的水平间距，使段落或者文章中的文字沿水平方向向中间集中对齐的一种对齐方式。居中对齐将使文章两端以文章中线为基准，呈现出对称的文字边缘。

图 2—6 某网站的文字居中对齐排版

两端对齐（见图 2—7）是指设置文本内容两端，调整文字/单词的水平间距，使其均匀分布在左右页边距之间。两端对齐可以使文字两端都具有较为整齐的边缘。

设计挑战

2009年,Rigo受激为创新工场家族的第一款重要产品、点心互联网智能手机操作系统提供的设计解决方案,项目伊始,Rigo面对紧俏的开发设计时间表,迅速组成了由工业设计师、概念模型设计分析师、交互设计师以及视觉设计师组成专家设计小组,基于与客户小组的高效协作,完成了在设计阶段时间规划的从产品需求分析,到产品功能定制,概念模块设计,并深入探索点心用户体验系统新美学之外的功能延续与品牌价值观。我们的设计概念不断养殖,设计语言与概念模型也在不断的探索,推倒,反复与重建中树立了清晰的设计方向。

流程

基于产品目标用户的层面,环境,习惯的分析,及Persona的设定,在设计语言层面,Rigo在数码界面与真实物体的隐喻间不断探索规范的设计方向,我们针对目标用户的生活工作环境的分析,在视觉语言的表达上,取材与目标细分身边真实环境中的器具,并且通过多次的反复设计试试,找到界面数字信息呈现与现实载体表达间的完美平衡点.同时Rigo将系统界面中的各种控件元素和面框处,彩色、材质、动感、意至意态,在用户体验与设计方向上高度契合,为点心OS的整体用户体验系统奠定了系统化的产品性格与设计框架。

从设计到执行

Rigo为点心OS从概念设计,到交互架构,及界面视觉语言意态达等多个设计纬度提供了完整的设计解决方案.搭配界面系统一并设计开发的界面组件系统与UX Guideline, Visual Spec.让点心系统具备轻松创造符合统一品牌设计语言规范的更多界面.开发设计中。

设计成果

Rigo design.为客户提供的不仅仅是界面设计解决方案本身,而是包含品牌性格设计手机硬件外观设计,用户体验设计系统。包括概念模型与功能模块在内的承项用户体验设计创新被注册专利。

Rigo design

图 2—7 某网站的文字两端对齐排版

使用两端对齐之后，两侧的对齐线会很明晰，文本块的"块"的感觉也会很明显。但是，在英文排版中，当行长很短的时候，使用两端对齐可能会造成某些行词间距过长，某些行词间距过短，这样参差不齐的间距会让人感觉十分凌乱，就像一件到处都是补丁的衣服。

 特别提示

关于对齐的一些细节

对齐功能带来很多排版上的便利，但是，在使用对齐的时候，不要忘了检查一些细节，它们虽然不起眼，但是能影响网页的易读性和美观。（以下规则仅限于中文）

1. 每行第一个字符不能是标点符号（项目等级符号除外）。

2. 如果一句话没有结束，那么，每行的最后一个字符不能是标点符号，即除了"？""。""！"之外，每行的最后一个字符不能是标点符号。

3. 在对正文排版时，不要把一两个字单独作为一行。

学习单元5　超链接

 学习目标

- 了解文字超链接的应用

 知识要求

以文字作为超链接的网站屡见不鲜，尤其是当网页设计师希望对其中的某些内容，进行一些延展性介绍的时候，这种方法几乎是必须用到的。

一般带有超链接的文字都会和其他的文字区别开，告诉用户"这些文字是可以被单击的"，这是很有必要的。但是，如果在一段正文中大量使用这种超链接，往往会导致用户手足无措，迷失在跳转和返回当中。所以，应适量使用这种功能。

第2节　图　　片

 学习单元1　图片的类型

 学习目标

- 了解不同图片格式的优缺点
- 理解位图和矢量图的概念
- 了解网页图片的格式要求

25

 **知识要求**

常用图片格式见表2—5。

表2—5　　　　　　　　　　　　　　常用图片格式

图片格式	位图/矢量图	优点	缺点
jpg jpeg		1. 利用可变的压缩比可以控制文件大小 2. 广泛支持 Internet 标准	1. 有损耗压缩会使原始图片数据质量下降 2. 当编辑和重新保存 jpeg 文件时，jpeg 会混合原始图片数据而质量下降。这种下降是累积性的 3. jpeg 不适用于所含颜色很少、具有大块颜色相近的、区域或亮度差异十分明显的图片
bmp	位图	支持 1 ~ 24 位颜色深度，并与现有 Windows 程序（尤其是较旧的程序）广泛兼容	不支持压缩，这会使得文件体积非常大
png		1. 支持高级别无损耗压缩 2. 支持 Alpha 通道透明度 3. 支持伽马校正 4. 支持交错 5. 受最新的浏览器支持	1. 较旧的浏览器和程序可能不支持 png 文件 2. 与 jpeg 的有损耗压缩相比，png 提供的压缩量较少 3. png 对多图像文件或动画文件不提供任何支持
tiff		1. 是广泛支持的格式，尤其是在 Macintosh 计算机和基于 Windows 的计算机之间 2. 支持可选压缩 3. 可扩展格式支持许多可选功能	1. 不受 Web 浏览器支持 2. 可扩展性会导致许多不同类型的 tiff 图片 3. 并不是所有 tiff 文件都与所有支持基本 tiff 标准的程序兼容
gif		1. 广泛支持 Internet 标准 2. 支持无损耗压缩和透明度 3. 动画 gif 很流行，易于使用许多 gif 动画程序创建	1. 只支持 256 色调色板，因此，详细的图片和写实摄影图像会丢失颜色信息，看起来是经过调色的 2. 在大多数情况下，无损耗压缩效果不如 jpeg 格式或 png 格式。gif 支持有限的透明度，没有半透明效果或褪色效果
eps	矢量图	eps 可在任何 PostScript 打印机上进行准确的效果呈现	1. 屏幕显示可能与输出的显示不一致。屏幕呈现可能会是低分辨率的，可能会是不同图像，或只是占位符图像 2. eps 文件旨在输出。它不是用于在屏幕上显示信息的最适合的图片格式

这里需要解释一下位图和矢量图的概念。

位图又被称为点阵图，顾名思义就是用像素点拼出来的图形，这些点可以称为马赛克，位图就是由无数的马赛克拼成的图像。将一张位图的局部放大，就可以看到这种"马赛克拼图"的效果，如图2—8所示。

图2—8 位图的"马赛克拼图"效果

也是因为如此，当位图放大超过一定范围的时候，马赛克效果将会非常明显，从而导致画面变得"模糊"。另外，当分辨率发生变化时，图片也会随之发生改变（有关分辨率的问题将在下一节讲解）。

而矢量图不会出现这种情况，因为矢量图不是"拼"出来的，而是"算"出来的。简单来说，每次打开一张矢量图片，它都会计算画面中的每一个元素（点、线、面、颜色）在画面中的位置、尺寸、颜色等信息，根据这些信息，将图形显示出来。

所以，即使对矢量图进行多次放大，它仍不会出现"模糊"的情况，同时，矢量图也不会因为分辨率的变化而发生改变。

矢量图的文件体积相对较小，而位图的颜色显示则较为丰富。

需要说明的是，在网页上看到的所有图片，均为位图。

通过对不同格式图片的了解，总结适合网页设计的图片格式类型和适用范围，见表2—6。

表2—6　　　　　　　　　　网页图片格式类型和适用范围

格式	适用范围
jpg jpeg	对于写实的摄影图像或是颜色层次较为丰富的图像，采用jpg的图片格式保存一般能达到最佳的压缩效果，因此，在网页中使用的商品图片、人像或者实物素材制作的广告等图像更适合采用jpg的图片格式保存

格式	适用范围
png	1. 图像上颜色较少，并且主要以纯色或者平滑的渐变色进行填充 2. 具备较大亮度差异以及强烈对比的简单图像 根据经验，页面结构的基本视觉元素，如板块背景、按钮、导航的背景等应该尽量用 png 格式进行存储，这样才能更好地保证设计品质
gif	纯色，或者没有渐变等效果的简单图片，大多数情况用于网页背景或边框

 特别提示：为什么要对不同的图片进行不同的格式处理？

也许看完上文，会觉得很麻烦：为什么图片不能以统一的格式使用？

原因是如果为了兼顾所有图片的色彩层次效果，网站统一使用某一种格式的图片，那么将会造成网站的臃肿不堪。

在前文中提到："浏览者看到的网页，并不是由网页设计师直接传输到浏览器上给浏览者观看的，而是被传输到服务器上，当想要浏览某个网页时，便向服务器发出请求，服务器再将内容传输给浏览器显示给有需求的人看。"

因此，浏览者看到的每一张图片，都是由服务器传输过来的，如果文件的尺寸过大或者图片过多，都会增加传输的时间，导致网页打开缓慢。

也许统一所有的图片只会造成文件的尺寸"稍微"增加，但是，对于网速较慢和访问量大的网站而言，这种"稍微"的增加将会成为用户体验的噩梦。

 学习单元2　颜色模式与分辨率

 学习目标

- 了解不同的颜色模式
- 理解分辨率和屏幕密度的概念
- 了解常用分辨率的应用范围

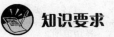 **知识要求**

目前计算机支持的颜色模式见表 2—7。

表 2—7 颜色模式

颜色模式	描述	适用范围
灰度	灰度仅包含纯白、纯黑以及两者中间的一系列从黑到白的过渡色	黑白效果显示
RGB	RGB 运用加色法原理，通过调节红（R）、绿（G）、蓝（B）三种颜色来"合成"颜色。RGB 的色域包含 CMYK 的色域	电视、计算机、移动设备显示
CMYK	CMYK 运用减色法原理，通过调节青（C）、品红（M）、黄（Y）三种颜色来"合成"颜色。因为工艺技术等原因，利用青、品红和黄无法调出高品质的黑色，所以单独加入了黑色（K）	印刷
索引	为了适应低端的显示设备，或者使图像文件更小，有时会建立一个包含不超过 256 种颜色的色表，在表示图片中每一个点的颜色信息时，不直接使用这个点的颜色信息，而使用色表。程序将选取色表中最接近的一种，或以色表现有颜色模拟该颜色	GIF 动画、尺寸等于或小于 48px×48px 的图标（png）

颜色模式	描述	适用范围
Lab	Lab 的色彩模型是基于人观察颜色的原理。其由亮度（L）和有关色彩的 a、b 三个要素组成。L 表示亮度（Luminosity），a 表示从洋红色至绿色的范围，b 表示从黄色至蓝色的范围。Lab 的色域包含 RBG 的色域	处理图片
HSB	在 HSB 模式中，H 表示色相，S 表示饱和度，B 表示亮度。其中： 色相：在 0~360° 的标准色轮上，色相是按位置度量的。在通常的使用中，色相是由颜色名称标志的，比如红、绿或橙色。黑色和白色无色相 饱和度：表示色彩的纯度，为 0 时为灰色。白、黑和其他灰色色彩都没有饱和度。在最大饱和度时，每一色相具有最纯的色光。取值范围 0~100% 亮度：是色彩的明亮度。为 0 时即为黑色。最大亮度是色彩最鲜明的状态。取值范围 0~100%	处理图片
十六进制颜色代码	在本章第 1 节中的"学习单元 2　颜色"中已经见过十六进制颜色代码，其实，这只不过是 RGB 模式的另一种表现方式而已，它比传统的 RGB 定义方式更加简洁、高效 十六进制颜色代码表可以在网上找到，其中总结了网络常用颜色及其代码	电视、计算机、移动设备显示

在设计网页的时候，设计师使用最多的是 RGB 色彩模式。

分辨率可以理解成屏幕图像的精度。可以回顾一下之前讲到的位图的概念。位图是由许多"马赛克"拼成的图像，这些"马赛克"称为像素，一张图的像素越多，画面就越精细。

当打开 Windows 7 系统中的屏幕分辨率面板时，能看到"分辨率"下拉菜单，里面有不同的分辨率可供选择，如图 2—9 所示。

图 2—9　Windows 7 下的"屏幕分辨率"面板

例如，图 2—9 中 1366×768 就代表屏幕总共能显示 1366（宽）×768（高）个像素。

但是，在设计的时候，设计软件往往会让设计师选择一个分辨率，这个分辨率的概念其实指的是像素的密度（屏幕密度），而并非像素的个数。因为在设计的时候，像素的个数（屏幕分辨率）是因屏幕的不同而变化的，是无法掌控的；能够掌控的是图像在屏幕上显示的实际大小，这就对应着像素的密度。

物理尺寸决定了屏幕的实际尺寸，而分辨率表示屏幕上可以呈现的像素点数，屏幕密度决定了屏幕的精细程度。相同的屏幕大小，如果分辨率高，则屏幕元素更精细。一个界面元素在屏幕里的实际尺寸却是与屏幕密度相关，屏幕密度较小的屏上，界面元素的实际尺寸就会大些；而屏幕密度较大的屏上，界面元素的实际尺寸就会小些。

屏幕密度在设计软件中，往往被定义成分辨率。常用分辨率及其应用范围见表 2—8。

表 2—8　　　　　　　　　　　　　常用分辨率及其应用范围

分辨率（像素/英寸）	应用范围
300 ppi	印刷品
150 ppi	喷绘
72 ppi	在计算机、移动设备上显示
40 ppi	大型户外广告

　　在设计时，设计师往往会被分辨率、图像尺寸和图像大小搞得很糊涂。本学习单元中的"技能要求"将详细讲解它们的关系。

学习单元 3　图片处理

学习目标

- 熟悉 Adobe Photoshop CS5 的基本面板
- 能够使用 Adobe Photoshop CS5 打开图片
- 能够使用 Adobe Photoshop CS5 改变图片色彩模式
- 能够使用 Adobe Photoshop CS5 调整图片大小或分辨率
- 能够使用 Adobe Photoshop CS5 裁剪图片

知识要点

　　通常，图片需要进行的一些基本处理有：
- 改变图片色彩模式
- 调整图片大小或分辨率
- 裁切图片

　　对于以上基本的操作，通常使用 Adobe Photoshop CS5 软件来完成。Adobe Photoshop CS5 是一款强大的图片处理与绘制软件，其包含了网页中所需要的大多数图片处理和绘制工具。Adobe Photoshop CS5 基本面板如图 2—10 所示。

　　其中：
- 区域①：菜单栏

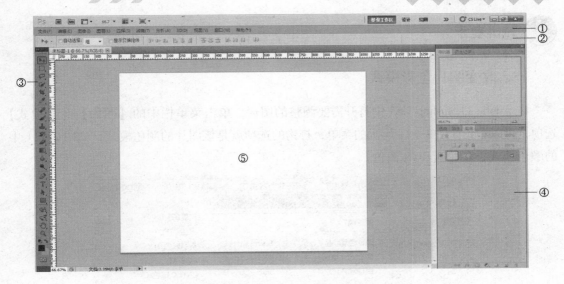

图 2—10　Adobe Photoshop CS5 基本面板

- 区域②：当前工具选项栏
- 区域③：工具栏
- 区域④：窗口面板
- 区域⑤：画布

在开始进行图片处理的学习之前，先要学习将图片导入 Adobe Photoshop CS5 软件中，这是处理图片的前提。

用 Adobe Photoshop CS5 打开图片文件有如下几种方式：

- 默认用 Adobe Photoshop CS5 打开的文件，比如 . psd 文件，双击即可。
- 打开 Adobe Photoshop CS5 后，在菜单栏的"文件"菜单中，选择"打开"命令，找到要打开的文件或使用快捷键【Ctrl + O】。
- 在 Adobe Photoshop CS5 打开的状态下，直接将文件拖入 Adobe Photoshop CS5 界面中。
- 将图片直接拖拽到 Adobe Photoshop CS5 图标上。

 本教材的软件教学原则

　　本教材将会介绍几款网页设计软件，因为这些软件功能强大，所以应用范围广泛。本教材将针对网页设计师一职有选择性地介绍一些常用的功能。

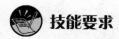 **技能要求**

一、改变图片色彩模式

在 Adobe Photoshop CS5 中打开需要调整的图像，单击菜单栏中的【图像】>【模式】选项，可以看到如图 2—11 所示的菜单，打钩的选项就是该图片的颜色模式，如图 2—11 中的颜色模式，就是【RGB 颜色】。

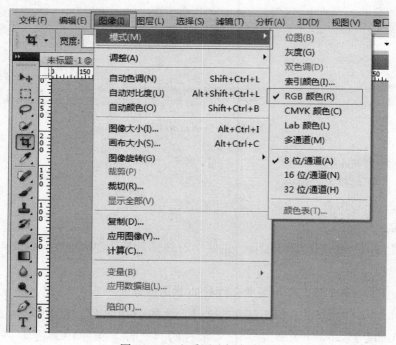

图 2—11　查看图片颜色模式

由之前的学习可知，适用于网页的图片色彩模式是 RGB 颜色。因此，如果查看到图片的色彩模式不是 RGB 时，将图片色彩模式改成 RGB 即可。

 特别提示：修改颜色模式时应注意的地方

在修改模式时，若发生颜色丢失，通常是不可逆的，比如将 RGB 模式（彩色）改为灰度（黑白）模式后，若保存并关闭文件，再次打开后，就不能再恢复到彩色图片了。因此，在修改图片前，应注意备份，避免进行不可逆操作后无法还原。

二、调整图片大小或分辨率

在 Adobe Photoshop CS5 中打开需要调整的图像，然后从菜单栏中的【图像】菜单单击【图像大小】命令，或使用快捷键【Ctrl + Alt + I】，打开如图 2—12 所示的"图像大小"对话框。

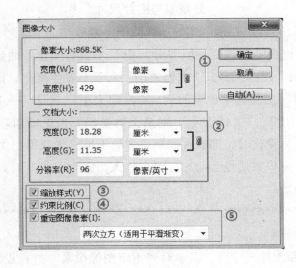

图 2—12 "图像大小"对话框

①在横向（宽度）上有 691 个像素点，纵向（高度）有 429 个像素点。

②打印时，这张图片的尺寸是 18.28 cm × 11.35 cm，其画面精细程度是 96 像素/英寸。

③在改变图像大小时，为图片添加的效果、图层样式等，也会随之改变。

④在改变图片的宽度或高度时，另一项数据会随之改变，维持图片比例不变。

⑤在改变分辨率和尺寸后，将自动增加或减少像素总量。

调整图片分辨率或大小的具体操作如下：

1. 改变分辨率

基于网页设计的需要，当要修改一张图片时，首先要关注的是图片的分辨率。前面说到，网页设计时图片的分辨率为 72ppi，因此，首先要修改图片的分辨率。通常图片的分辨率都不低于 72ppi，往往需要将分辨率调小。

2. 改变图片尺寸

当调小分辨率之后，会发觉图片横纵方向上的像素也随之减少。图片横纵方向上的像素一般称为"像素大小"，例如，图2—12表示的就是一张尺寸为691像素×429像素的图片。此时，需要调整图片尺寸，以符合制作要求。

 特别提示

分辨率与图片尺寸

打开一张图像，打开"图像大小"对话框，修改"像素大小"选项组，会发现，"文档大小"也会随之改变，但"分辨率"不会有变化。而当修改"分辨率"选项时，"像素大小"发生变化，"文档大小"却没有发生变化，这是为什么呢？

用"人口密度"的概念来比喻的话，"像素大小"就是"人口数量"，"分辨率"就是"人口密度"，"文档大小"则是土地面积。当想增加总的人口数量，又不希望人口密度发生变化时，那么就需要更多的土地，来获得更多人口；同样，当土地数量增加时，人口数量也会增加。而当"人口密度"上升时，固定面积的土地上，人口数量就会增加。

3. 改变重定图像像素

当调整好分辨率和图片尺寸后，需要对"重定图像像素"进行设定。一般地：

• 当需要将图片放大时，通常选择【两次立方较平滑（适用于扩大）】选项。

• 当需要将图片缩小时，如果缩小后图片尺寸较小，选择【两次立方较锐利（适用于缩小）】选项，它将保留缩小后的图片细节。有时候，为了能让细节更加明显，也会在缩小图片之后，使用Adobe Photoshop CS5中菜单栏的【滤镜】>【锐化】>【锐化】命令进行处理。锐化界面如图2—13所示。

尽管如此，但这种单纯依靠"图像大小"对话框来改变图片尺寸的方式有时效果也会不尽如人意，尤其是当较小的图片被放大时，图片仍会非常模糊。

三、裁剪图片

有些时候，往往只需要使用图片的一部分，此时就需要对图片进行裁剪。裁切图片的方式有两种，即任意尺寸裁剪和指定尺寸裁剪。

1. 任意尺寸裁切

（1）裁剪图片

1）在Adobe Photoshop CS5中打开需要调整的图像，单击工具栏上的"裁切工具"或使用快捷键【C】，此时鼠标指针变成会裁切工具的图标，如图2—14所示。

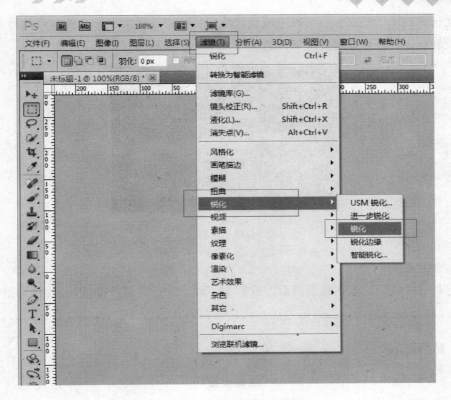

图 2—13　锐化

图 2—14　裁切工具

2）在画布上按住鼠标左键拉动，会出现缓缓移动的虚线选框，松开鼠标即可得到一个裁剪选区。

（2）调整

拖动选区四周的控制点，可以更改选区范围：将指针停留在 8 个控制点的外侧，指针会变成旋转标记，按住左键并拖动，选区将以中心为轴旋转，如图 2—15 所示。

图 2—15　调整选区

（3）确定裁剪

选定裁剪区域后，双击裁剪画面，或回车，即可进行裁剪；按【Esc】键可退出裁剪。

🔵 特别提示

裁剪小技巧

一、在 Adobe Photoshop CS5 中使用选区四角的控制点进行选区调整（变形）时，按住【Shift】键拖动选区，选区将按现有选区比例进行放大和缩小；按住【Alt】键拖动选区，选区将以现有选区中心为中心进行放大缩小；同时按住【Shift】键和【Alt】键拖动选区，选区将按比例并以画面为中心放大缩小。

二、当需要对某处细节进行裁剪时，将画布显示效果放大往往能帮助设计师很好地完成工作。将画布显示效果放大的方法有以下几种：

- 【Alt】＋鼠标滚轮
- 【Ctrl】＋【＋】或【Ctrl】＋【－】快捷键

---

2. 指定尺寸裁剪

指定尺寸裁剪和任意尺寸裁剪略有不同，在进行指定尺寸裁剪时，先要在选项栏（见图 2—16）设定将要裁剪的尺寸等信息。

图 2—16　裁切选项栏

在裁切选项栏文本框内输入将要裁切的尺寸，以及裁切后的图片分辨率，和任意尺寸裁切的操作步骤一样："在画布上按住左键拉动，会出现缓缓移动的虚线选框，松开鼠标，即可得到一个裁剪选区"，当然，也可以像任意尺寸裁切一样对裁剪区域进行调整，确定裁剪。此时，得到的图片就是指定尺寸、指定分辨率的图片。

另外，在裁剪选项栏中，单击【前面的图像】按钮，可以查看当前图片的尺寸和分辨率；而单击【清除】按钮则可清除选项栏中的所有数据。

第 3 节 动 画

 学习单元 1 动画的类型

 学习目标

- 了解不同的动画类型及其特点

 知识要求

在网页中看到的动画一般有三种格式：gif 动画、Flash 动画和 JavaScript 动画，常见动画格式见表2—9。

表 2—9 常见动画格式

动画类型	文件后缀名	优点	缺点
gif 动画	. gif	文件小，易于传输	颜色不超过 256 色，不支持半透明效果，不可控制、不同浏览器的播放速度可能会有所不同
Flash 动画	. swf	色彩丰富、效果丰富、可交互、可一边下载一边观看	浏览器需安装插件才可观看
JavaScript + html 5 动画	. html + . js + . css	色彩丰富、效果丰富、可交互、浏览器无须安装插件即可观看	制作门槛相对较高

一般地，gif 动画可以使用 Adobe Photoshop 来制作；Flash 动画则使用 Adobe Flash 制作完成；至于 JS + html 5 动画，则往往在 Adobe Dreamweaver 或 Adobe Edge 中制作，有时候会需要利用 Adobe Photoshop 来制作一些图片素材。

本书将在"第 6 章　网页动画制作"中详细讲述 gif 动画和 Flash 动画的制作方法，在此就不再赘述。

 学习单元 2　动画的制作过程

 学习目标

- 了解动画的制作过程
- 了解分镜或故事板的概念和作用

 知识要求

对于一个网页设计师而言，动画的制作过程比专业动画人员的制作过程要简单一些，因此往往是由设计师独立完成的。一般地，动画的制作分为以下几个环节：

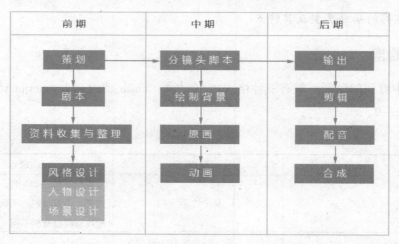

一般网页上动画的内容大多是广告，而且动画持续的时间不长，通常不会超过 5 s，因此很少会专门为此撰写策划和剧本（由时长和动画成本决定）。通常网页设计师在了解了动画的主题后（通常是某个产品或某个活动），就会直接开始进行分镜头脚本的制作

（经验丰富的设计师甚至可以跳过这一步）。在分镜头脚本制作的过程中，不断收集和整理资料，并确定动画风格。

因此对于网页设计师，尤其是新手，在具体制作之前，绘制分镜头脚本是非常重要的。

分镜头脚本不需要绘制得非常精细，一般是根据已有的素材拼凑而成，主要描述动画中的关键元素出现的顺序和方式，以及对应的大概时间。如果动画简单，分镜头脚本甚至无须制作出来，仅仅在头脑中构想好即可。

但是，如果是复杂的动画，特别是包含交互的动画，那么，绘制详细的分镜或故事板将是很有必要的。

如图2—17所示是淘宝UED团队绘制的动画故事板。

图 2—17　淘宝 UED 团队绘制的动画故事板

　　对于交互性比较强的动画，也需要故事板，如图 2—18 所示为包含交互功能的故事板。

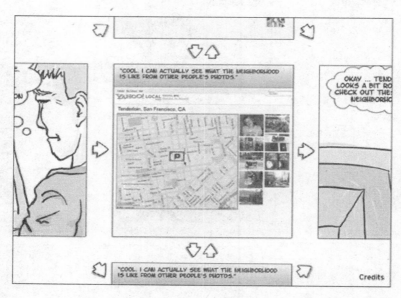

图 2—18　包含交互功能的故事板

　　有了故事板，在制作动画的时候才能有条不紊。具体的制作方法，会在"第6章　网页动画制作"中详细讲述。

学习单元3　网页动画的制作要求

 学习目标

- 了解动画的节奏规律
- 了解网页动画的制作要求

 知识要求

网页动画和其他的动画不同，它既有传统动画中对节奏的把握，又有其独特的制作要求。

一、动画节奏

优秀的动画大多有着良好的动画节奏，而节奏的表现是多样的。

动画的节奏必须是变化的，这种节奏的变化往往体现在视觉元素的运动和声音的音节节奏上（声音往往是辅助）。而视觉元素的运动节奏，则主要体现在视觉元素的运动规律和交替上。

可以从物理学科中了解到物体的运动规律，其实，好的动画就是在模仿甚至夸大这种规律。例如，物体从静止到具有一定速度，中间过程存在加速度，并不是立刻达到的；在高速状态下猛然停止时，会产生惯性效果，这种效果既可以表现在图形的运动上，也可以表现在形状上。另外，物体从高处落下，还会有反弹变形效果；高速运动的物体在视觉上会有模糊的效果，即速度感（见图2—19）。

图2—19　速度感

配合运动规律，通过视觉元素的交替把握整体节奏，依靠元素出现或消失，来制造节奏的变化，制作出优秀的动画。

二、动画要求

对于一个将要嵌入在网页中的动画而言，它和浏览者看到的一些动画片还是有所区别的，需要注意以下几点：

1. 动画的加载时间

网页动画要考虑的一个最重要的问题就是动画文件体积的大小，动画文件过大很容易造成网站加载时间过慢。很少有用户会愿意耐心等待网页缓慢地打开，所以，在制作的过程中，要对动画的素材进行优化处理，同时也要对动画进行压缩，保证在不影响观看画质的情况下尽可能压缩动画文件的体积。这一点，本书会在"第6章　网页动画制作"中详细说明。

2. 动画时长

要知道，几乎所有的用户在浏览网页的时候，对页面加载时间的耐心，往往是以秒来计算的。因此，如果动画太长，用户不太可能花时间完全看完，甚至，会对冗长的动画产生厌恶，进而对网站产生反感。所以，在制作网页动画时，应尽可能快速、直观地表达动画的主题，不要做过多的铺垫和修饰。

3. 尽可能少用 gif 动画和 Flash 动画

随着动画技术的发展，目前网页中的 Flash 可以做得非常引人注目，尤其是 Flash 动画。靠嵌入漂亮的动画广告来吸引用户点击，已经在网页中随处可见。也正因为如此，许多用户在浏览网页时，会下意识地将 Flash 动画定义为广告，在信息选择过程中快速将其过滤。另外，过多的动画也会严重影响网页的加载和用户的阅读体验。

第 4 节　视　　频

 学习单元 1　视频的类型

 学习目标

● 了解流媒体的常见格式及其特点

● 了解目前网页上使用的流媒体格式

 知识要求

不是所有的视频都能直接用于网页,一般用于网页的视频,都使用的是流媒体格式。常见流媒体格式见表2—10。

表 2—10　　　　　　　　　　　　　常见流媒体格式

格式	描述
. asf	asf 格式最大优点就是体积小,因此适合网络传输。asf 是一个开放标准,它能依靠多种协议在多种网络环境下支持数据的传送。asf 文件的内容既可以是普通文件,也可以是一个由编码设备实时生成的连续的数据流,所以 asf 既可以传送人们事先录制好的节目,也可以传送实时画面
. wmv	wmv 格式是微软推出的一种采用独立编码方式并且可以直接在网上实时观看视频节目的文件压缩格式。wmv 格式的主要优点包括:本地或网络回放、可扩充的媒体类型、部件下载、可伸缩的媒体类型、流的优先级化、多语言支持、环境独立性、丰富的流间关系以及扩展性等
. rm	rm 格式主要用来在低速率的网络上实时传输活动视频影像,可以根据网络数据传输速率的不同而采用不同的压缩比率,在数据传输过程中边下载边播放视频影像,从而实现影像数据的实时传送和播放。客户端通过 RealPlayer 播放器进行播放
. rmvb	rmvb 是一种由 rm 视频格式升级延伸出的新视频格式,它的先进之处在于 rmvb 视频格式打破了原先 rm 格式平均压缩采样的方式,在保证平均压缩比的基础上合理利用比特率资源,静止和动作场面少的画面场景采用较低的编码速率,这样可以留出更多的带宽空间,而这些带宽会在出现快速运动的画面场景时被利用。这样在保证了静止画面质量的前提下,大幅提高了运动图像的画面质量,从而图像质量和文件大小之间就达到了微妙的平衡。不仅如此,这种视频格式还具有内置字幕和无须外挂插件支持等独特优点
. mov	mov 格式是 Apple 公司开发的一种视频格式,播放软件是 Apple 的 QuickTimePlayer。具有较高的压缩比率和较完美的视频清晰度等特点,最大的特点是跨平台性,即能支持 MacOS,同样也能支持 Windows 系列
. flv	flv 格式是随着 Flash MX 的推出发展而来的视频格式。由于它形成的文件极小、加载速度极快,使得网络观看视频文件成为可能,它的出现有效地解决了视频文件导入 Flash 后,使导出的 SWF 文件体积庞大,不能在网络上很好地使用等缺点
. 3gp	3gp 是一种 3G 流媒体的视频编码格式,使用户能够发送大量的数据到移动电话网络,从而确保传输大型文件,如音频、视频和动画等。3gp 是 mp4 格式的一种简化版本,减少了储存数据所需的空间,对频宽需求较低,可以存储在手机有限的存储空间中
. mp4	mp4 同 3gp 一样,也是可以在移动电话网络播放的视频格式,它虽然比 3gp 格式的视频体积大,但画质更好,一般适合带存储卡的手机

目前网络上用得最多的是 .flv 格式，主要的原因是：

无论是哪一种格式的流媒体，都需要安装相应的播放器，例如，播放 .wmv 格式的视频，需要安装 MediaPlayer；而播放 .rm 格式的视频需要安装 RealPlayer；播放 .flv 格式的视频也需要安装播放器（即 FlashPlayer）。但是，随着 Flash 动画的推广和普及，FlashPlayer 几乎成了所有浏览器的"必装"播放器（唯有 Apple 旗下的设备大多不支持播放 Flash），所以，几乎不存在"没有相应的播放器导致视频无法播放"的问题。

另一个重要的原因是，.flv 格式的媒体文件体积相对较小，下载速度快，观看较为流畅。

而针对手机视频方面，目前用得最多的是 .3gp 格式，因为较其他格式相比，在一定的画质要求下，.3gp 格式文件要小得多。

因此，对于网页视频，建议采用 .flv 格式。而针对手机的视频，建议采用 .3gp 格式。

 特别提示：什么是流媒体？

　　流媒体指的是用流式传输的方式在因特网播放的媒体。媒体以一种数据包的形式传到网络上，用户通过解压数据包，将数据包还原成用户熟知的媒体形式进行观看。

 学习单元 2　视频格式转换

 学习目标

● 能够根据需要使用 Adobe Media Encoder CS5 转换视频格式

 知识要求

作为网页设计师，对于视频的处理最多的就是视频格式的转换。根据上一学习单元介绍，网页设计师主要的工作就是将不同的视频格式转换成 .flv 格式。这里使用 Adobe Media Encoder CS5 来转换视频格式。

Adobe Media Encoder CS5 是一款专门用于音视频格式转换的软件，不仅提供转换功能，它还能提供更多的编码、压缩选择，以适应不同的环境要求。另外，Adobe Media Encoder CS5 还具有批量处理功能，能批量处理若干个音视频文件。

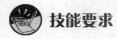 **技能要求**

视频格式转换

Step 1：添加视频文件

1. 打开 Adobe Media Encoder CS5 后，单击【添加】按钮，Adobe Media Encoder CS5 面板如图 2—20 所示。

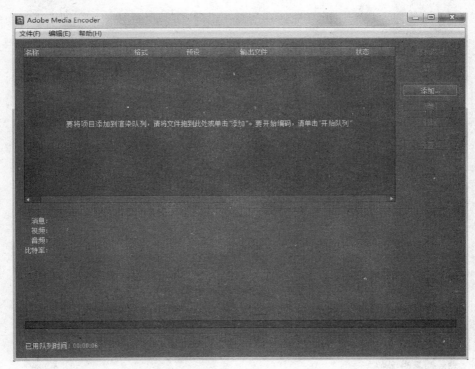

图 2—20　Adobe Media Encoder CS5 面板

2. 如图 2—21 所示，在"打开"对话框中选中需要进行格式转换的视频文件的文件地址，并单击【打开】按钮。

Step 2：设置转换格式及编码方式

1. 在【格式】选项栏的下拉菜单中选择【FLV | F4V】选项，如图 2—22 所示。

图 2—21 "打开"对话框

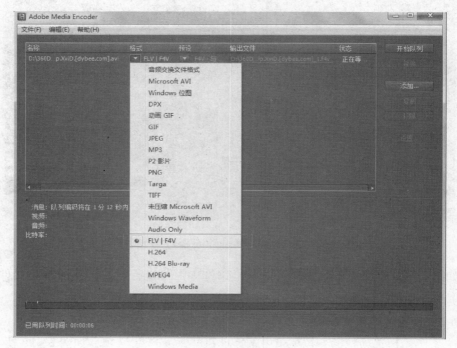

图 2—22 选择转换格式

2. 在【预设】选项栏的下拉菜单中选择适合需要的编码方式，如图2—23所示。

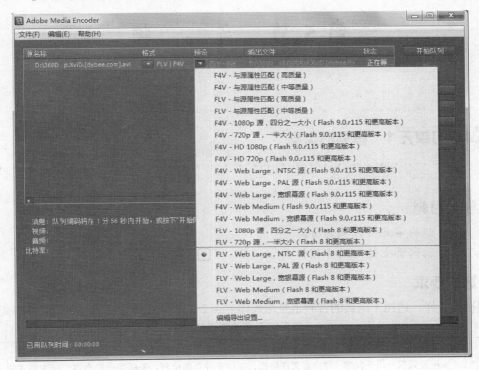

图2—23　选择编码方式

对于网页中嵌入的视频，编码方式及应用说明见表2—11。

表2—11　　　　　　　　　　　　　编码方式及应用说明

编码方式	应用说明
FLV-Web Large，NTSC 源	适用于 NTSC 源视频，画质较好，文件较大
FLV-Web Large，PAL 源	适用于 PAL 源视频，画质较好，文件较大
FLV-Web Large，宽银幕源	适用于宽银幕视频，画质较好，文件较大
FLV-Web Medium	画质一般，文件较小
FLV-Web Medium，宽银幕源	适用于宽银幕视频，画质一般，文件较小

第5节 音 频

 学习单元1 音频的类型

 学习目标

- 了解音频的常见格式及其特点
- 了解目前网页上使用的音频格式

 知识要求

同视频一样，适用于网页的音频也是流媒体。表2—12是几种常见的音频流媒体格式。

表2—12   常见的音频流媒体格式

格式	描述
.wav	wav是微软公司开发的一种声音文件格式，支持多种音频位数、采样频率和声道，标准格式的wav文件和CD格式一样 wav另一个重要的特点就是对编码没有硬性规定，这样很多音频转换软件可以对其进行处理，又由于音质优秀，wav格式曾经是一种常用的格式转换中介，但随着音频转换工具的发展，现在几乎不用wav作为中间，大多直接转换
.wma	wma由微软针对网络传输开发，和以往的编码不同，wma支持防复制功能，可以限制播放时间和播放次数甚至于播放的机器等。wma支持流技术，即一边下载一边播放，因此可以很轻松地实现在线播放
.mp3	一种能压缩成体积较小文件的音频格式，而对于大多数用户来说压缩的音质与最初的不压缩音频相比没有明显的下降。因为其容量较小，所以被广泛应用于互联网

一般地，网页中经常使用的音频格式是mp3格式。

 学习单元2 音频格式转换

 学习目标

- 能够根据需要使用Adobe Media Encoder CS5转换音频格式

知识要求

同样，对于音频的处理，常常要做的是音频格式的转换。如同视频格式的转换一样，使用 Adobe Media Encoder CS5 来转换音频格式。

 技能要求

音频格式转换

Step 1：添加音频文件

1. 打开 Adobe Media Encoder CS5 后，单击【添加】按钮。

2. 在"打开"对话框中找到需要转换的音频文件的文件地址，选中后单击【打开】按钮。

Step 2：设置转换格式及编码方式

1. 在【格式】选项栏的下拉菜单中选择【MP3】选项，如图 2—24 所示。

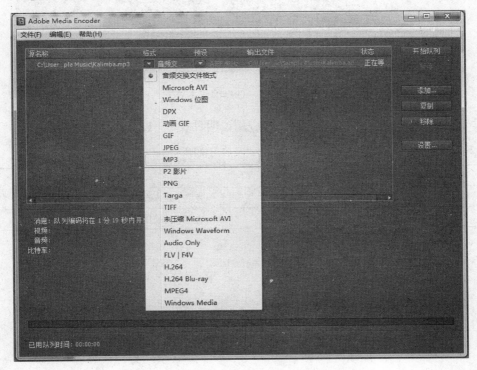

图 2—24　选择转换格式

2. 在【预设】选项栏的下拉菜单中选择适合需要的编码方式，如图2—25所示。

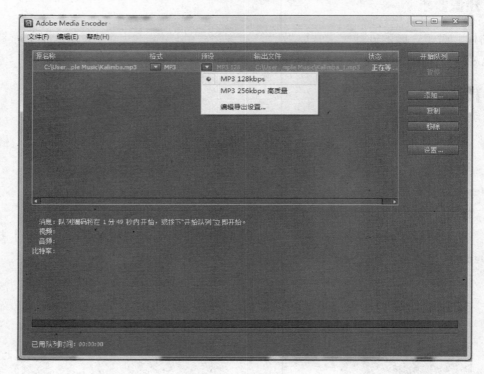

图2—25　选择编码方式

对于网页中嵌入的音频，编码方式及应用说明见表2—13。

表2—13　　　　　　　　　　　　　编码方式及应用说明

编码方式	应用说明
MP3 128kbps	适用于对声音质量要求一般的音乐
MP3 256kbps 高质量	适用于高品质音乐

第 3 章

网页效果图制作

第 1 节　栅格布局　　　　　　　　　／ 54

第 2 节　绘制版块　　　　　　　　　／ 75

第 3 节　导航设计　　　　　　　　　／ 106

第 4 节　Banner 设计　　　　　　　／ 115

第 5 节　专题/活动类网页设计　　　／ 123

第 6 节　网页图片优化　　　　　　　／ 127

第1节 栅格布局

 学习单元 1　网页尺寸规格

 学习目标

- 了解网页尺寸的规格

 知识要求

在设计网页效果图之前，先要了解网页的尺寸规格，即效果图的尺寸。

使用不同的浏览设备或分辨率，网页呈现的尺寸（甚至布局）也会随之发生变化。理论上，无论浏览设备或分辨率如何变化，用户总能够通过拖拽纵向或横向的滚动条来看到网页的全部内容，因此，规范网页尺寸看起来不是必要的。

单就"使用户能够看到网页的全部内容"为目的，确实无须规范网页尺寸，但是，如果作为用户，在浏览一个网站的时候，需要不断拖拽滚动条，尤其是横向滚动条，这是一件多么不愉快的事情，因为滚动条让浏览者的浏览变得不方便。

通常，浏览者希望在浏览一个网页时，无须拖拽滚动条就能浏览到网站的全部内容；如果网站信息量很大，浏览者也希望仅仅通过拖拽纵向滚动条来浏览网页。这样，对于网页尺寸而言，宽度是很重要的。

不同分辨率下的网站尺寸规格（以不出现横向滚动条为临界点）见表3—1。

表3—1　　　　　　　　　　不同分辨率下的网站尺寸规格

分辨率（ppi）	不出现横向滚动条（px）
800×600	778
1 024×768	1002

为了能够适应大多数用户，设计师在设计时，通常考虑用户使用的是1 024×768分辨

率的显示器；根据不出现横向滚动条的原则，结合后面将要学习的布局的需要，一般将宽度设置为 950 px 或 960 px；因为不同浏览器的界面不同，所以，很难界定出一个不出现纵向滚动条的最大高度。

根据之前学习的内容，设计师可以在设计网页时，对 Adobe Photoshop CS5 中的画布即网页尺寸做如图 3—1 所示设置。

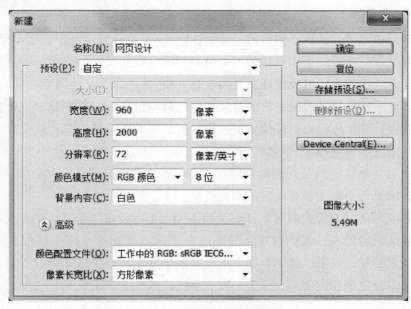

图 3—1　网页尺寸设置

在图 3—1 中，因为网页高度是不确定的，所以常常先随意设置一个较大的值，等网页效果图设计完成后，再裁切掉多余的部分即可。

有时候，因为网站收益的需要，需要控制网站在垂直方向上的"第一屏"（例如，有些广告商可能要求投放的广告要在第一屏之内完全显示）。一般"第一屏"的高度约是 572 px（基于多数用户使用分辨率为 1 024 ×768 的显示器）。

 学习单元 2　布局方式

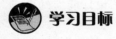 学习目标

• 了解固定宽度布局、自适应布局和介于固定宽度和自适应两者之间的布局原理

 **知识要求**

在介绍布局原则之前，先要了解网站的布局方式，一般网站布局的方式分为：

• 固定宽度

• 自适应（响应式）

• 介于固定宽度和自适应两者之间

在上一学习单元中，提到了网页的尺寸，在图3—1的设置中，将宽度设定在960 px。这种设定，其实就意味着接下来设计的网页是属于固定宽度布局的。最早的网页设计就是固定宽度布局的，这种方式可控性高，开发改进方便。

但是，随着平板电脑和智能手机的普及，使用移动设备上网越来越频繁，使得固定宽度的网页虽然在计算机中能有很好的显示效果，但是如果用手机浏览，就会造成浏览的不便。为此，自适应网页（响应式网页）诞生了。

自适应网页（响应式网页）指的是网页布局能够根据显示设备的大小来自动调整，以便在不同的显示设备中都能够有良好的浏览效果。

虽然自适应网页（响应式网页）能够适应不同的显示设备，但是，随着人们对网页设计中用户体验认识的提高，人们发现，如果网页中的所有元素都完全根据显示设备来显示，反而会造成不好的效果。例如，如果不设定最小宽度，当窗口太小时页面会变得完全不可读；如果不设定最大宽度，大屏上一段文字拉长到几千像素也无法阅读。

 特别提示：什么是用户体验？

简单来说，就是用户浏览网页时主观的感受（例如，操作十分简单方便、阅读十分困难等）。因为是主观的，所以每个人的感受是不同的。但是对于某一用户群体而言，这些感受往往都会有共同点，这也成为人们研究用户体验的前提。

于是，自适应网页（响应式网页）开始定义页面宽度的最大值和最小值。一般地，不同的窗口宽度，自适应网页（响应式网页）会显示不同的布局。例如，网站heroku status（https://status.heroku.com/），请各位自己适时调整浏览器窗口大小查看网页布局效果。

这种介于固定宽度和自适应两者之间的布局方式，在一定宽度范围内提供了良好的视觉体验。但是对于一些版本较低的浏览器兼容性较差，同时对网页定义和设计能力的要求较高，对页面做出调整时，需要同时改变多种尺寸下的布局。

同时，那些固定宽度的网页，为了能提高不同窗口下的视觉效果，也做出了一些"改进"：导航栏延伸至窗口两端，例如，站酷网（http://www.zcool.com.cn/）；用背景图片填充宽屏用户页面边缘的空白，例如，新浪微博（http://weibo.com）。

　　本书将介绍固定宽度下的页面布局方法。

学习单元3　栅格布局

学习目标

- 了解栅格布局的原理
- 了解 960 栅格的由来和常见划分方式
- 了解栅格布局的应用范围

知识要求

　　在本章第 1 节"学习单元 1　网页尺寸规格"中提到：对于 1 024×768 分辨率的显示器，"根据不出现横向滚动条的原则，结合后面将要学习的布局的需要，一般将宽度设置为 950 px 或 960 px"。这里的"布局的需要"指的就是栅格布局，也叫作栅格设计系统。

　　根据维基百科的定义：栅格设计系统，是一种平面设计的方法与风格。运用固定的格子设计版面布局，其风格工整简洁，在第二次世界大战后大受欢迎，已成为今日出版物设计的主流风格之一。栅格设计的特点是重视比例、秩序、连续感和现代感，以及对存在于版面上的元素进行规划、组合、保持平衡或者打破平衡，以便让信息可以更快速、更便捷、更系统和更有效率地读取；另外最重要的一点是，负空间的规划（即留白），也是栅格系统设计当中非常重要的部分。

　　由此可以得知，栅格布局就是利用规则的网格来划分和规范网页视觉元素和信息的布局。

特别提示：为什么使用栅格布局？

　　栅格系统的网页设计，非常有条理性，看上去也很舒服。最重要的是，它给整个网站的页面结构定义了一个标准。对于视觉设计师来说，他们不用再为每个网站每个页面都要想一个宽度或高度而烦恼了。对于前端开发工程师来说，页面的布局设计将完全是规范的和可重用的，这将大大节约开发成本。对于内容编辑或广告销售来说，所有的广告都是规则的、通用的，他们再也不用做出一套多张不同尺寸的广告图。

一、栅格布局原理

所谓栅格，就是将网页的总宽度平均划分成若干份，从而形成的规则条形网格。而栅格布局，就是以这个网格为基础来进行整数倍的拼合或切割。

下面以网易首页为例来说明，如图3—2所示是网易首页效果图。

图3—2　网易首页效果图

将网易首页效果图叠加在一个栅格系统之下，其栅格布局如图3—3所示。

可以观察到，首页中版块的划分宽度和版块的间隔宽度都符合栅格系统（深色区域的边界正好与版块的边界相吻合），这样布局的方式，就是栅格布局。

二、960 栅格

一些网站首页页面总宽度的数据见表3—2。

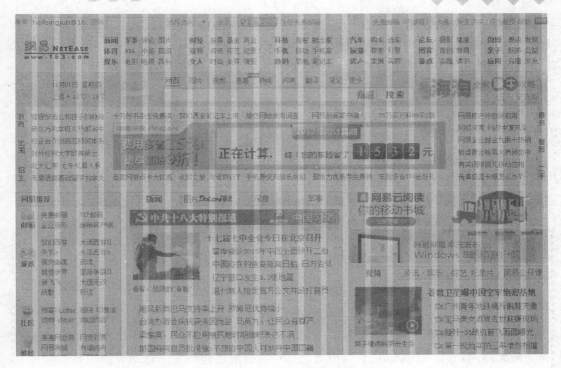

图3—3 网易首页栅格布局

表3—2 网站首页页面总宽度

网站	首页页面总宽度（px）
Yahoo!	950
淘宝	950
MySpace	960
新浪	950
网易	960
搜狐	950
优酷	960
AOL	960

可以发现，这些网站页面结构基本上都很复杂，都可以看成门户型网站，这类网站的页面宽度都不约而同地选择了950 px或960 px。

从前面学习的内容可以知道，基于可控性和开发改进的需要，固定宽度的布局是最适合的，选择950 px或960 px作为这个固定宽度的数值的原因为根据很多网页设计师的经验以及数学原理的推论，设计师发现，在目前主流的显示器下（即 1 024×768 及其以上分辨率），960 px 的宽度既能有效利用显示器宽度，同时又能保证栅格布局的灵活性。因此，很多网站将 960 px 作为了自己页面的宽度。

但还有很多网站将页面宽度设置为了 950 px，在图 3—3 中，在栅格系统的最右端是一个 10 px 的间隙区域，有些设计师认为，这个间隙区域在视觉上不属于网页的总宽度，因此将这 10 px 的间隙不算在网页宽度之内。这就是 950 px 的页面宽度的由来。

无论是 960 px 还是 950 px，栅格系统的划分方式都是适用的，950 px 的宽度仅仅是去掉最后一个间隙而已，在制作的时候，往往根据 960 px 的宽度来绘制栅格，再根据制作需要，决定是使用 960 px 的宽度还是 950 px 的宽度。

 特别提示：关于页面高度的栅格系统

看到这里，可能会有人问：是否有关于页面高度的栅格系统？

在本章第 1 节"学习单元 1　网页尺寸规格"中说到，一般不注意网页的高度。一方面因为不同浏览器的界面不同，所以，很难界定出一个不出现纵向滚动条的最大高度；另一方面，用户可以通过滚动鼠标滚轮轻易上下移动页面，并不会造成浏览体验的不愉快。

还有一个重要的原因是——随着文字的加入，要想在高度上形成一致的栅格，是很难做到的。

960 栅格的常见划分方式见表 3—3。

表 3—3　　　　　960 栅格的常见划分方式

图示	说明
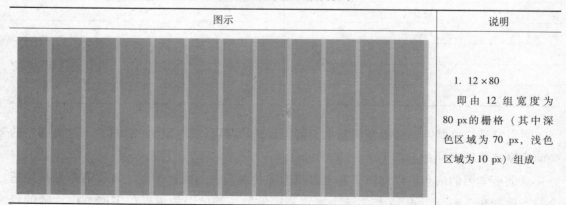	1. 12×80 　即由 12 组宽度为 80 px 的栅格（其中深色区域为 70 px，浅色区域为 10 px）组成

续表

图示	说明
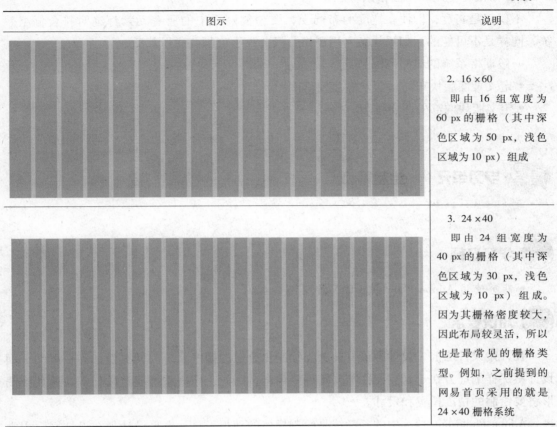	2. 16×60 即由 16 组宽度为 60 px 的栅格（其中深色区域为 50 px，浅色区域为 10 px）组成
	3. 24×40 即由 24 组宽度为 40 px 的栅格（其中深色区域为 30 px，浅色区域为 10 px）组成。因为其栅格密度较大，因此布局较灵活，所以也是最常见的栅格类型。例如，之前提到的网易首页采用的就是 24×40 栅格系统

值得说明的是，以上介绍的栅格类型，一般都将间隙区域（蓝色区域）宽度设置成 10 px，但这不是绝对的，事实上，在设计时，可以根据网页布局的特殊需要任意设计。例如，对于 16×60 的栅格系统，可以将蓝色区域宽度设置成 20 px，红色区域设置成 40 px，只要保证单元红色区域和单元蓝色区域的宽度之和为 60 px 即可。

三、有"度"的栅格布局

前面介绍了许多关于栅格布局的知识，其实，栅格布局也存在缺陷，这个缺陷也正是它的优点——规范化。有时候过分追求这种规范化会使得网页设计工作在计算数值中徘徊不前，根本无法进行下去。因此，设计师要意识到——使用栅格系统布局是有"度"的。

在本学习单元"二、960 栅格"的"特别提示"当中提到了纵向栅格系统问题，也正是因为文字版式（例如，正标题、副标题、正文等排版）无法在一个栅格系统中"面面俱到"，而没有使用纵向栅格系统。

不仅仅是高度，即便在宽度的布局上，要想使网页中的所有元素都绝对符合栅格系统，同样是不可能的。如果执意套用栅格，只会束手束脚、适得其反。

一般栅格系统的应用范围是：

- 定义页面版块布局（版块宽度及其间距）。
- 定义版块内部的图文排版。

 学习单元4　绘制栅格

 学习目标

- 能够使用 Adobe Photoshop CS5 绘制栅格系统

 知识要求

在开始设计之前，设计师最好能够先绘制出合适的栅格系统。网页设计和一般的平面设计不一样的地方在于，它往往需要精确到像素，因此，栅格系统能让设计师快速找到图形将要绘制的精准位置和尺寸。

Adobe Photoshop CS5 中的参考线是绘制栅格的理想工具，也是设计师在设计网页中常常使用的工具，很多设计往往需要对齐到参考线，以保证在位置上能够精准到像素；另外，绘制的图形还可以吸附在参考线上，以保证图片的尺寸完全符合需要的像素规格；在网页设计完成后，参考线还可以辅助完成对设计稿的切片工作，具体操作会在后面详细介绍。

在开始设计之前，在菜单栏上选择"视图"菜单，选择"标尺"命令或使用快捷键【Ctrl + R】，这样可以在画布周围得到一个横向和纵向的标尺，标尺将随着画布的缩放而缩放，但无论画布如何缩放和移动，标尺的起点总是画布左上角的顶点。标尺与画布如图3—4所示。

将鼠标移动到标尺上，按下鼠标左键向画布方向拖动，当拖到画布某一位置后释放鼠标左键，就在该位置得到一条参考线。由此可知，可以在横纵方向拖拽出任意位置的参考线（只要是在画布范围之内）。

也可以选择【工具栏】>【移动】工具或使用快捷键【Ctrl + V】移动或删除已经得

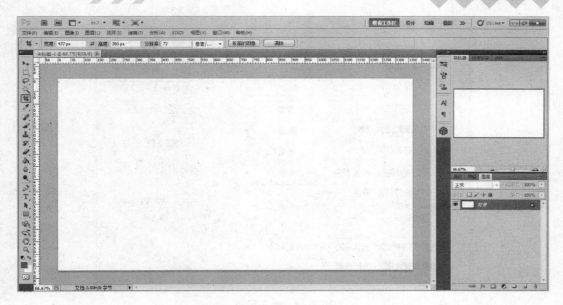

图3—4　标尺与画布

到参考线。方法是将鼠标移动到参考线上，此时，【移动】工具或使用快捷键【Ctrl + V】图标将会自动变成参考线移动图标。此时，可以拖动参考线到画布的任意位置，也可以将参考线拖回到标尺上，删除这条参考线。

此外，还可以通过快捷键【Ctrl + ;】来显示和隐藏参考线。

但这样绘制的参考线并不能精确到某一像素，因此还不能够仅仅靠拖拽来完成栅格系统。

 技能要求

在了解了参考线的基本知识后，再来绘制栅格系统，以 24 × 40 栅格系统为例。

Step 1：建立符合规格的画布

根据前面所学的内容，可以了解到一般网页的规格，根据这个规格，在 Adobe Photoshop CS5 使用【菜单栏】>【文件】>【新建】或使用快捷键【Ctrl + N】来新建画布。画布设置如图3—5所示。

注意：因为网页的高度在设计前很难确定，所以先将网页的高度设置为 2 000 像素，如果网页的最终高度小于 2 000 像素，可以使用【工具栏】>【裁剪】工具或使用快捷键【Ctrl + C】裁剪掉不需要的部分（裁剪的方法参见"第 2 章 | 第 2 节 | 学习单元 3 |"）。如果网页的高度大于 2 000 像素，仍然可以使用"裁剪"工具来"延长"高度。先使用

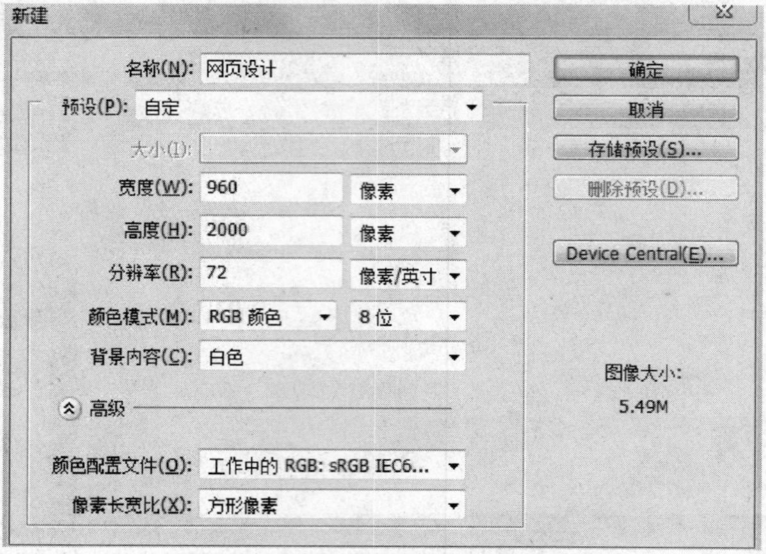

图 3—5 画布设置

"裁剪"工具将整个画布框选，再向下拖拽选框的锚点，直到画布达到需要的高度，双击画布即可。

Step 2：建立动作

这个步骤不是必需的，但因为栅格系统比较常用，每次设计一个新的网页时往往都需要绘制，因此为了省去日后的麻烦，可以建立一个动作，这个动作会模拟操作，自动绘制出栅格系统，大大提高效率。

在建好画布后，单击【菜单栏】>【窗口】>【动作】或使用快捷键【Alt + F9】打开"动作"面板，在面板下方有一排小图标，如图3—6所示。

①——表示停止记录当前的动作（操作）。

②——表示当前正在记录动作（操作）。

③——表示模拟之前记录的动作（操作）。

④——新建一个可以存放动作的文件夹（组）。

⑤——新建动作。

⑥——删除动作。

首先单击图标⑤来新建一个动作，将这个动作命名为"栅格参考线"，如图3—7所示。

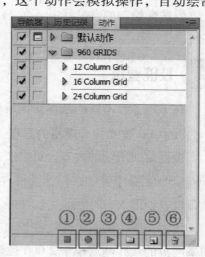

图 3—6 "动作"面板

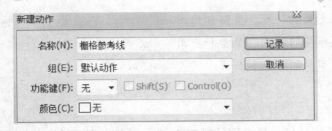

图3—7　新建动作

然后单击图标②记录接下来生成参考线的一系列动作（操作），此时图标②会从灰色变成红色（有点类似摄像机的录制警示灯）。

最后进行生成参考线的一系列操作，将在下文中具体讲解。参考线全部生成完毕后，单击图标①停止记录。

当下一次需要设计一个新的网页的时候，可以在记录面板中选中"栅格参考线"选项，单击图标③开始模拟之前生成栅格参考线的操作，Adobe Photoshop CS5 就会自动完成参考线的建立。

Step 3：生成参考线

当按下记录动作的图标后，就要开始在画布上建立参考线了。之前提到了新建参考线的方法，但这个方法并不精确，所以需要使用更加精确的方法。

单击【菜单栏】＞【视图】＞【新建参考线】，选择"垂直"单选框（因为要建立的参考线是垂直的），如图3—8所示。

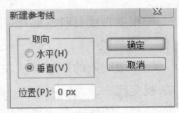

通过计算得知栅格系统中每一条参考线的位置，这个位置指的是参考线到画布左边线的距离。依次将每一条参考线的距离输入至对话框的"位置"文本框中，单击【确定】，即可在画布上精确建立参考线。

图3—8　新建参考线

生成24×40栅格系统的参考线，栅格系统的建立也就完成了。

 学习单元5　版块布局

 学习目标

● 了解一栏式布局的特点和应用

- 了解两栏式布局的特点、类型和应用
- 了解三栏式布局的特点、类型和应用
- 了解瀑布流布局的特点和应用

 知识要求

24×40 栅格系统是目前最常用的栅格系统，因此，对于 24×40 栅格系统，很多设计师形成了一些共识的版块划分经验，本学习单元将详细介绍这些经验。

一、一栏式布局

一栏式布局是最简单的布局方式，因为其视觉流简单清晰，用户能够快速发现页面的焦点。但由于排版方式的限制，一栏式布局适用于信息量小、目的比较集中或者相对比较独立的网站，比较常见的一栏式布局页面有小型网站首页、产品专题页、表单页面和功能单一的网页。

 相关链接

视　觉　流

根据百度百科的解释：对用户扫描页面的时候进行视线跟踪，其扫描的顺序叫作"视觉流"。

一般阅读的顺序（从左至右、从上至下）可以理解为一种视觉流，也是最常见的视觉流。

好的版块布局往往符合习惯的视觉流。

1. 小型网站首页

小型网站往往需要吸引用户，并给用户留下深刻的印象，提高网站的知名度，因此，这些小型网站通常都会采用一栏式设计，通过大幅的精美图片或者动态 Flash 来实现强烈的视觉冲击，给用户留下深刻的印象，提升品牌效应。小型网站首页如图 3—9 所示。

2. 产品专题页

产品专题页的需求往往和小型网站是同样的——短时间聚集用户，并使用户对自己的产品过目不忘。这些网站通常会通过图片和动画表现自己的产品，和小型网站首页一样，给用户留下深刻的印象。产品专题页如图 3—10 所示。

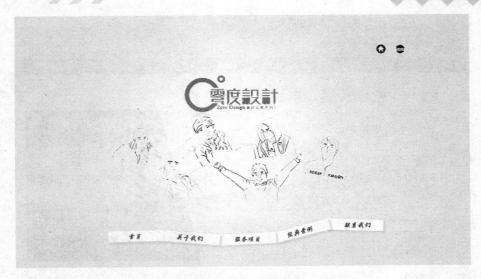

图 3—9 小型网站首页

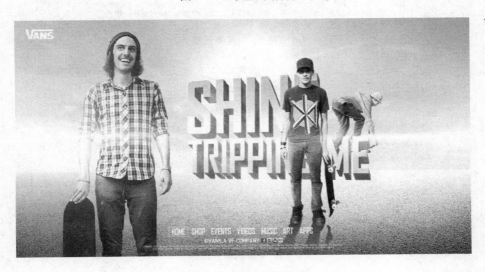

图 3—10 产品专题页

3. 表单页面

表单页面的内容往往不多，内容的连贯性和目的性也比较一致，相比于其他页面较为独立，适合一栏式布局，如图 3—11 所示。

4. 功能单一的网页

一些功能单一的网页也适合一栏式布局，使网站的功能得到最大程度聚焦，用户在使用网站功能时不至于分散注意力，如图 3—12 所示。

图 3—11　表单页面

图 3—12　功能单一的网页

二、两栏式布局

两栏式的排版是最常见的布局方式之一，它中和了一栏式和三栏式布局的优缺点：相对于一栏式布局，它可以容纳更多内容，相对于三栏式布局，信息不至于过度拥挤和凌乱；但它不具备一栏式布局的视觉冲击力和三栏式的超大内容量的优点。

根据电子商务管理咨询公司对全球 100 家电子商务网站的统计数据（以国外的电子商务网站为主），采用两栏式布局的电子商务网站占到 79%，可见两栏式布局的流行。

两栏式布局根据其所占面积比例的不同，将其分为左窄右宽、左宽右窄、左右均等3种类型。虽然从表面上看只是比例或者位置的不同，但实际上它影响到的是用户浏览的视觉流以及页面的整体比重。

1. 左窄右宽式

左窄右宽式的布局通常采用左边是导航（以树状导航或者一系列文字链接的形式出现），右边是内容的样式。此时左边不适宜放次要信息或者广告，否则会过度干扰用户浏览主要内容。用户的浏览习惯通常是从左到右、从上到下，因此这类布局的页面更符合理性的操作流程，能够引导用户通过导航查找内容，使操作更具有可控性，适用于内容丰富、导航分类清晰的网站。

左窄右宽式（见图3—13）的布局一般应用得最多，在设计左窄右宽式布局的时候，通常使用栅格系统来定义左右的宽度。对于24×40栅格系统，一般常见的左窄右宽式布局的定位按照5∶19来设计，即左栏宽度为40 px×5 px，右栏宽度为40 px×19 px。

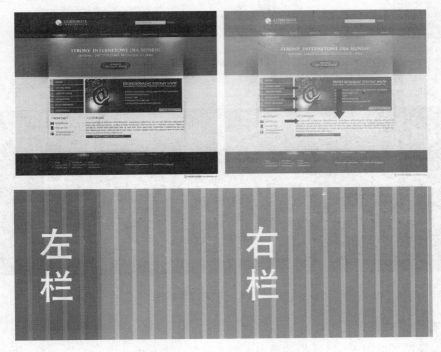

图3—13　左窄右宽式

2. 左宽右窄式

和左窄右宽式相对应的左宽右窄式（见图3—14）的页面通常内容在左，导航在右。这种结构明显突出了内容的主导地位，引导用户将视觉焦点放在内容上。在用户阅读内容的同时或者之后，才引导其去关注更多相关信息。如 UCD China（http://ucdchina. com）就采用了这种方式，突出当前内容，视觉流非常清晰合理。

和左窄右宽式的布局相反，对于 24×40 栅格系统，一般常见的左宽右窄式布局的定位按照 18∶6 来设计，即左栏宽度为 40 px×18 px，右栏宽度为 40 px×6 px。

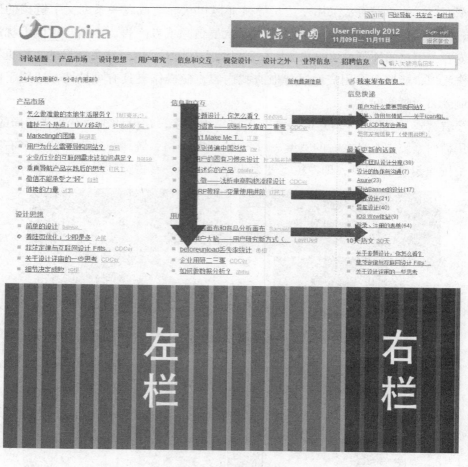

图 3—14　左宽右窄式

3. 左右均等式

左右均等式（见图 3—15）指的是左右侧的比例相差较小，甚至完全一致。这种类型一般网站采用得较少，适用于两边信息的重要程度相对比较均等的情况，不体现出内容的主次。这种布局大多被一些论坛使用：左边为帖子列表，右边为内容。如猫扑网论坛采用的就是类似这种形式，其优点在于浏览内容时不需要页面跳转或者弹出新窗口；但缺点在于浏览内容时，列表仍然占据过多页面，从而导致用户注意力分散，并需要更多的拖动操作。

图 3—15　左右均等式

三、三栏式布局

三栏式的布局方式对于内容的排版更加紧凑，可以更加充分地运用网站的空间，尽量多地显示出信息内容，增加信息的密集性，常见于信息量非常丰富的网站，如门户类网站首页。

但是内容量过多会造成页面上信息的拥挤，用户很难找到所需要的信息，增加了用户查找所需内容的时间，降低了用户对网站内容的可控性。

由于屏幕的限制，三栏式布局都相对类似，区别主要是比例上的差异。常见的布局包括中间宽、两边窄或者两栏宽、一栏窄等。第一种方式将主要内容放在中间栏，边上的两栏放置导航链接或者次要内容；第二种方式将两栏放置重要内容，另一栏放置次要内容。

1. 中间宽、两边窄

很多门户网站采用中间宽、两边窄（见图 3—16）的方式，常见比例约为 1 : 2 : 1。中间栏由于在视觉比例上相对显眼（相应的，字体也往往比旁边两栏更大），因此用户默认将中间栏的信息处理成重点信息，两边的信息自动处理为次要信息和广告等，因此这类布局往往引导用户将视觉流聚焦于中间部分，部分流向两边，重点较为突出，但却容易导致页面的整体利用率降低。

根据 24 ×40 栅格系统来布局，这种中间宽、两边窄的布局方式大多采用 5 : 14 : 5 的比例来设计。

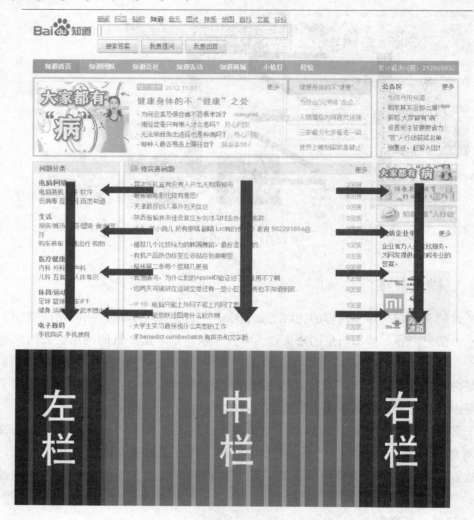

图 3—16　中间宽、两边窄式

2. 两栏宽、一栏窄

两栏宽、一栏窄（见图 3—17）布局方式也较为常见，最常见的比例约为 2∶2∶1。较宽的两栏常被用来展现重点信息，较窄的一栏常用来展现辅助信息。因此相对于前一种布局方式，它能够展现更多重点内容，提高页面的利用率，但相对而言，重点不如第一种方式那么突出和集中。百度贴吧首页采用的就是此种布局方式。

根据 24×40 栅格系统来布局，这种两栏宽、一栏窄的布局方式大多采用 8∶10∶6 的比例来设计。

图3—17 两栏宽、一栏窄式

四、瀑布流布局

瀑布流布局是由美国Pinterest网站首先开发并应用的一种新型网页浏览方式。瀑布流随着Pinterest的迅速发展而被世界知晓。这种以图片浏览为主要展现形式的新式表现手法在世界范围内掀起了以兴趣为主导的新型网站开发狂潮。瀑布流布局如图3—18所示。

与其说瀑布流迎合了时下读图式浏览网页的大众口味，不如说它开创了一个社交的新时代，即搭建了一个以发现兴趣、形成品味并与同好者分享的社交平台，特别是这类兴趣的体现往往都在风格内容迥然相异的图片上。

这种布局有点类似在逛商场，琳琅满目的商品直观地呈现在眼前，遵循一定布局格式的排列又不至于让大家觉得纷乱从而产生视觉疲劳。

图3—18　瀑布流布局

　　但是，瀑布流布局的应用也是有条件的。首先，它适合散乱无序的碎片化信息，如果信息之间存在逻辑顺序或者优先级，那么瀑布流布局会使得用户毫无头绪。

　　其次，网页的信息焦点不集中，用户对信息焦点的选择带有随机性，这样，用户才能够通过瀑布流布局进行快速有效地筛选，找到自己感兴趣的信息。如果设计的网页要求用户焦点准确，那么瀑布流布局反而会让用户花更多的时间来找到那个焦点。

　　在使用瀑布流布局的时候还要注意，这种布局方式所带来的体验和逛商场是很相似的，因此，如同商品都有漂亮的包装和橱窗展示一样，瀑布流布局需要通过大量高品质的图片来吸引用户，如果图片的质量很差，很容易引起用户的反感。

第 2 节　绘 制 版 块

 学习单元 1　布局的选择

 学习目标

- 了解布局的选择方式

 知识要求

在设计布局时，最重要的是根据信息量和页面类型等选择适合的分栏方式，并根据信息间的主次选择合适的比例，对重要信息赋予更多空间，体现出内容间的主次关系，引导用户的视觉流。在"第 1 章｜第 2 节｜学习单元 2"中的"信息构架"将对版块的划分具有很大的指导作用。

许多门户类网站首页，由于其具有海量的信息，目前较多采用三栏式，同时需要根据信息的重要程度，选择适合的比例方案。

针对某个新闻等具体页面，新闻内容才是用户最为关注的内容，导航等只是辅助信息，因此适合采用一栏式或者以新闻内容为主的两栏式布局。

因此，可以看出，即使是同一个网站，不同的页面分栏可能会不同；即使是同一个页面，也存在多种分栏方式并存的布局。

如果用户需求较为个性化和多样化，以上几种布局方式都不能满足用户的需求，那么可以考虑采用个性化定制的布局方式。目前如 iGoogle 等网站已经实现了让用户自由拖动版块内容，定制个性化布局的功能，将页面布局的选择权和控制权交给了用户。

学习单元2 视觉流

 学习目标

- 了解视觉流的一般规律
- 了解引导视觉流的一般方法

 知识要求

对用户扫描页面的时候进行视线跟踪，其扫描的顺序叫作"视觉流"。长期以来，用户已经习惯了从左至右、从上到下的阅读习惯，所以页面设计的时候也应遵从浏览者的视觉习惯，用户的视线从左至右、从上到下，这样设计网页会使浏览更快、更有效。

一、左上角热区

通过对用户浏览网页的视觉流信息统计，发现用户在浏览网页的时候，最关注左上角的信息，这个位置的信息往往最能吸引眼球。因为日常中人们往往没有充足的耐心浏览网页，所以会根据阅读习惯很快地筛选信息，在找到需要的资讯后便会停止浏览或跳转到其他网页，而根据阅读习惯，左上角的内容通常是最先被筛选的，所以左上角常常成为视觉焦点。三大网站的热区如图 3—19 所示。在图 3—19 中，从左到右依次是：美国用户浏览谷

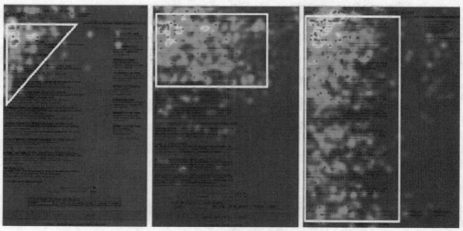

图 3—19　三大网站的热区

歌的视觉流、中国用户浏览谷歌的视觉流、中国用户浏览百度的视觉流。亮度越高、越集中的地方，说明用户关注度越高。

二、对齐的秩序感

无论是版块，还是细化到版块内文字图片的排版，对齐是个很重要的原则。前面说到的栅格布局，其实也包含了对齐原则。

从制作技术上说，对齐能形成良好的制作规范，便于前端开发的人员排版布局。从视觉流上说，对齐能引导用户按照更好的阅读顺序浏览信息，突出信息的联系和区别。

如图3—20所示的文字对齐效果中，文字左对齐使得文字左侧形成了一条无形的"边界"，这条"边界"不仅将这段文字和其他版块的文字区别开，还具有边界引导的效果，使用户"平滑地"向下浏览，有助于形成良好的视觉流。

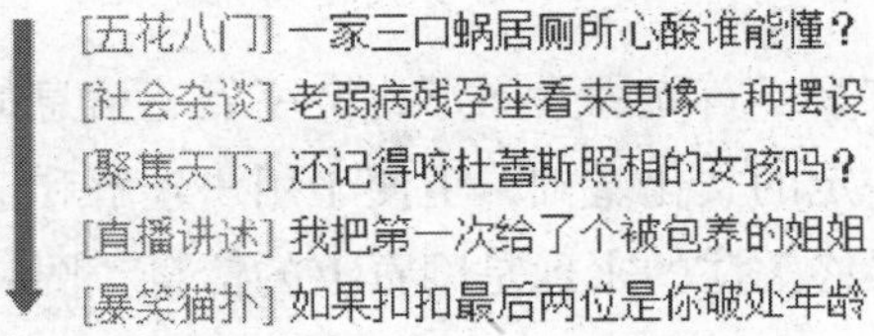

[五花八门] 一家三口蜗居厕所心酸谁能懂？
[社会杂谈] 老弱病残孕座看来更像一种摆设
[聚焦天下] 还记得咬杜蕾斯照相的女孩吗？
[直播讲述] 我把第一次给了个被包养的姐姐
[暴笑猫扑] 如果扣扣最后两位是你破处年龄

图3—20　文字对齐效果

同样遵循对齐原则的常见网页还有表单页面，如图3—21所示。

图3—21　表单页面对齐效果

在图3—21中，标签沿红线右对齐，输入框等控件沿红线左对齐，这样做能够更好地让用户将注意力放在控件上，而不是标签。一般用户在填写表单的时候，注意力往往首先集中在控件上，标签仅仅是辅助用户填写表单。所以，输入框等控件沿红线的左对齐布局能够让用户的视线迅速在控件之间流动，而紧贴着控件的标签，能够减少用户填写表单时快速浏览标签的视觉距离。

三、文字的突出

如同看报纸会先注意到字号较大的标题一样，文字的大小也影响着用户的视觉流。留意报纸、杂志或者其他书籍上不同功能的文字字号的差别，意在提醒读者哪些内容需要关注，哪些内容即使忽略也并不影响理解。

四、图形的吸引力

图形的吸引力远大于文字。首先因为图形比文字表达信息的方式更加直接、生动；其次图形不像文字那样需要一定的文化基础，更便于用户理解和记忆。

但是，要记住，用户最终关注的永远是网页上的信息，图片仅仅是为了更好地阐述文字信息，而不是单纯的装饰元素。

五、内容逻辑的引导

网页中的信息，往往包含着并列和从属的关系，因此，在布局时，要根据这些关系来引导用户浏览网页的视觉流。

通常，处于并列关系的内容，都会并列排列，如图3—22所示。并采用两端对齐的方式（参考"第2章 | 第1节 | 学习单元4　排版"）。这样既能够有效地利用网页空间，又能够在纵向和横向上引导用户。

苹果iPad 4平板电脑概念设计　　网曝iPad Min黑色版同样掉漆
700公里时速喷气机实测4G网　　谷歌Nexus 4对苹果iPhone 5
四面楚歌苹果的惊人内幕曝光　　果粉钱太好赚？这东西有人买
巨亏索尼自救犹如"刮骨疗伤"　　WP8新旗舰HTC 8X上手试玩
微软快递Win8光盘收费160元　　国产最小u盘电视机顶盒问世

图3—22　并列排列

从属关系的文字信息往往会被置于一个封闭（或半封闭）区域内，在这个区域中，通常会配以醒目的栏目标题，表示这些信息从属这个栏目，如图3—23和图3—24所示。

图 3—23　处于封闭空间内的从属关系

Erick 回答了该问题　　　　　　　　　　　　　　　1小时前

毕业后创业互联网公司，快24岁还一事无成怎么办？感觉自己只是个码农 ·

0　才这个年纪就这么危机，你让我们这些半截子在土下面的人情何以堪？你现在最重要的是要搞清楚你
想要什么、爱好什么然后决定去怎么做。你应该是大学一毕业就开始创业。我个人不太认可大学生一
出校门就创业，中国教育体制环境下培养出来的大学生弱的掉渣，... 显示全部 »

＋ 关注问题　♡ 添加评论

成远 赞同该回答　　　　　　　　　　　　　　　　1小时前

药房的盈利情况怎样？如何保持竞争力？

1　潘钊，药学、医院药房、药店商管、医药公司营...

盈利情况怎么样？由于药店的开办门槛并不算高，短视的价格战已让药品变得不再暴利（转牛角尖的
我没有话说），店面泛滥和价格战导致药店现在竞争十分激烈，故盈利情况总的来说我认为并不能算
十分理想，在个人所知悉的一些连锁药店中，除了少数位置极佳的... 显示全部 »

＋ 关注问题　♡ 添加评论

Erick 关注该问题　　　　　　　　　　　　　　　1小时前

毕业后创业互联网公司，快24岁还一事无成怎么办？感觉自己只是个码农 ·

＋ 关注问题　♡ 添加评论　· 5 个答案

图 3—24　处于半封闭空间内的从属关系

学习单元3　快速原型

学习目标

● 了解原型设计的目的和需要解决的问题

- 能够使用 Adobe Photoshop CS5 绘制快速原型

 知识要求

在了解了版块的布局和选择方式，以及视觉流的基本知识后，可以开始综合这些知识进行快速原型设计了。

一般来说，原型设计尽量使用黑、白和不同灰度的颜色来划分版块和信息，避免使用其他颜色来干扰原型的设计。原型设计时，也应该尽量避免使用图片来干扰设计，一般使用"占用图"来代替图片。原型设计如图 3—25 所示。

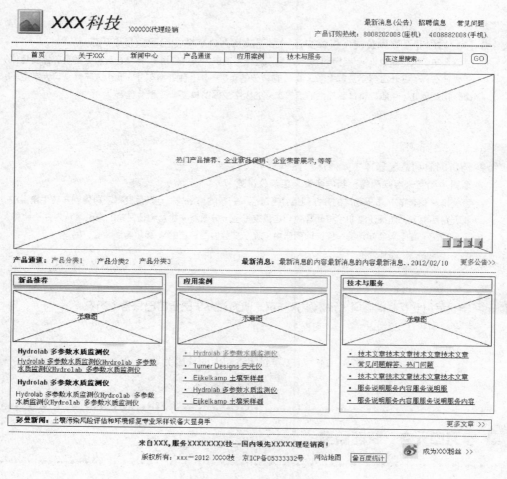

图 3—25　原型设计

从图 3—25 看到快速原型设计并不是用于确定网站的视觉风格，而是要确定以下几个问题：

1. 网站的布局是怎样的？

2. 网站应该包含哪些版块，每个版块的位置和尺寸是如何设置的？

3. 版块之间的距离是多少？

4. 每个版块中信息的呈现是怎样的，这些信息占用的位置是多少？

5. 页面中应该具备哪些功能？

 技能要求

原型设计的重点不在视觉风格，因此，只需要掌握一些基本的线框绘制方法就能够完成原型设计。

基 本 线 框

Step 1：绘制符合尺寸要求的线框

使用【工具栏】中的【矩形选框工具（M）】，在画布上操作之前，在"当前工具选项栏"上输入要绘制的选区的尺寸，如图3—26所示。

图3—26　设置线框尺寸

在选择【矩形选框工具（M）】的前提下单击画布的任意区域，此时得到预设尺寸的矩形选区。使用【工具栏】中的【油漆桶（G）】为这个选区填充颜色。

填充完毕后，使用快捷键【Ctrl + D】取消选区。需要说明的是，为了修改便利，建议一个图层只绘制一个线框。

 特别提示：

如果选择了错误的颜色怎么办？

不必担心目前选择的颜色是否正确，也不必担心颜色可能需要反复修改，因为，可以利用"图层样式"来修改。

Step 2：为线框填充颜色和添加描边效果

上一步绘制的线框（严格意义上并不是一个线框，仅仅是一个矩形色块而已），也许仅仅是尺寸完全正确，对于其他的效果，也许还有很多不满意。接下来可以介绍使用"图层样式"来修改线框。

在"图层"面板中选中要修改的线框所在的图层，右击，在弹出的快捷菜单中选择【混合选项】命令，打开"图层样式"对话框。在对话框中的"颜色叠加"中修改当前图层的线框颜色，在"描边"中为线框描边，如图3—27所示。

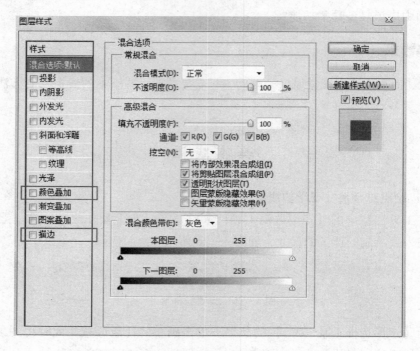

图3—27　为线框填充颜色和添加描边效果

在"颜色叠加"中，可以为线框重新填充不同的颜色，如果想要有"线框"的效果，可以填充成和背景一样的颜色。

在"描边"中，可以为线框添加不同颜色、不同粗细的边框，从而真正实现"线框"的效果。

当一切都调整好以后，单击【确定】按钮完成修改。

Step 3：修改线框的尺寸，并放置到合适的位置

如果绘制的线框尺寸需要调整，（在"图层"面板上选中需要调整的线框所在的图层）可以使用快捷键【Ctrl + T】来修改。

使用快捷键【Ctrl + T】后，线框上将会出现调节锚点，可以拖拽锚点来调节线框的尺寸，也可以按住【Shift】键来等比例缩放线框。在这种状态下，也可以拖动线框（非锚点）任意区域，来移动线框的位置。

当然，如果对于线框的尺寸和位置的要求非常精确，也可以通过"当前工具选项栏"输入精确的数据来调整，如图3—28所示。

| X: 290.50 px | Y: 198.00 px | W: 100.00% | H: 100.00% | 0.00 度 | H: 0.00 度 | V: 0.00 度 |

图3—28　当前工具选项栏

直　线

不推荐使用 Adobe Photoshop CS5 专门的直线工具来绘制直线，因为该工具灵活性较差；推荐使用"钢笔"工具来绘制直线。当然，【钢笔工具（P）】能画出各种各样更加复杂的图形，但是，因为本学习单元需求，这里仅介绍使用【钢笔工具（P）】绘制直线的方法。

Step 1：绘制直线路径

根据两点一线原理，选中【钢笔工具（P）】后，在画布上单击，得到第一个点（直线的起始点），再在直线结束的地方再次单击，得到第二个点（直线的终点），这样就绘制了一条直线路径。依此方法，也可以按住【Shift】键来绘制水平或垂直的直线。

Step 2：修改直线长度和位置

同之前介绍的线框的调整方法不同，直线路径不支持快捷键【Ctrl + T】的修改，因此需要利用【工具栏】上的【路径选择工具（A）】和【直接选择工具（A）】来修改。

通过长按【工具栏】上的【路径选择工具（A）】，可以调出这两个工具，如图3—29所示。

其中，【路径选择工具（A）】是用来移动直线的位置的，可以用此工具选中画布上的直线路径，将其拖放至画布的任意位置。

图3—29　路径工具

【直接选择工具（A）】是用来修改直线长度和方向的，可以用此工具选中画布上的直线路径两点中的任意一点进行拖动，以此来改变直线的长度和方向。如果想延长或缩短一条水平或垂直线，可以按住【Shift】键来拖动某一点，以确保拖动时是水平或垂直的。

Step 3：为直线设定粗细和颜色

确定了直线的位置和长度后，需要为直线确定粗细和颜色。

在完成这一步之前，先要理解路径的概念。

至此，在画布上的直线，并没有"真正"画在画布上。假如现在将其保存成 jpg 或者 png 格式的文件，将看不到这条直线。因为这条直线是用路径"画"的，而路径是无法呈现在最后保存的图片上的。

路径就像设计师在纸上放置的尺子，如果不沿着尺子画，尺子是不会自己画在画布上的。也就是说，之前的操作仅仅是摆好了一把画直线的"尺子"。

 相关链接：

关于路径的更多知识

事实上路径绝对不是只能画直线的"尺子"，路径能创造出各种各样的形状和线条，因此，可以把它理解成一把能够千变万化的尺子，可以用它来绘制各种图案。可以利用"尺子"画线条，也可以在封闭的"尺子"里填充颜色。

所以，只有当路径被描边或者被填充之后，想要的图案才真正被画在了画布上。

正因为它是一把"尺子"，所以，当删除路径的时候，图层并不会因此删除。

了解了什么是路径，接下来要做的就是为这个路径描边（封闭的路径可以被描边和填充，而非封闭的路径只能够被描边）。可以用"画笔"工具来给路径描边。因此，在描边之前，要确定画笔的颜色和粗细，以保证绘制的直线路径被正确地描边。

单击【工具栏】上的【画笔工具（B）】，在画布的任意区域右击，弹出画笔调节面板，选择不同的笔形、粗细和硬度。一般而言，选择默认的笔形即可，硬度为 100%，而粗细根据需要而定。

前景色即为画笔的颜色，可以单击【前景色】调出拾色器来改变颜色。

当选择好描边的粗细和颜色后，重新选择【路径选择工具（A）】，选中要描边的直线路经，右击任意位置，在弹出的快捷菜单中选择【描边路径】，打开"描边路径"对话框（注意：此时，要描边的路径所在的图层必须是可见的，否则无法打开"描边路径"对话框）。

在"描边路径"对话框中，选择工具为"画笔"，并取消勾选"模拟压力"复选框（见图 3—30），单击【确定】即可。

要注意的是，描边后的直线路经不可再修改线条的粗细，但可以按照修改线框颜色的方法，使用"图层样式"对话框中的"图层叠加"改变其线条颜色。

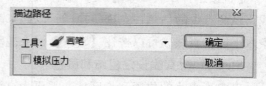

图 3—30　描边路径

文 字 排 版

操作准备

在原型设计中，仍然需要定义每个版块的信息呈现方式，最主要的就是文字的排版。

关于文字排版，在"第 2 章 | 第 1 节 | 学习单元 4"中讲到了一些文字排版的基本方法，结合视觉流的理论，可以运用【工具栏】中的【横排文字工具（T）】和【直排文字工具（T）】完成文字排版的所有工作。

也许在设计原型的时候还并不知道网站最终的文字内容是什么，可以尝试从其他地方复制一段文字放在原型上，这样有利于判断原型是否突出了设计师想要突出的信息。

文字的排版主要有四个方面：

- 确定文字区域
- 确定字体、大小及颜色
- 确定行间距和段间距
- 确定文字对齐方式

在使用 Adobe Photoshop CS5 进行文字排版的时候，要解决的就是这四个方面的问题。

操作步骤

Step 1：确定文字区域

选择【工具栏】中的【横排文字工具（T）】，在画布上进行拖拽，所拖拽出来的文本框区域，就是文字的呈现区域。如果无法一次性完成，可以在第一次拖拽后，通过调节文本框上的锚点来调整此区域。

Step 2：确定字体、大小及颜色

上一步完成后，可以在"当前工具选项栏"上选择字体、大小及颜色，如图 3—31 所示。如同之前提到的，尽量使用系统默认字体。

图 3—31　确定字体、大小及颜色

Step 3：确定行间距和段间距、对齐方式

接下来需要设置行间距和段间距。可以通过菜单栏上的【窗口】＞【字符】，打开"字符"面板来调节行间距，根据之前 1.5 倍行间距的建议，当文字大小为 14 px 时，行间距应为 21 px。"字符"面板如图 3—32 所示。

还可以通过菜单栏上的【窗口】＞【段落】，打开"段落"面板来调节段间距，如

图3—33所示。可以在②中输入段前间距和段后间距，根据之前学习的内容得知，当文字大小为14 px时，行间距建议设置成21 px，这里，将段后间距设置成21 px。还可以在①中选择文字的对齐方式。效果参见"第2章 ｜ 第1节 ｜ 学习单元4｜ 四、对齐方式"。

图3—32 "字符"面板

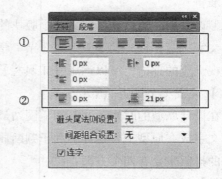

图3—33 "段落"面板

Step 4：编辑文字内容和样式

在做好以上的设定后，就可以在文本框中输入文字内容了，当内容输入好之后，单击【当前工具选项栏】上的【确认】按钮即可。

当对已经确认的文字版式效果不满意，或者文字内容需要更改时，只需在"图层"面板双击文字所在图层的缩览图，即可重新编辑。

 学习单元4　版块美化

 学习目标

- 了解网页背景设计的一般规律
- 了解版块底色和边框设计的一般规律
- 能够使用 Adobe Photoshop CS5 制作网页背景

 知识要求

版块的美化工作细分成两个部分，即底色和边框，为了使本教材更加实用，本学习单元还将网页背景设计的部分添加进来，因为在美化版块的同时，也要定义网页背景的样式。

一、网页背景

1. 网页背景用色

在网页设计中设计网页背景通常是根据设计方向展开设计的第一步，也是确定设计基调的重要环节。由于整个背景的范围较大，所以会给人强烈的心理感受。在本章第1节"学习单元2　布局方式"中曾讲到：一些固定宽度的网页，为了提高不同窗口下的视觉效果，用背景图片填充宽屏用户页面边缘的空白，例如，新浪微博（http://weibo.com）。

除了让用户自定义网页背景之外，一般在设计背景时，也是有一定技巧的。

网页的背景颜色切记不能太花、太刺眼，因为网页中需要吸引用户注意的不是背景而是网页的内容，因此应尽量采用单一的、温和的颜色，饱和度不要太高。如果不是风格强烈或者专题/活动类网页，一般最安全的颜色就是灰色，因为灰色没有颜色倾向，所以能适合网页内容中可能出现的任何颜色；另外灰色比纯白和纯黑在视觉上要柔和一些，这样使得用户在浏览时，注意力不会被分散。

除了灰色，白色也是很多网站的"经典搭配"。

对于一些企业网站，Logo的标准色或标准色的相同色系有时候也会作为网页的背景颜色。

2. 材质背景运用

目前，比较"时尚"的做法，是将简单的单色材质背景作为网页背景使用，如果运用得当，这样做能够瞬间提高网页的质感。

关于材质背景的制作将会在本学习单元的"技能要求"中详细介绍。

二、版块底色和边框

版块的底色或边框要和网页的背景区别开，这样用户才能将注意力准确聚焦在网站上。在这个基本的前提下来看一组案例。

如图3—34所示是经常看到的版块设计方式，但是这样的设计太空洞了，一般地，通常会填充一个和边框颜色色调一致的浅色作为背景色，如图3—35所示。

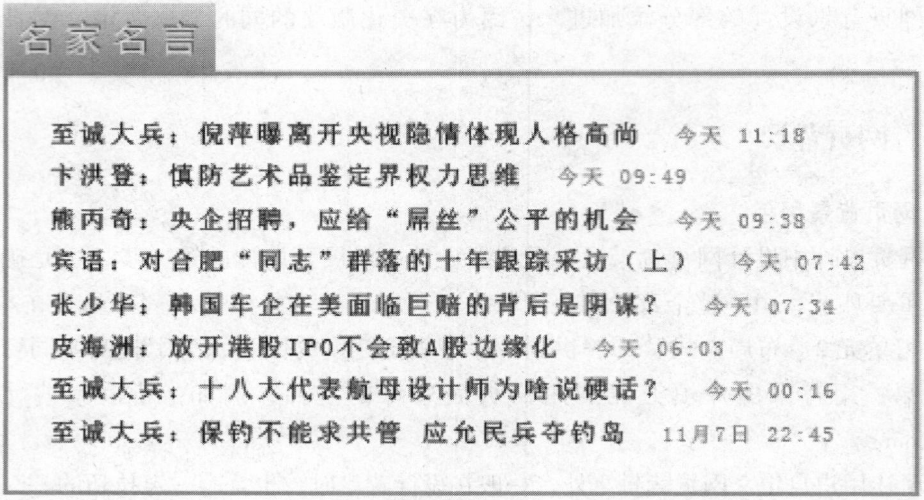

名家名言

至诚大兵：倪萍曝离开央视隐情体现人格高尚　今天 11:18
卞洪登：慎防艺术品鉴定界权力思维　今天 09:49
熊丙奇：央企招聘，应给"屌丝"公平的机会　今天 09:38
宾语：对合肥"同志"群落的十年跟踪采访（上）　今天 07:42
张少华：韩国车企在美面临巨赔的背后是阴谋？　今天 07:34
皮海洲：放开港股IPO不会致A股边缘化　今天 06:03
至诚大兵：十八大代表航母设计师为啥说硬话？　今天 00:16
至诚大兵：保钓不能求共管 应允民兵夺钓岛　11月7日 22:45

图3—34　版块底色和边框1

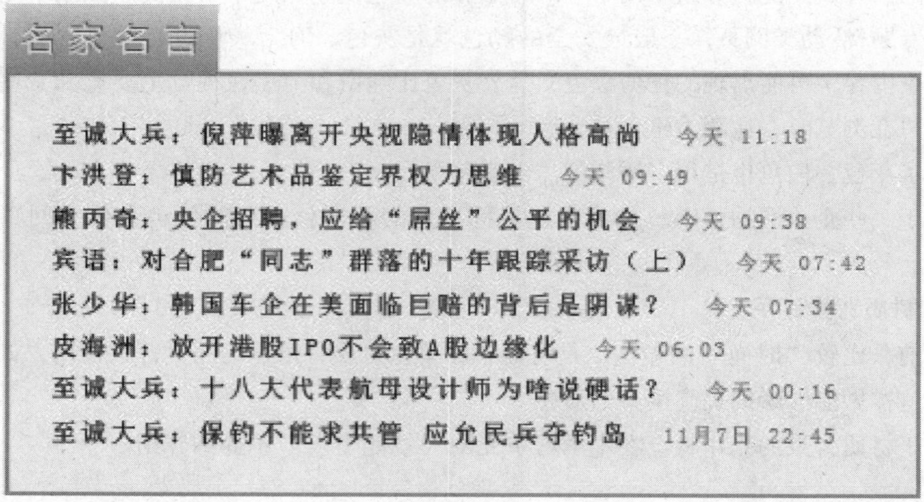

名家名言

至诚大兵：倪萍曝离开央视隐情体现人格高尚　今天 11:18
卞洪登：慎防艺术品鉴定界权力思维　今天 09:49
熊丙奇：央企招聘，应给"屌丝"公平的机会　今天 09:38
宾语：对合肥"同志"群落的十年跟踪采访（上）　今天 07:42
张少华：韩国车企在美面临巨赔的背后是阴谋？　今天 07:34
皮海洲：放开港股IPO不会致A股边缘化　今天 06:03
至诚大兵：十八大代表航母设计师为啥说硬话？　今天 00:16
至诚大兵：保钓不能求共管 应允民兵夺钓岛　11月7日 22:45

图3—35　版块底色和边框2

　　但是，当这个版块放在白色的背景下，仍然显得过于突兀，一般边框的颜色会选择和背景颜色相近的色系，如图3—36所示。

　　另外，当版块位于深色的背景下时，版块的边框颜色则应该较亮些，如图3—37所示。

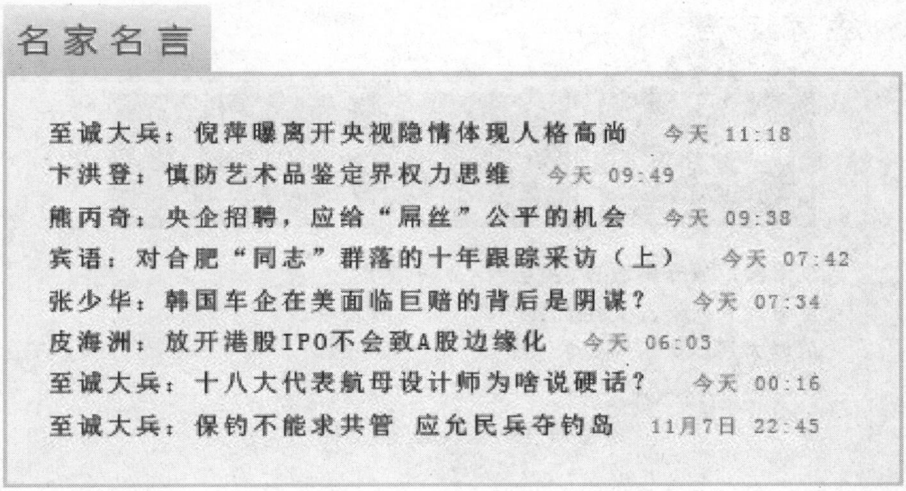

名家名言
至诚大兵：倪萍曝离开央视隐情体现人格高尚 今天 11:18
卞洪登：慎防艺术品鉴定界权力思维 今天 09:49
熊丙奇：央企招聘，应给“屌丝”公平的机会 今天 09:38
宾语：对合肥“同志”群落的十年跟踪采访（上） 今天 07:42
张少华：韩国车企在美面临巨赔的背后是阴谋？ 今天 07:34
皮海洲：放开港股IPO不会致A股边缘化 今天 06:03
至诚大兵：十八大代表航母设计师为啥说硬话？ 今天 00:16
至诚大兵：保钓不能求共管 应允民兵夺钓岛 11月7日 22:45

图 3—36 版块底色和边框 3

名家名言
至诚大兵：倪萍曝离开央视隐情体现人格高尚 今天 11:18
卞洪登：慎防艺术品鉴定界权力思维 今天 09:49
熊丙奇：央企招聘，应给“屌丝”公平的机会 今天 09:38
宾语：对合肥“同志”群落的十年跟踪采访（上） 今天 07:42
张少华：韩国车企在美面临巨赔的背后是阴谋？ 今天 07:34
皮海洲：放开港股IPO不会致A股边缘化 今天 06:03
至诚大兵：十八大代表航母设计师为啥说硬话？ 今天 00:16
至诚大兵：保钓不能求共管 应允民兵夺钓岛 11月7日 22:45

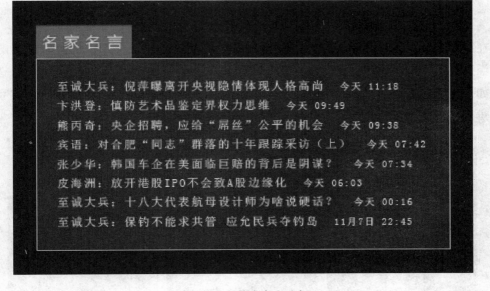

图 3—37 版块底色和边框 4

有些时候，版块内不仅有文字还有图片，这个时候，往往还需为图片添加边框。和之前的方法一样，对于图片边框的颜色，选择和背景颜色相近的色系，这其中值得学习的经验是，边框一般不紧贴图片，往往需在图片和边框之间留出一定空隙，如图 3—38 所示。

名家名言

皮海洲：放开港股IPO不会致A股边缘化　今天 06:03
至诚大兵：十八大代表航母设计师为啥说硬话？　今天 00:16
至诚大兵：保钓不能求共管 应允民兵夺钓岛　11月7日 22:45

图3—38　版块底色和边框5

 技能要求

背景的制作

在制作网页图案时，应该控制"内容"和"背景"的主次关系，不要把网页图案做得太漂亮、太复杂，这有可能使得网页内容难于辨别。平时人们在为自己的手机挑选背景时，如果仅凭喜好，选择了漂亮但构成较为复杂的图片，那么，桌面上的图标和文字就会难于辨别，看久了甚至会觉得有些眼花，如图3—39所示为不易识别的背景。

图3—39　不易识别的背景

使用网页图案的目的，一方面，在于增加网页的层次，划分信息区域，使网页内容更加易于阅读和吸收；另一方面，使用网页图案，可以提升图像质感，为单调的颜色区块增添变化，使网页看上去更为精致和专业。

网格背景——十字网格图案

Step 1：利用快捷键【Ctrl + N】创建一个新的文档，尺寸设为 9 像素 ×9 像素，其他设置均为默认。选中【放大工具（Z）】后，在【工具】选项栏中单击【适合屏幕】按钮，将图片放大到一定大小。需要注意的是，文档尺寸数值应为奇数，这样可以使得线条分割后的图案对称。

Step 2：选中"单行框选工具"，在画布中央（选框靠近中央后 Adobe Photoshop 会进行自动对齐）绘制一条 1 像素宽的横线，使用【填充工具（G）】，或使用快捷键【Alt + Delete】填充前景色，填充颜色为"# eeeeee"（在"拾色器"对话框右下方填入），如图 3—40 所示。

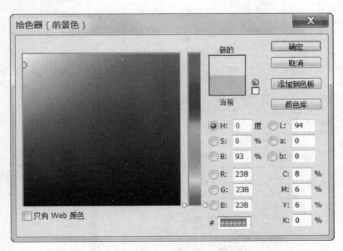

图 3—40　填充前景色

Step 3：复制上一步中的横线图层后，选中它，按【Ctrl + T】进入自由变换模式，按住【Shift】键后进行旋转，使之与横线垂直，完成十字图案的绘制，如图 3—41 所示。

Step 4：在菜单栏的"编辑"菜单中，选中【定义图案】选项，弹出"图案名称"对话框，输入图案名称（见图 3—42），单击【确定】按钮，就可以在混合选项的图案叠加中，使用这一自定义图案了，如图 3—43 所示。

图 3—41　完成十字图案绘制

图 3—42　输入图案名称

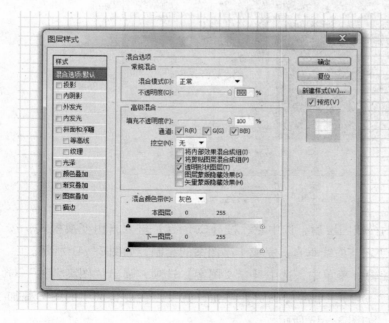

图 3—43　自定义图案

网格背景——斜向十字网格图案

Step 1：创建一个新的文档，尺寸设置为 8 像素 × 8 像素，与正十字图案不同，斜向划分需要使用偶数作为尺寸的数值，这样对角线才能在图案中央交汇。单击【适合屏幕】按钮放大图案至合适尺寸。

Step 2：新建图层，使用【直线工具（U）】，使用路径模式，从画布的左上角向右下角拉一条宽度为 1 px 的直线路径，将其转换为选区，使用【填充工具（G）】，填充颜色"# eeeeee"。这时可以看到，Adobe Photoshop 自动在选区周围添加了过渡颜色像素，如图 3—44 所示。

图 3—44　绘制对角直线

Step 3：为了让图案更为完美，可以按住【Ctrl】并单击"图层"面板中的图层缩览图，选中图层所需像素后，执行反选【Ctrl + I】，删除过渡颜色像素。如果图案尺寸较小，还可以用【铅笔工具（B）】一个个的绘制像素点。完美图案如图 3—45 所示。

Step 4：绘制完毕后，复制该对角线，用自由变换【Ctrl + T】，将其旋转对齐至另一侧的对角线，最终效果如图 3—46 所示。

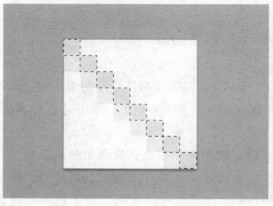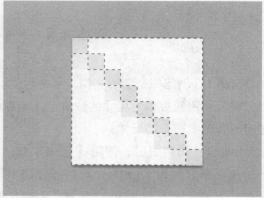

图 3—45　完美图案

图 3—46　最终效果

Step 5：使用【编辑】菜单下的【定义图案】功能，将图案导入程序后，就可以在"图层样式"中使用该图案了。

网格背景——斜线图案

将斜向十字网格图案其中一条对角线去掉，就可以绘制出斜线图案了，效果如图 3—47

所示。此处使用的图案画布尺寸为 12 像素×12 像素，可以通过改变画布尺寸和线条粗细，来实现不同的斜线图案效果。

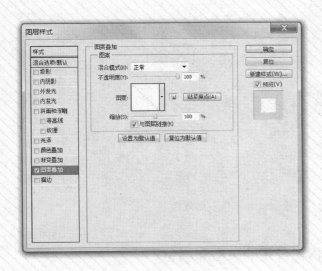

图 3—47　斜线图案效果

需要注意的一点是，在绘制宽度大于 1 px 的斜线时，应注意绘制"补充角"，如图 3—48 所示。如不绘制红色标记处的灰色像素，斜线图案在应用到背景上后，就会变成"虚线"，如图 3—49 所示。在较小的图案中，"补充角"的大小应为线条宽度减去 1 px，再除以 2。

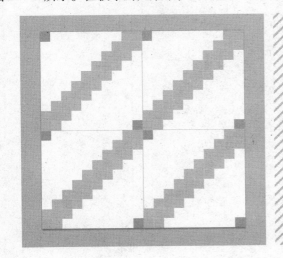

图 3—48　绘制"补充角"

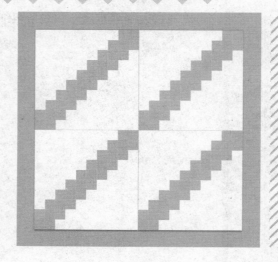

图 3—49　不绘制"补充角"的效果

调整网格类背景的疏密和颜色

可以通过改变线条的粗细，以及图案的画布尺寸，来制作出不同疏密感觉的网格图像。下面用举例的方式，来展示不同图案应用在同一背景（640 像素 × 480 像素，分辨率为 72）上的效果，如图 3—50 ~ 图 3—55 所示。

图 3—50　图案画布尺寸为 6 像素 × 6 像素，斜线粗细为 1 px

图 3—51　图案画布尺寸为 6 像素 × 6 像素，斜线粗细为 3 px

图 3—52　图案画布尺寸为 12 像素 × 12 像素，斜线粗细为 1 px

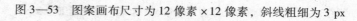

图3—53   图案画布尺寸为12像素×12像素，斜线粗细为3 px

图3—54   图案画布尺寸为20像素×20像素，斜线粗细为1 px

图 3—55 图案画布尺寸为 20 像素×20 像素，斜线粗细为 3 px

图片拼贴背景

如图 3—56 所示是一张用鹅卵石照片制作的无缝拼接图片。在选择制作无缝拼接的图

图 3—56 鹅卵石照片制作的无缝拼接图片

片时，应注意其边缘的平滑程度，纯色边缘是最容易制作的。这张鹅卵石图片，对初学者有些难度，但是若学好这张图，其他图案也就相对容易了。

Step 1：首先，将该图片导入到 Adobe Photoshop 中，使用【裁剪工具（C）】，在【工具】选项栏中，将裁剪尺寸设定为 200 像素 ×200 像素，分辨率设为 72；然后拉动裁剪框，进行框选和裁剪。在进行此项操作时，应注意框选位置的图像色彩、光影是否均匀，同时应避免边缘出现较明显的区分物，比如颜色不同、形状特殊的物体。如图 3—57 所示为裁剪合适的图片。

图 3—57　裁剪合适的图片

Step 2：裁剪完毕后，就获得了一个 200 像素 ×200 像素的方块图案。接下来在"滤镜"菜单下单击【其他】>【位移】，将水平和垂直位移数值均设为 100，同时在"未定义区域"选项组中选择【折回】，获得如图 3—58 所示的效果。

Step 3：将图片放大后，选择【污点修复画笔工具（J）】，笔触大小调整为 5 px，对图片的十字接缝进行修整。注意应避免画一整条直线来进行修复，这样效果不好，应根据鹅卵石的光泽和阴影走向，使用弧线进行局部修整。修复效果如图 3—59 所示，将图片导入图案库后，就可以在图层样式中使用它了。

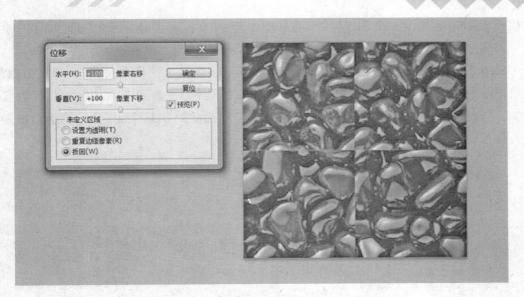

图 3—58　设置位移

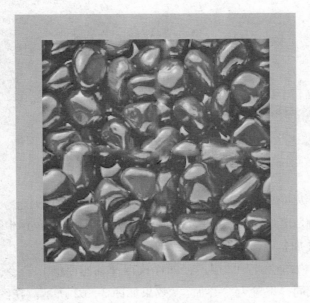

图 3—59　图片的十字接缝修复效果

布纹材质背景

Step 1： 首先新建一个文档，尺寸为 750 像素 ×450 像素，分辨率为 72，需要注意的是，文档尺寸需要比实际需要的图像尺寸长宽各增加 50～100 px ，具体原因在后面的课程中会解释。新建一个图层，命名为"底色"，使用【填充工具（G）】，填充颜色为"#2c2c2c"。

Step 2：在"底色"图层之上，新建一个图层，命名为"横向纹路"，填充为白色。在菜单栏中，选择【滤镜】>【杂色】>【添加杂色】，如图 3—60 所示。其数量为 99%，分布选择【平均分布】，并勾选【单色】复选框，单击【确定】。复制"横向纹路"图层，为复制的图层改名为"纵向纹路"。

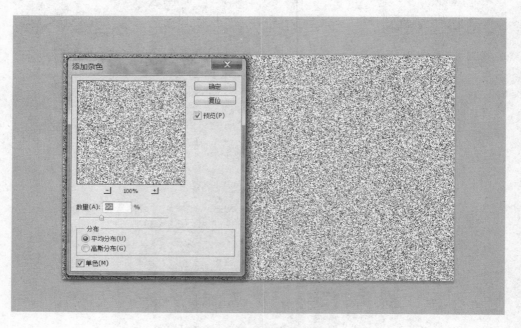

图 3—60　添加杂色

Step 3：选中"纵向纹路"图层后，执行【滤镜】>【模糊】>【动感模糊】命令，如图 3—61 所示。将角度设定为 90 度，距离设定为 30 像素，单击【确定】。将该图层的混合模式设置为【叠加】。

Step 4：选中"横向纹路"图层后，同样执行【动感模糊】命令，角度设定为 0 度。将该图层的混合模式同样设置为"叠加"，效果如图 3—62 所示。在图像的四周，会有一段类似于"布料线头"的纹理，这一段在后期处理中，是要剪切掉的，因此，在之前的操作中，在制作背景前，尺寸设定应较实际使用尺寸大 50～100 px。

Step 5：向下合并图层后，将图层透明度调整为 50%，最后，使用【裁剪工具（C）】，将图像裁剪为 700 像素×400 像素，并添加文字，获得最终效果。

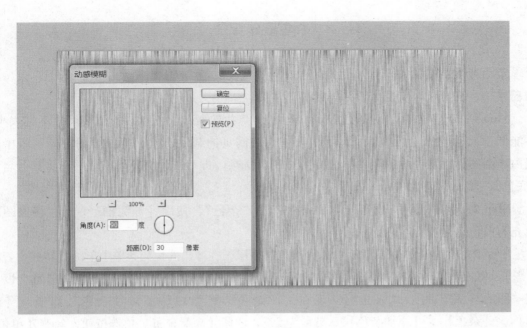

图 3—61　动感模糊

图 3—62　对横向纹路进行模糊后的效果

杂色磨砂背景

杂色背景虽然看似简单，甚至感觉有些"粗糙"，但应用到网页中后，由于它独特的粗糙质感，反而可以制造出不一样的视觉体验。

Step 1：新建文档，尺寸设置为200像素×200像素。杂色背景的图案尺寸不宜太小，不能低于75像素，也不宜太大，因为要考虑到网页的载入速度。单击"图层"面板中的黑白半圆图标，从弹出的菜单中选择"纯色"选项，即可新建颜色填充图层，将其命名为"底色"，填充颜色为"#cacaca"。

Step 2：在"底色"图层上方，新建图层"杂色"，使用【油漆桶（G）】，将该图层填充为白色。

Step 3：右键选中图层面板中的"杂色"图层，在弹出的快捷菜单中单击【转换为智能对象】，将该图层转换为"智能控件"。"智能控件"的优势在于，对它进行的调整都会以类似"图层样式"的形式来进行。现在为"杂色"智能控件添加"杂色"滤镜（【滤镜】>【杂色】>【添加杂色】），数量为5%，选择【高斯分布】单选按钮，勾选【单色】复选框。可以看到，"图层"面板中"杂色"图层下方，出现了一个"智能滤镜"控件。当设计师需要调整时，就可以直接双击控件下方的【添加杂色】对滤镜进行调整，如图3—63所示。

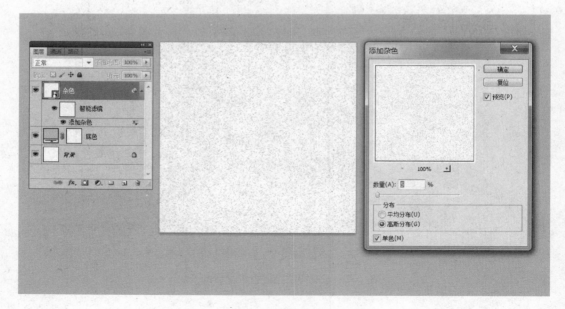

图3—63　添加杂色

Step 4：将"杂色"图层的混合模式，调整为"正片叠底"，下方的"底色"图层就会透过"杂色"图层，从而实现"杂色背景"的效果，如图 3—64 所示。

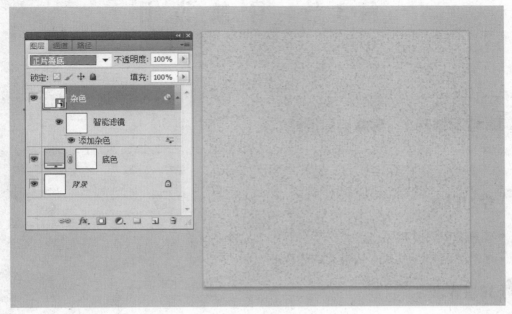

图 3—64　调整混合模式

此时，可以自由调整底色图层的颜色，来实现不同的杂色效果。双击底色图层中的【颜色调整缩略图】，即可调出"拾色器"，选中所需颜色后，单击【确定】按钮，即可应用到图层中，改变底色图层颜色，如图 3—65 所示。

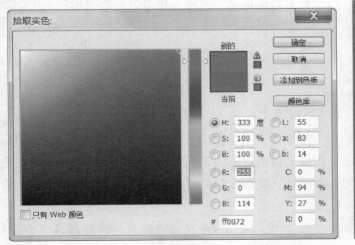

图 3—65　调整底色图层颜色

第3节 导 航 设 计

 学习单元 1　导航信息设计

 学习目标

- 了解导航的作用
- 了解不同的导航信息结构并熟练应用

 知识要求

在"第1章 | 第2节 | 学习单元2"中谈到了关于信息构架方面的知识，这些知识其实都是为网站导航设计做准备的，将在导航信息设计中运用这些知识。

一、导航的重要性

导航最显而易见的功能是帮助用户找到所需信息，通常，导航会提供给用户以下四条信息：

- 这里有哪些内容？
- 怎么到达那里？
- 在哪里？
- 怎么回到那里？

这四条信息使得用户能够明白网站能够提供什么信息，并指引用户找到想要的信息，这是导航最重要的作用。一个无法呈现以上四条信息的导航，即使设计得再漂亮也是失败的，一旦用户认定不能找到自己想要的信息，就会立刻关闭这个网站，甚至以后也不会再次浏览。

用户的耐心是有限的，甚至毫不夸张地说，每个用户在浏览网页的时候都是"急躁"的，这也意味着导航在呈现以上四条信息的时候，必须直观高效。

除此之外，导航的直接商业价值也显而易见。借用李凡的《设计师的商业意识》一书中的案例，可以知道阿里巴巴网站大致的广告价格，如图3—66所示。

图3—66　阿里巴巴网站大致的广告价格

其中绿色方框内的内容是用户在浏览网页时一屏所呈现的内容，可以发现，导航占据了画面中的大部分区域，使得用户所能看到的搜索信息少之又少。

当对阿里巴巴的导航进行"瘦身"后，一屏所呈现的搜索信息增加了，广告的价值也随之增加了，调整后的广告价格如图3—67所示。

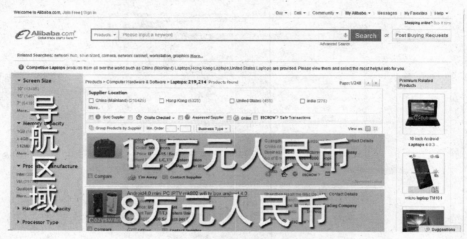

图3—67　调整后的广告价格

图3—67是"瘦身"之后的导航，搜索结果在更高的位置呈现，同时每个产品位的价格也增加了很多，第一个位置的广告位由9.5万元增加到12万元人民币。这是导航给网站带来的直接收益。

二、导航信息结构

导航的信息结构仿佛是网站的骨架，它呈现了网站中所有内容的关系和位置。常见的导航信息结构有：

1. 线性结构导航

顾名思义，线性结构的导航（见图3—68）是有一定线性顺序关系的，也就是"步骤"，一般这种结构的导航强调信息的顺序性和连贯性。当然线性结构一般要符合"面包屑"原则（参见"第1章｜第2节｜学习单元2｜二、信息构架"）。

线性结构导航最常用在注册、安装、支付等页面，这些页面的共同点就是：希望用户一步步按照信息提示来执行任务，不建议或者不能跳跃完成。

另一个最常见的线性结构导航就是分页导航。这种导航经常出现在同类信息一页无法完全显示的页面。最简单的就是带页码的分页导航。

2. 网状结构导航

网状结构导航（见图3—69）的特点是无起点也无终点，重在强调信息之间的并列关系，而不去强调这些信息的从属关系或顺序。网状结构导航多用于人物关系网，存在于社交网站或搜索网站中。

a)

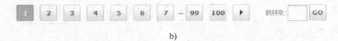

b)

图3—68　线性结构导航

a）注册页面　b）分页导航

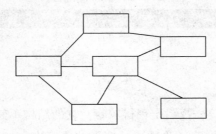

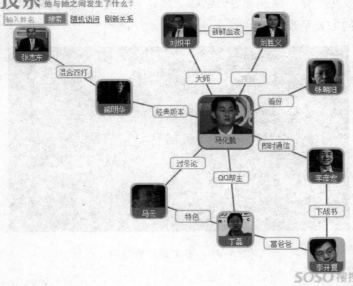

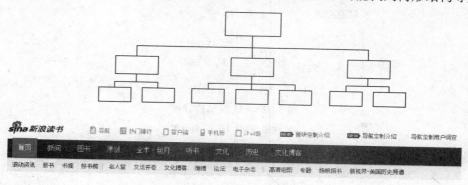

图 3—69　网状结构导航

3. 树形结构导航

树形结构导航（见图 3—70）是最常见的导航，适用于任何网站。树形结构导航不仅能够呈现出信息的并列关系，还能清楚地表达信息的从属关系，尤其对于信息量大、门类繁多的网站而言，树形结构导航是不二选择。在大多数网站中均能找到树形结构导航。

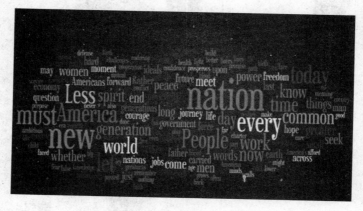

图 3—70　树形结构导航

4. 标签云结构导航

标签云结构导航（见图 3—71）出现得较晚，它的结构不是基于信息内容的逻辑、顺序或者层级关系，而是根据标签（关键词）搜索的热度来定义结构的，随着热度的改变，导航的形态也将发生变化，因此标签云结构导航是时刻变化的。一般搜索热度比较高的标签会以比较醒目的方式呈现出来。

图 3—71　标签云结构导航

5. 上下文链接导航

在"第 2 章 ｜ 第 1 节 ｜ 学习单元 5　超链接"中提到的文字超链接，其实就是上下文链接导航（见图 3—72）。上下文链接导航也是导航信息结构的一种方式，它作为信息延展功能被使用，穿插在文章当中。这种方式能够最大限度地减少用户浏览文章时的干扰，又能够精准地引导用户到达文章中指向的内容。但是切记：上下文链接导航不可过多使用（原因参见"第 2 章 ｜ 第 1 节 ｜ 学习单元 5　超链接"）。

 今天，知名3D设计软件开发商Autodesk推出了一款新产品：123D Design。这是一个免费的Web、Mac、PC、iPad软件，能够让玩家简单快速的创建可用3D打印机打印的3D模型。

图 3—72　上下文链接导航

6. 字母表导航

字母表导航（见图 3—73）有点类似平时看到的词典索引，一般根据首字母或数字在字母表中的顺序来建立导航。在用户对信息有着一定了解的前提下，这种导航往往最为快速、精准，因此一般也作为一种辅助搜索。

图 3—73　字母表导航

学习单元2　导航设计

 学习目标

- 了解面包屑导航的概念
- 了解导航扁平结构的概念

 知识要求

如同前面"导航的重要性"所说的内容，无论选择何种信息结构，导航都必须呈现以下信息：

- 这里有哪些内容？
- 怎么到达那里？
- 在哪里？
- 怎么回到那里？

也就是一般所说的面包屑导航。例如，W3shcool 网站（www.w3school.com.cn），如图 3—74 所示。

图 3—74　面包屑导航示例

可以看到一个鲜明的层级（路径）关系：①＞②＞③＞④。在这个网站中，可以从②和③中清晰地知道网站包含的信息有哪些，并且，通过②③④，能够知道当前处在网站中的位置，更重要的是，可以知道该如何返回到上一级。

当然，值得注意的是，这个层级（路径）不能无限地延伸下去，一般要符合"三次单击"原则，即用户一般在三次单击后无法找到想要的信息或无法完成某个功能时，便会选择放弃。

 **特别提示**

为什么用户只点三次？

对于信息量巨大的网站，就应该强调"三次原则"。因为每增加一级导航就增加一个认知维度，每增加一级使得整个导航系统复杂度增加数倍，不仅用户的操作将成倍地增加，给网页后期的维护也带来极大的成本。

对于"三次单击"原则，往往应用在信息量大的网站中，在设计导航的时候，要把握网站信息深度与广度的问题。

深度指的是网站层级的父子关系。一般导航的深度不应该太深，过深的信息构架很容易导致用户迷失在网站中。广度指的是网站层级的同级关系。一般对于信息量大的网站，广度比深度好，宁可增加导航的广度，也尽量避免增加网站的深度，如图3—75所示，为导航深度和广度的正确选择。

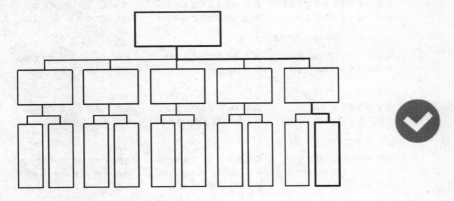

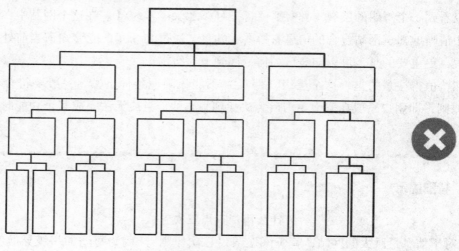

图 3—75　导航深度和广度的正确选择

但是，如果广度过大，用户面对突然出现的大量信息，也会造成选择困难。设计导航时应该优先提供常用信息或热门关键词，例如，淘宝首页的商品类目导航（见图 3—76）。

所有类目			
虚拟 手机聚划算开门红 疯抢中			
运营商 0元购机 手机号码 3G上网	**游戏** DNF 九阴 斗战神 DN 天龙	**彩票** 双色球 3D 大乐透 足球单场	
话费充值 移动 联通 电信 自动充	**点卡** 魔兽 CF 传奇 QQ 网页游戏	**机票** 酒店 客栈 旅游 门票 国际票	
服装 送给男人的礼物-羊绒专场			
女装 羽绒 毛衣 羊绒 棉衣 连衣裙	**男装** 羽绒服 毛衣 棉衣 牛仔 卫衣	**内衣** 文胸 睡衣 内裤 袜子 保暖	
新品 呢大衣 裤子 牛仔 T恤 皮衣	**外套** 衬衫 休闲裤 T恤 夹克 皮衣	**童装** 棉衣 羽绒服 外套 裤子 童鞋	
鞋包配饰 冬季保暖搭配，围巾必备！			
女鞋 新品 雪地靴 靴子 短靴 单鞋	**男鞋** 休闲 潮流 板鞋 皮鞋 靴子	**配饰** 围巾 帽子 皮带 手套 毛线	
女包 新品 真皮 大牌 欧美 钱包	**男包** 单肩 钱包 手提 休闲 真皮	**旅行箱包** 双肩 旅行箱 包 登机	
运动户外 网罗最受宠的运动品牌，点击查看			
运动鞋 滑板鞋 跑鞋 板鞋 篮球鞋	**健身** 羽球 泳衣 自行车 跑步机	**耐克** 阿迪 安踏 卡帕 骆驼 探路者	
运动服 卫衣 长裤 套装 羽绒服	**户外** 冲锋衣 鱼竿 雪地靴 登山鞋	**背包** 单肩包 军迷 帐篷 品牌直销	
珠宝手表 新年换美饰，blingbling靓起来！			
珠宝 钻石 黄金 铂金 施华洛	**翡翠** 珍珠 琥珀 珊瑚 宝石 碧玺	**饰品** 项链 手链 发饰 耳饰 手镯	
品牌手表 卡西欧 天梭 浪琴 海鸥	**时装表** 果冻表 水钻表 复古表	**眼镜** 太阳镜 眼镜架 zppo 烟具	
数码 数码贺新年，全场包邮7折起！			
手机 iPhone 安卓 三星 索尼 HTC	**智能机** 中兴 国产 联想 华为 4核	**相机** 卡片机 单反 微单 佳能 尼康	
笔记本 联想 苹果 戴尔 HP 华硕	**平板** 三星 iPadmini 谷歌 iPad4	**电脑** 键鼠 显示器 CPU DIY 路由	
配件 手机壳 三星 蓝牙 保暖配件	**苹果配件** 苹果壳 防尘塞 创意	**办公** 高清投影 打印机 一体机	

图 3—76　淘宝首页的商品类目导航

第 4 节 Banner 设计

 学习单元 1 Banner 设计原则

 学习目标

● 了解 Banner 设计的原则

 知识要求

Banner 指的是网页中的横幅广告，一般是 gif 动画或 Flash 动画，也有使用静态图片作为 Banner 的，它们往往带有超链接，能够让用户快速跳转到 Banner 的主题页面。

Banner 设计应遵循以下原则：

一、主题明确

要突出广告的主题，使用户能够一眼就明白广告的含义。因为用户不可能花时间和精力停留在无意义的信息上，因此，尽可能减少过多的辅助图形元素。另外，Banner 的内容应该尽可能简单、单一，保证用户的浏览重心，承载过多信息的 Banner 反而不会引起用户的兴趣。如图 3—77 所示为主题明确的 Banner。

图 3—77　主题明确的 Banner

二、重点文字突出设计

用文字突出广告最想要强调的信息是 Banner 设计的常用手段。找出 Banner 中最有可能吸引用户的文字，并突出设计。例如，一个打折促销的 Banner 广告，最有可能吸引用户的文字，就是折扣，如图 3—78 所示中的"6 折"。

图 3—78 重点文字突出设计

三、符合阅读习惯

对于 Banner 包含的信息，要符合用户从左到右、从上到下的阅读习惯，如图 3—79 所示。

图 3—79 符合阅读习惯

如果没有更好的排版方式，一般将产品图放在 Banner 的左侧，如果是人物图，尽量使人物的视线方向对着主题或关键词。

不仅仅是图形和文字，按钮的摆放也应该符合用户的阅读习惯。如果是动态 Banner，那么视觉元素的运动轨迹也应该如此，按钮的摆放如图 3—80 所示。

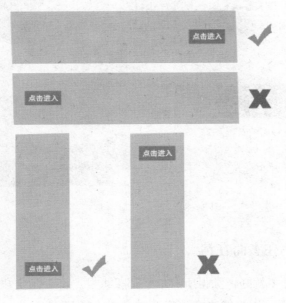

图 3—80　按钮的摆放

四、用最短时间激起用户的单击欲望

对于动态的 Banner 而言，用户浏览网页的集中注意力时间一般也就几秒，所以不需要太多过场动画，第一时间命中主题才是关键。

五、色彩不要过杂，用色醒目且温和

为了提升 Banner 的关注度，往往喜欢用"丰富"和高饱和度的色彩来吸引用户，其实这样反而会适得其反。因为杂乱的色彩和高饱和度颜色的刺激，会让用户觉得浏览时注意力分散、眼睛刺痛，增加对这个 Banner 的厌恶感。

六、产品数量不宜过多

很多广告主总希望在广告介绍更多的产品，认为在广告中尽可能介绍多的产品是性价比高的事情。作为网页设计师，应该知道这样做的弊端。Banner 的显示尺寸一般不会太大，摆放太多的产品反而会被淹没，视觉效果大打折扣。所以，产品图片不是越多越好，易于识别是关键，如图 3—81 所示。

图 3—81　产品数量不宜过多

七、信息数量不在多而在精

很多人总认为信息多就好，觉得所有信息都很重要，都要求突出，结果适得其反。如果 Banner 上全是吸引点，用户的注意力只会被分散，所以在 Banner 的有限空间内应精简信息，用最精炼的方式表达出来的信息才是重点。

八、留白

留白是中国水墨画中最常应用的一种技法。在 Banner 设计中，画面中需要留白，留白可以使图形和文字有呼吸的空间，也可以使 Banner 和 Banner 之外的信息有呼吸的空间。

 学习单元 2　Banner 设计方法

 学习目标

- 了解 Banner 的设计思路
- 了解 Banner 的设计技巧并熟练应用
- 了解 Banner 的版式布局并熟练应用

 **知识要求**

Banner 设计绝不是放几张图片、摆几行文字那么简单的设计工作。Banner 设计之所以交给设计师来完成，是因为一个优质的 Banner 往往能影响一个网页的视觉品味，尤其是专题类的网页。

一、Banner 视觉风格定位

随着 Banner 的主题不同，Banner 的视觉风格也是变化的。一般地，视觉的定位取决于产品、活动、事件或者频道的定位。

例如，当产品是单反相机的时候，Banner 应该体现出单反相机这种精密设备的精致和一丝不苟的质感，如图 3—82 所示。

图 3—82　单反相机的 Banner

而对于"香港回归 15 周年纪念"这样的活动，Banner 的视觉定位应该是体现香港的"璀璨""繁华""欣欣向荣"，如图 3—83 所示。

图 3—83　纪念香港回归的 Banner

对于"红学泰斗周汝昌逝世"这样的事件，则应该体现出"哀伤的""肃穆的"视觉效果，如图 3—84 所示。

图3—84 纪念红学泰斗周汝昌逝世的 Banner

二、文字表现

通过前面对 Banner 的介绍以及 Banner 图片的展示，可以看出一个 Banner 分为两个部分：一部分为文字，另一部分为辅助图。辅助图虽然占据大多数的面积，但是不加以文字的说明，很难让用户了解这个 Banner 要说明的内容。

而在所有文字中，标题尤为关键。大多数 Banner 所有的文字就是标题，标题设计也是 Banner 中一个重要的环节。一般 Banner 的标题由主标题和副标题组成。文字表现设计如图3—85 所示。

图3—85 文字表现设计1

从图3—85 中，可以看出，"菲律宾东部海域 7.6 级地震"是主标题，"多个城市电力供应中断，菲律宾印尼等地发布海啸警报"是副标题。从视觉主次上来说，主标题一般要大一些，颜色也要醒目一些。另外，主副标题一般整体比较饱满，排版比较集中，如图3—86 所示。

图3—86 文字表现设计2

如果主标题太长，需求方不舍得删除部分文字，应对主标题中重要关键字进行权重，突出主要的信息，弱化"的""之""和""年""第×届"这种信息量不大的词，如图3—87所示。

图3—87　文字表现设计3

在图3—87中，如果把"征集各种端午风俗"排成一行，就会显得没有主次，也很没有吸引力。这里把"端午"这个最重要的信息提出来，让用户很容易进入环境，继续了解更多的信息。有一个设计技巧，这里"征集各种""端午""风俗"三个词虽然分别用了三种字体，但还是能读出"征集各种端午风俗"是一段话，因为同一个红色起到了很大的作用。

另外，还要根据主题选择适合氛围的字体，例如，轻松氛围的可以选择卡通、活泼的字体，中国传统节日可以选择书法字体等。

如果标题太短，画面太空，可以加入一些辅助信息丰富画面，如加点英文、域名、频道名等，如图3—88所示。但切记，这些辅助信息不可喧宾夺主。

图3—88　文字表现设计4

三、版式布局

前面说过，Banner分为两个部分：一部分为文字，另一部分为辅助图。辅助图一般起到烘托标题的作用。这里列举出常见的这两者的布局，以供制作时参考。

- 文字 + 背景

突出文字，视觉集中文字，报道感强，如图3—89所示。

图 3—89　文字 + 背景的布局

· 文字 + 主图案

文字图案相辅相成，起到文字言事、图案帮助理解的效果。这样的 Banner 适合做介绍类或者产品类广告，如图 3—90 所示。

图 3—90　文字 + 主图案的布局

• 主图案＋背景＋文字

虚实结合，主次关系明显，效果也很好，是应用最广泛的一种形式，如图 3—91 所示。

图 3—91 主图案＋背景＋文字的布局

第 5 节 专题／活动类网页设计

 **学习目标**

• 了解专题／活动类网页的设计尺寸

• 了解专题／活动类网页的结构

• 了解专题／活动类网页的头图设计技巧

- 了解专题/活动类网页二级页面和系列专题的设计技巧
- 了解专题/活动类网页的头图设计注意事项

 知识要求

专题/活动类网页和其他网页有所不同，这类网页一般具有时效性，因此需要在短时间内吸引用户，并给用户留下强烈的印象。为此专题/活动类网页风格化应更加明显，视觉冲击感更强，应有很强的带入感。也因为如此，这类网站的制作要求也颇高，对于初学者而言难度较大。

一、网页尺寸

虽然在本章的开始讲到了网页尺寸规格，但是，作为专题/活动类网页，网页的尺寸要求更加严苛。

先来看一组数据：

- 首屏高度小于等于 580 px 的用户，占 44.64%
- 首屏高度小于等于 720 px 的用户，占 82.64%
- 首屏高度小于等于 800 px 的用户，占 92.27%
- 首屏高度小于等于 900 px 的用户，占 99.06%

数据中提到了"首屏高度"，即第一屏的高度。之前对于网页尺寸，强调的是网页的宽度，对于专题/活动类网页，除了网页宽度，还要注意网页的高度。因为一般专题/活动类网页的信息量不会很大，所以，如果可以使用户浏览时无须拖拉任何滚动条，将会得到很好的体验效果。

通过以上数据，建议将网页高度设定为 572 px。

二、专题结构

专题/活动类网页一般由头图和内容区域组成，但这两个部分并不像之前介绍版块布局的方法那样有明显的"边界"，往往头图和内容区域的衔接是"无痕"的。

为了追求视觉效果，同时又因为专题/活动类网页的时效性（不会长期更新）的特点，专题/活动类网页的结构并不苛求像栅格布局那样"规矩"。但让用户能够关注专题内容还是根本。不能因注重视觉设计而忽略了网站信息。设计时不一定要遵守栅格布局，但通常为了后续的制作方便，以 5 px 的倍数进行间隔区分，个别情况可以例外，只要间距在视觉上保持规整即可。和一般的网页一样，设计时要注意模块栏目分布的权重，内容的主次要清晰，排版在逻辑上要有关联性。

在结构设计中，还要注意头图与内容区域的衔接。内容区与头图的衔接要巧妙，忌生硬。形式可以有很多变化，如与专题整体的视觉要素结合，或可以继承头图中的视觉元素，设计出不同的样式，让内容区的展现更生动。让专题页面的视觉效果更加统一、更具整体性。

三、设计头图

通常，设计师将头图的高度设计为 280 ~ 400 px，这个高度的浮动与第一屏将要呈现的信息量有关，但为了保证有足够的视觉冲击力，通常高度不小于 280 px。

头图的设计和之前提到的 Banner 类似，思路也是一样的，唯一需要额外考虑的是——头图如何与头图下面的内容区域巧妙"无痕"地连接起来。

通常连接的技巧是将头图中的构图视觉元素继承到内容区域。如图 3—92 所示，内容区域就很好地继承了头图的倾斜构图和背景图片。

图 3—92 头图示例 1

如图3—93所示的内容区域继承了头图的原型构图。

图3—93　头图示例2

总的来说，就是头图要有延展性，要注意宽屏分辨率下的显示特点。

四、二级页面与系列专题

通常二级页面的头图都是复用主页，但也要适当为每个页面增加视觉元素予以一定的区别。要注意增加的样式不宜过繁，因为头图的存在会使二级页面显得凌乱。

如果需要打造系列专题，就要注意规划设计复用元素，比如相同的 Logo 标题和为强调系列感的统一视觉风格，以此强化用户对系列专题的印象和认知。

五、注意事项

在设计专题/活动类网页时，应注意以下几点：

1. 专题/活动类网页更注重交互细节，因此为按钮等交互元素设计各种状态，会有更好的体验效果。

2. 注意专题/活动类网页的延展设计，例如，对弹出对话框等元素进行视觉统一设计。

3. 交付文件的规范。专题图层众多，设计完毕后，应该对图层进行命名和分组。文件体积大就要合并部分图层或删除无用图层。另外，专题设计稿提交时，尽可能采用不同的图片，数目参差的正文，来替代设计稿中的模拟内容，这样能够发现一些制作时容易忽略的问题（例如，文字过多时的处理办法），这样看上去更像是一个即将上线的真实页面，可以更好地展现设计的最终面貌。

4. 字体的问题。考虑到专题页面的视觉冲击，一般标题的文字都是经过特别设计的美术字。这时应该和其他部门沟通，在不频繁更改文案的情况下尽量使用图片来制作标题栏的文字效果，达到应有的视觉效果。

5. 其他规范与限制。如果需要复杂的圆角和半透明页面效果，最为稳妥的方法是设计两套适应不同高低级浏览器的视觉解决方案，如果条件不允许，就要看终端对浏览器支持的策略，总之终端实现的问题，作为设计师应该主动沟通并推动其解决。

第6节　网页图片优化

 学习目标

● 了解网页图片的优化方法

 知识要求

一、进行网页图片优化的原因

1. 提高网页的加载速度

网页的加载速度，是决定网页浏览体验的重要指标。摘取一段网络上关于浏览速度的描述，"1/4 的人会因为一个网站载入的时间超过 4 s 而放弃这个网站，50% 的手机用户会放弃一个超过 10 s 还没载入完成的网站，3/5 则不再光顾这个网站。在美国，25% 的移动网页用户只在手机上访问网站。79% 的移动页面消费者使用手机购物，如果移动电子商务网站 3 s 没搞定购物流程，用户就会放弃。亚马逊一天的销售收入 6 700 万美元，1 s 的网页访问延时可能会导致每年损失 16 亿美元。"由此可见，网页的加载速度非常重要。

2. 节约浏览网页时的流量和带宽

二、网页图片优化的三个基本原则

1. 适量使用图片

早在拨号上网时代，就流传着一句网络名言，"图多杀猫"。大量使用图片和 Flash 效果的网页，或许在视觉上能让人觉得美轮美奂，但是这样也导致了网页体积庞大，加载速度大大降低，令浏览者在等待中痛苦不已，甚至愤然关闭窗口。所以，控制图片数量，适量使用，对提升网页加载速度是非常重要的。

2. 在保证效果的前提下，尽量减小图片体积

（1）分辨率的选择

绝大多数屏幕显示设备，都只能提供 72 dpi 的基本分辨率，也就是说，在尺寸差别不大的情况下，一张 72 dpi 的图片，是不会比 300 dpi 的图片模糊的。如图 3—94 所示的两张图片，一张分辨率是 72 dpi，另一张分辨率是 300 dpi，但是光从视觉效果上很难区分。

图 3—94　不同分辨率的图片

由此可知，应用在网页中的图片，并不是分辨率越大越好，一般只需要 72 dpi 就已足够。此外，需要注意的是，72 dpi 还是针对照片等需要细节的图片，如果只是一些小的图标、LOGO、文字广告等，72 dpi 简直是奢侈。设计师可以在制作中多加尝试，找到能满足效果的、更低的分辨率。

（2）颜色的设置

观察下面 4 个 GIF 格式的图标，如图 3—95 所示。

从左至右，分别使用了 32/64/128/256 色的颜色模式，

但由于图标本身颜色单一，所以，除非放大到像素点级别，

图 3—95　GIF 格式不同
否则用肉眼是无法区分它们的。使用不同的颜色模式，256　　　　分辨率的图标

色的 GIF 图标大小为 1 593 字节，而 32 色的图标仅为 686 字节，体积小了一半。

3. 对不同的图片应用类型，选择合适的图片格式

在网页设计中，最常用的图片格式有 JPEG、GIF 和 PNG 三种。结合 Adobe Photoshop CS5 中关于网页图片优化的功能，对它们的适用范围进行讲解。

（1）JPEG

前面有介绍过，JPEG 格式的特点是可利用压缩比率来控制图片大小，同时，它是网络中应用得最广的图片格式。一般用它来保存网页中色彩渐变丰富的内容，比如照片、产品广告等。因为 JPEG 有良好的压缩比率，可以帮助设计师在获得良好图片效果的同时，仍能将图片大小控制在一定范围内。但同时，应尽量避免用它来保存颜色较单一图片，因为相比于 GIF 和 PNG 格式，JPEG 保存此类图片的体积，往往较大。

利用 Adobe Photoshop CS5 打开需要优化的图片后，可以在"文件"菜单下，单击【存储为 Web 和设备所用格式】选项，或使用快捷键【Alt + Shift + Ctrl + S】。

在弹出"存储为 Web 和设备所用格式"窗口后，可以看到，面板的右侧上方，有一个标注着 GIF 的下拉菜单（Adobe Photoshop CS5 默认为 GIF），单击下拉菜单从选项中选择 JPEG 格式，如图 3—96 所示。

图 3—96 "存储为 Web 和设备所用格式"窗口

129

"存储为 Web 和设备所用格式"窗口的介绍如下：

①——此处的两个选项，可以用来调整 JPEG 的压缩比率。图片效果选项有"低、中、高、非常高、最佳"五个选项，品质选项则可以从 0 到 100 进行选择。选择的效果越低，品质数值越小，压缩率就越高，同时文件体积也就越小。

②——这里是一个简化的"图像大小"对话框，设计师可以获取图片的尺寸信息。

③——缩略图下方的信息栏中，可以得知图片的格式为"JPEG"，大小为"45 K"，在"2 Mbps"宽带中的下载用时为"1 秒"，品质为"10"。单击 2 Mbps 后面的下拉按钮，设计师还可以更改下载宽带的参照值。

④——可以用来调整缩略图的显示比例。

另外，在图 3—96 中，右下角的【复位】和【记住】，是因为按住了【Alt】键的缘故。

（2）GIF

GIF 格式最多只能显示 256 种颜色，因此，它不适合存储颜色丰富的图片。但是，对于颜色较少的图片，GIF 格式的特性，则可以帮助进一步使图片轻量化。因此，网页中的许多图标、Logo，都是存储为 GIF 格式的。另外，GIF 还广泛应用于动态图片，这是因为 GIF 动画不需要加载任何插件，就可以在绝大多数浏览器中使用，适应性非常强。GIF 的优化选项如图 3—97 所示。

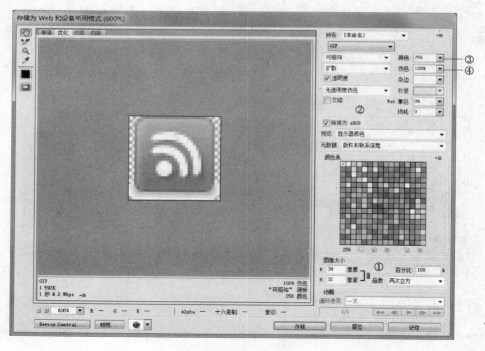

图 3—97　GIF 的优化选项

Adobe Photoshop CS5 中对于 GIF 的优化选项：

①——用于调整 GIF 图片中像素的排布方式。由于 GIF 图片的颜色种类较少，因此，调整其混合方式，可以实现不同的视觉效果。

②——用于调整或关闭仿色。仿色是指用少量的颜色去模仿多种颜色，这样可以减少颜色的使用，从而实现减小文件体积，同时增强图像过渡效果的目的。一般来说，在体积差别不大的情况下，可以关闭。

③——颜色：从这一下拉菜单中，设计师可以选择 256 色到黑白 2 色共 8 种颜色模式。

④——仿色：这一选项，是用于调整仿色数量的，可以从 0 ~ 100% 进行调整。

（3）PNG

PNG 图像的优势在于：支持半透明效果。因此，在网页中，需要使用到半透明效果的地方，首选 PNG 格式。不过，在使用 Adobe Photoshop CS5 对图片进行优化时，应注意，只有 PNG-24 格式才支持半透明效果，而 PNG-8 的效果和调整选项，基本和 GIF 一样。

如图 3—98 所示，选择 PNG-24 格式后，可以看到，其调整选项较简单，只有"透明度"和"交错"两个复选框。"杂边"选项在取消"透明度"后可以选择。这里不多做介绍，设计师多尝试就能理解。

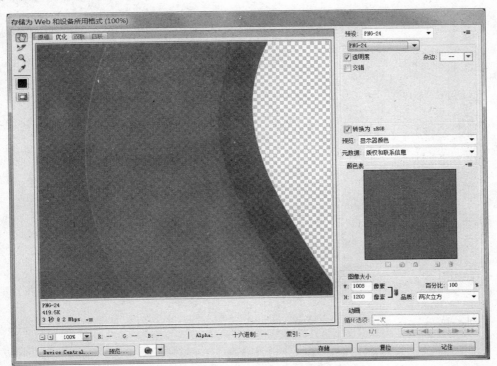

图 3—98　PNG-24 的优化调整

第 4 章

前端开发

第 1 节　div + CSS 布局　　／ 134

第 2 节　文档结构　　　　　／ 135

第 3 节　一列布局　　　　　／ 137

第 4 节　多列布局　　　　　／ 155

第 5 节　图文排版　　　　　／ 168

第 6 节　导航栏制作　　　　／ 195

第 7 节　更好地设计　　　　／ 253

第 1 节　div + CSS 布局

 学习目标

- 了解 div + CSS 布局
- 了解 Adobe Dreamweaver CS5 面板

 知识要求

一、div + CSS 布局的概念

在 Adobe Photoshop CS5 中完成了网站的设计稿后，接下来就需要利用 Adobe Dreamweaver CS5 来进行网页前端设计。

在本书第 1 章，介绍了 xhtml 语言，这也是目前网站制作的推荐语言，配合 xhtml，目前最流行的网站布局方式就是 div + CSS。

CSS 也是第 1 章介绍过的内容，事实上上述的布局方式称为 xhtml + CSS 更加准确一些，但是，为了和以前的 table（表格）布局相区别，因此通常称为 div + CSS。

div + CSS 布局的方式主要使用 div 将内容模块化，用 CSS 控制其显示效果。更加通俗来说，就是将设计好的网页拆分成一个一个小方块，分别定义每个小方块的内容和样式，最后拼合到一起，在浏览器上显示出来。

这样布局的优势在于，能更好地控制设计的每一个环节，灵活性高，方便修改，不会"触一发而动全身"。这些优势会在后面的学习中慢慢体会到。

二、初识 Adobe Dreamweaver CS5

前端开发的工具是 Adobe Dreamweaver CS5，其界面如图 4—1 所示。
其中：

- 区域①：菜单栏。
- 区域②："设计"窗口，有点类似 Adobe Photoshop CS5 中的画布，能直接看到制作的效果。
- 区域③："代码"窗口，网页中看到任何元素（功能）都是浏览器解析代码的结果，

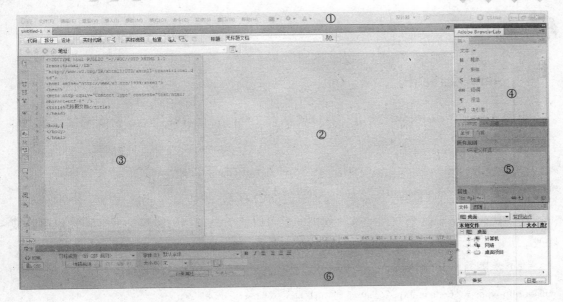

图 4—1　Adobe Dreamweaver CS5 界面

其中的代码就在这个窗口中显示出来；在 Adobe Dreamweaver CS5 中，设计师可以通过一些工具，自动生成这些代码，也可以手动修改（编写）代码，在"设计"窗口查看呈现的效果。

- 区域④："插入"面板，有点类似 Adobe Photoshop CS5 中的工具栏，网页中的所有元素，几乎都是从这个面板里添加得到的。
- 区域⑤："CSS 样式"列表面板，用于新建、编辑和删除 CSS 规则，会在后面的内容中介绍。
- 区域⑥：属性栏。

第 2 节　文 档 结 构

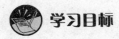 学习目标

- 了解 html 文档结构
- 了解 CSS

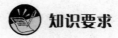 **知识要求**

一、html 文档结构

当用 Adobe Dreamweaver 新建一个 html 格式文档时，查看源代码，会发现代码最上部有如下代码：

```
< ! DOCTYPE html PUBLIC "-//W3C//DTD XHTML 1.0 Transitional//EN"
"http://www.w3.org/TR/xhtml1/DTD/xhtml1-transitional.dtd" >
```

这句代码定义了这个文档的编写规则，也可以认为是文档的类型，一般不建议删除或修改。

接下来能看到这句代码：

```
< meta http-equiv = "Content-Type" content = "text/html; charset = utf-8" / >
```

它规定这个 html 文档的语言编码。一旦确定了语言编码，那么这个网站所包含的 CSS 样式或者其他文档也必须统一成这种语言编码。目前默认的语言编码是 UTF-8 编码（也就是代码中的"charset = utf-8"），一般不建议修改。

 html 文档的语言编码：

一般地，一个网站中，最多使用 3 种字体，最多使用 3 种字体颜色，否则容易造成阅读困难。

接下来，能看到一些"成对"的代码，例如：

```
< head >
< title > 无标题文档 < /title >
< /head >


< body >
< /body >
```

这些用"<   >"括起来的代码，称作"html 标签"，根据之前定义的编写规则，网页中的所有的元素都是由标签定义的。这里看到的是"成对"的标签，也有些标签并非

"成对"，会在后面的学习中遇到。对于成对的标签，一般以"/标签名"结束。另外，所有的标签需用小写字母命名。

二、CSS

CSS 指层叠样式表（Cascading Style Sheets），也是本章的重点内容，由于使用 Adobe Dreamweaver CS5，因此大部分的 CSS 代码不用编写，而是由软件自动生成的，但是，强烈建议设计师在学习了本书的内容之后，也尝试一下手动编写 CSS 代码。

之前了解到，一个网站包含了 html 等一系列文件夹，有些 CSS 写进了这些 html 里，有一些则单独提了出来，以 .css 文件的形态放在指定文件夹中，html 能从外部调用这些 .css 文件，这样做的好处就是方便修改。

本书使用的是 CSS 3 的版本，尽管这个版本会因为浏览器的兼容问题产生一些麻烦，但是随着互联网的发展，那些不兼容的浏览器会被慢慢淘汰，所以，这个问题终将不复存在。

第 3 节　一 列 布 局

学习目标

● 能够对一列布局的各种设置进行操作

技能要求

一列固定宽度

Step 1：新建 **html** 文档，如图 4—2 所示。

Step 2：插入 **div** 标签

单击"插入"面板的【插入 Div 标签】按钮，如图 4—3 所示。

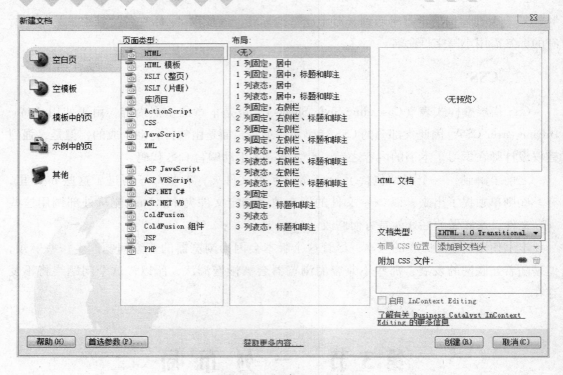

图4—2　新建html文档

图4—3　插入Div标签

　　此时会自动弹出一个对话框，在这个对话框中，需要为这个Div标签命名。在【ID】输入框中为Div命名，这里命名为"一列固定宽度"，如图4—4所示。

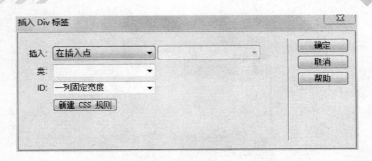

图 4—4　为插入的 Div 标签命名

Step 3：设置 CSS 样式（1）

可以在代码窗口或者设计窗口选中这个 Div 标签，如图 4—5 所示；单击"CSS 样式"面板中的【新建 CSS 规则】图标，如图 4—6 所示。

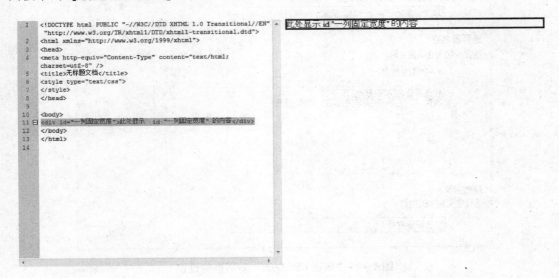

图 4—5　在代码窗口选中 Div 标签

此时会弹出"新建 CSS 规则"对话框，按如图 4—7 所示进行设置。现阶段暂时不用去理解选择器类型和规则定义，这些会在后面的章节中慢慢提到。

可以看到，当选中 Div 标签的时候，选择器的名称会自动生成；当然，也可以自行输入，输入的规则参见本节相关章节。

Step 4：设置 CSS 样式（2）

单击【确定】后，弹出"#一列固定宽度 的 CSS 规则定义"对话框，可以在"分类"栏的"方框"选项下，设置列的宽度和高度，例如，这里设置宽度为 960 px，高度为

图4—6 单击【新建CSS规则】图标

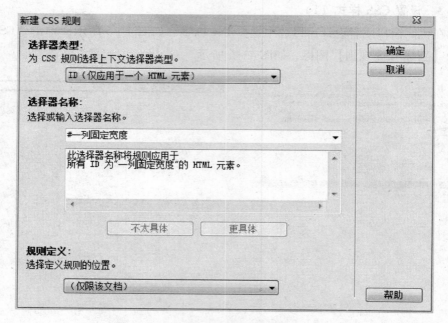

图4—7 "新建CSS规则"对话框的设置

500 px，如图4—8所示。

可以在"分类"栏的"背景"选项下，设置列的背景颜色，例如，这里为方便观察，设置背景颜色为#6CF（蓝色），在颜色选项后面的文本框中输入代码即可，如图4—9所示。

设置完成后单击【确定】，能在设计窗口看到效果。同时也可以发现，在"代码"窗口也生成了相应的代码：

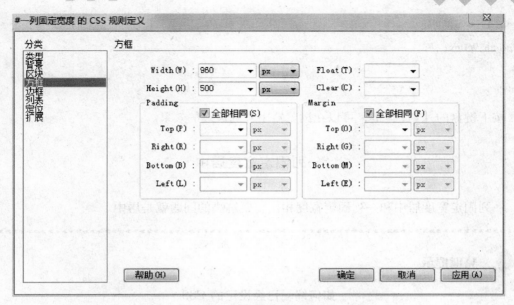

图 4—8　设置列的宽度和高度

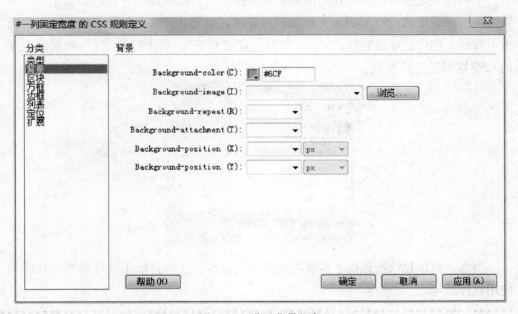

图 4—9　设置背景颜色

```
< style  type = " text/ css" >
#一列固定宽度 {
    background-color:#6CF;
```

```
    height:500px;
    width:960px;
}
</style>
```

按下键盘的【F12】键，可以在浏览器中看到最终的效果。

一列固定宽度居中

一列固定宽度居中和一列固定宽度相比，要解决的问题就是居中。

 **特别提示**

如何编辑已经设定的 CSS

一列固定宽度居中与一列固定宽度，在操作上，很多都是一样的，完全可以编辑之前已经设置的 CSS 规则来更加快捷地完成，编辑的方法就是在"CSS 样式"面板下找到上例中已经设置好的"#一列固定宽度 CSS"，双击打开"#一列固定宽度的 CSS 规则定义"面板。

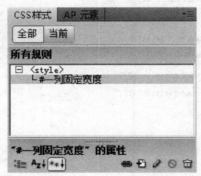

当然，更加建议按照以下步骤再进行一次操作，这将有助于设计师更加熟练地使用软件。

Step 1：建立 html 文档
方法同上案例。

Step 2：插入 div 标签
方法同上案例。

Step 3：设置 CSS 样式（1）

方法同上案例。

Step 4：设置 CSS 样式（2）

单击【确定】后，弹出"#一列固定宽度 的 CSS 规则定义"对话框，和一列固定宽度不同的是，当设置好宽度和高度后，需要在"Margin"选项组下将所有选项设置成"auto"，如图 4—10 所示。这个设定能帮助达到居中的效果。

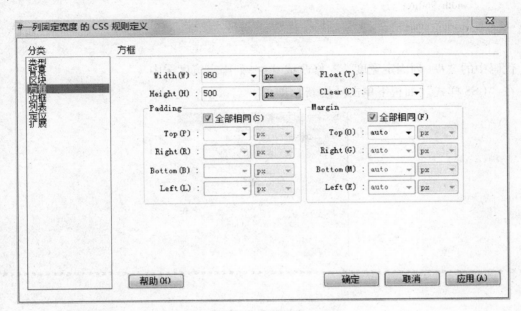

图 4—10　设置"Margin"下所有选项为"auto"

当然，为了方便观察，可以参照一列固定宽度的操作，设置列的背景颜色，这里不再赘述。

按下键盘的【F12】键，在浏览器中查看最终的效果。

 **特别提示**

如何编辑已经设定的 CSS 选择器名称

此时，一列固定宽度已经变成了一列固定宽度居中，如果是通过编辑之前"一列固定宽度"的 CSS 规则来操作的，那么设计师会发现，这个 CSS 选择器名称还没有改变，仍然是"#一列固定宽度"，要如何修改成"#一列固定宽度居中"呢？

可以在代码窗口直接修改，将

```
#一列固定宽度 {
    background-color:#6CF;
    height:500px;
    width:960px;
    margin:auto;
}
```

代码中的"#一列固定宽度 {"修改成"#一列固定宽度居中 {"。

在"CSS样式"面板下单击【刷新】即可。

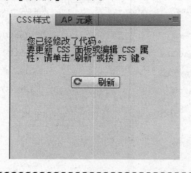

一列自适应宽度

自适应宽度是相对于浏览器而言，其页面大小（一般是宽度）会随着浏览器窗口尺寸的改变而改变，也是目前比较流行的一种布局方式，称为"响应式布局"。

 相关链接

响应式网站

在设计中经常遇到以下几个问题：

1. 网站需要在计算机、平板和手机上浏览，这些设备的屏幕大小是不同的。

2. 即使是在计算机上浏览，显示器不同的分辨率也会使网站出现不同程度的体验问题，例如，从窄屏到宽屏时，设计师往往为了兼顾窄屏而浪费宽屏左右两边的空间。

这个时候，响应式网站是很好的解决办法。

响应式网站的设计理念是页面的设计与开发应当根据设备环境（屏幕尺寸、屏幕定向、系统平台等）以及用户行为（改变窗口大小等）进行相应的响应和调整。如下图：

使用响应式网站，最大的优势就是兼容各个浏览平台。除此之外，响应式网站在开发和维护上，相较于多个版本，也非常容易。

一列自适应宽度和一列固定宽度的设置方法唯一的不同之处在于，一列自适应宽度在"分类"栏的"方框"选项下，设置列的宽度单位不是 px，而是 %，如图 4—11 所示。

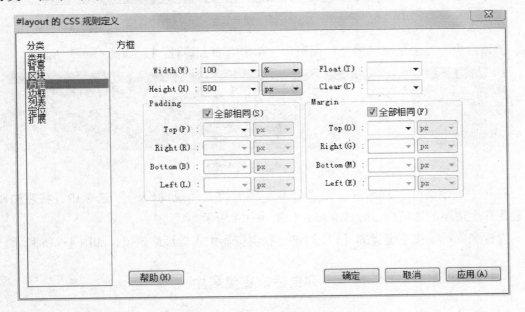

图 4—11　一列自适应宽度设置列的宽度和高度

设置完成后，按下键盘的【F12】键，在浏览器中查看最终效果。但这可能仍然不是想要的效果，因为在列的周围，出现一道白边，如图4—12所示。

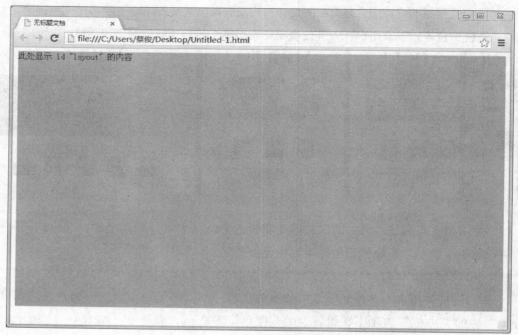

图4—12　效果显示

去掉白边的方法是在"属性"面板中，单击【页面属性...】，如图4—13所示。

图4—13　单击【页面属性...】

打开"页面属性"对话框，在"分类"栏下的"外观（CSS）"选项中，将左边距、右边距和上边距的数值均设置成0 px，如图4—14所示。

设置完成后，按下键盘的【F12】键，在浏览器中查看最终效果，如图4—15所示。

一列自适应宽度居中

如果需要按浏览器窗口宽度的80%显示，只需在"分类"栏的"方框"选项下，设置列的宽度为80%即可。

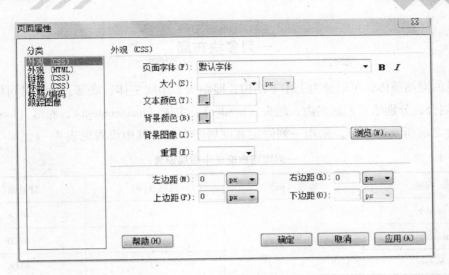

图 4—14 设置外观（CSS）

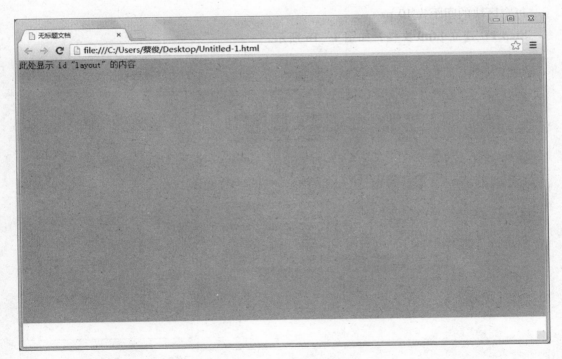

图 4—15 最终效果

如果需要自适应宽度居中，将"方框"选项下的"Margin"选项组中所有选项设置成"auto"即可。

一列多块布局

常见的网站整体，可以分为上中下结构，即题头、中间主体、底部。设计师可以用三个 div 块来划分，分别给它们起名为：题头（header）、主体（maincontent）、底部（footer）。

结合之前所学的内容，采用一列固定宽度居中布局，其中设置见表 4—1。

表 4—1 　　　　　　　　　　　　一列固定宽度居中布局设置

div 标签	宽度（px）	高度（px）	背景颜色
header		40	#6CF
maincontent	960	400	#FC0
footer		60	#3C6

每个区块的间距为 10 px。

Step 1：建立 html 文档，如图 4—16 所示。

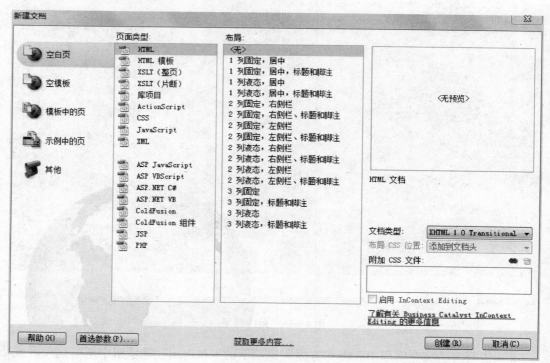

图 4—16　建立 html 文档

Step 2：添加 div 标签 "**header**"，并设置其 CSS 样式，如图 4—17 所示。

a)

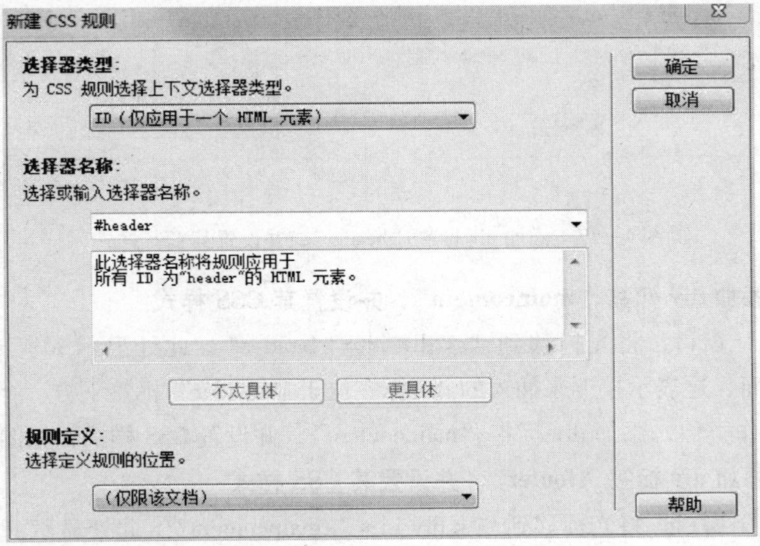

b)

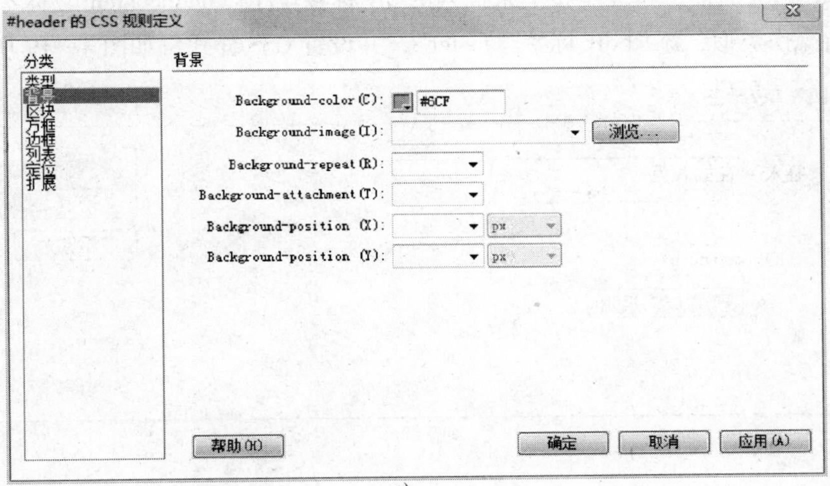

c)

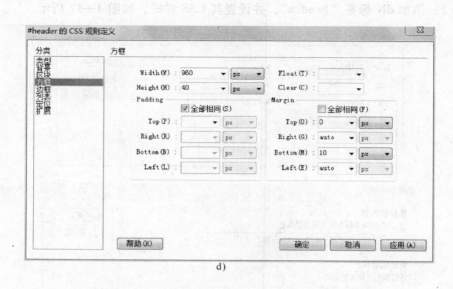

d)

图4—17 添加 div 标签"header"，并设置其 CSS 样式

Step 3：添加 div 标签"maincontent"，并设置其 CSS 样式

在"代码"窗口，将光标移到"< div id = " header " >此处显示 id " header" 的内容 </div >"后面，这表示接下来插入的 div 标签位于"header"标签下方。

与先前操作类似，添加 div 标签"maincontent"，并设置 CSS 样式，如图4—18所示。

Step 4：添加 div 标签"footer"，并设置其 CSS 样式

在"代码"窗口，将光标移到"< div id = " maincontent" >此处显示 id" maincontent" 的内容 </div >"后面，这表示接下来插入的 div 标签位于"maincontent"标签下方。

与先前操作类似，添加 div 标签"footer"，并设置 CSS 样式，如图4—19所示。

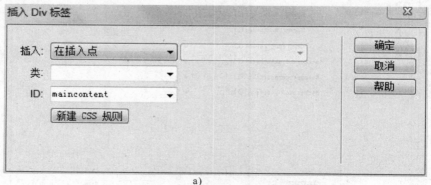

a)

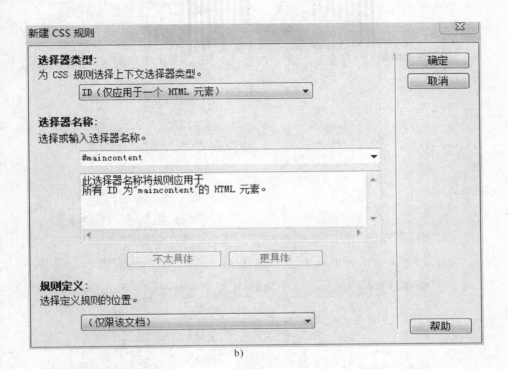

b)

c)

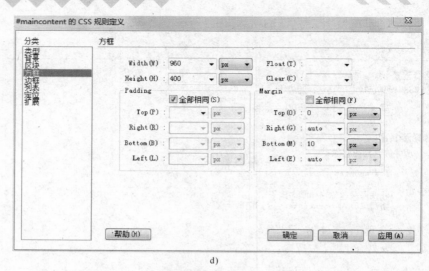

d)

图 4—18 添加 div 标签 "maincontent"，并设置其 CSS 样式

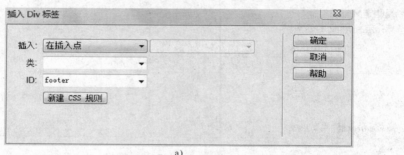

a)

b)

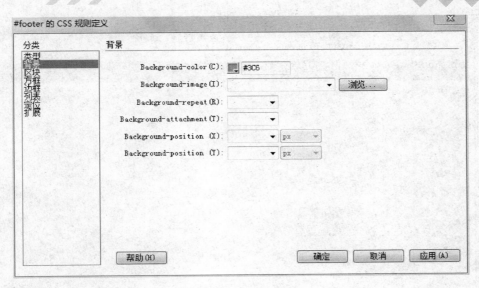

c)

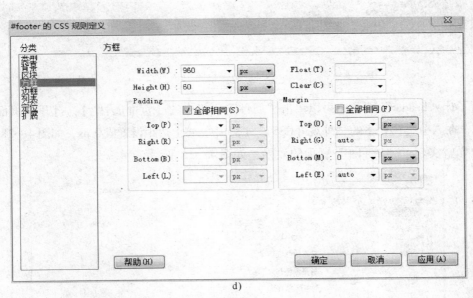

d)

图 4—19　添加 div 标签 "footer"，并设置其 CSS 样式

Step 5：header 置顶

此时，会得到如图 4—20 所示的布局，发现 "header" 并没有置顶，而是离浏览器边界有一定距离。

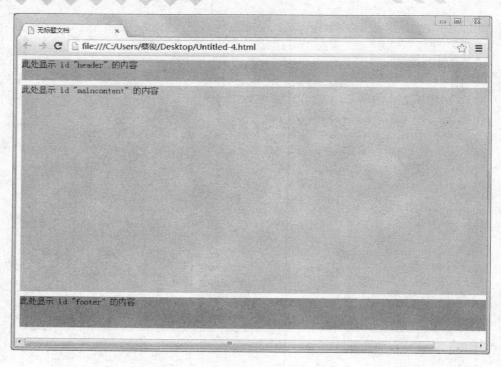

图4—20 布局

为了让"header"置顶，可以单击"属性"面板中的【页面属性...】，打开"页面属性"对话框，在"分类"栏下的"外观（CSS）"选项中，将上边距设置成0 px，如图4—21所示。

这样就实现了"header"置顶的效果，如图4—22所示。

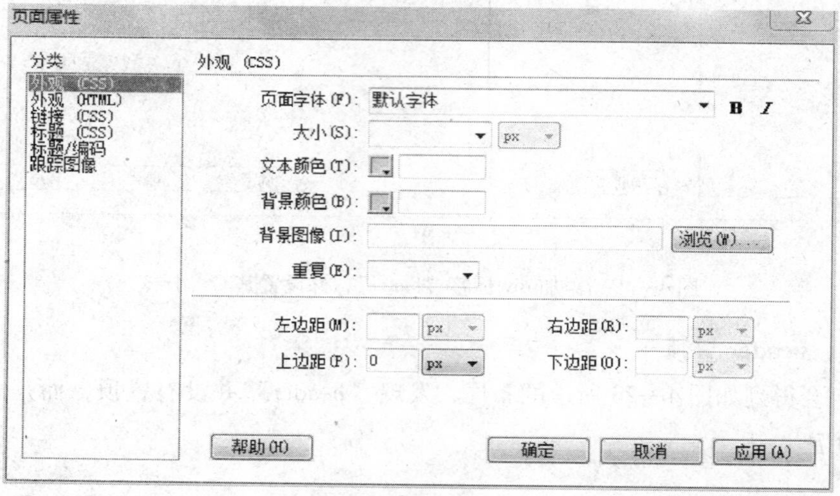

图4—21 设置外观（CSS）

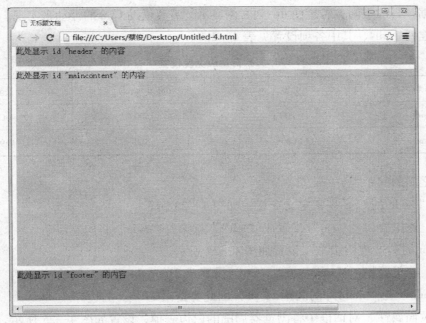

图 4—22 实现"header"置顶效果

第 4 节 多 列 布 局

 学习单元 1 多列布局的设置

 学习目标

● 掌握多列布局设置的方法

 知识要求

一、二列、三列自适应宽度

1. 二列自适应宽度

下面以常见的左列固定右列自适应宽度为例来进行介绍。因为 div 为块状元素，默认情况下占据一行的空间，若想使 div 到右侧显示，需要借助 CSS 的浮动来实现。

先创建两个 div，其中各项设置见表 4—2。

表 4—2 二列自适应宽度设置

div 标签	宽度	高度（px）	背景颜色
side	200 px	500	#6CF
main	80%	500	#F93

两列之间的间距为 10 px。

其中"#side 的 CSS 规则定义"设置如图 4—23 所示。

注意：这里要将"Float"设置成"left"，意味着"side"将向左浮动。

"#main 的 CSS 规则定义"设置如图 4—24 所示。

注意：这里要将"Margin"的"Left"设置成 210 px，因为左侧的"side"有 200 px，再加上"side"与"main"的间距 10 px，因此要留出 210 px 的边界。

在"页面属性"对话框中将浏览器周围的白边去掉，设置如图 4—25 所示。

2. 三列自适应宽度

如果要制作三列自适应布局，一般常用的结构是左列和右列固定，中间列根据浏览器宽度自适应，它的制作方法和二列自适应宽度非常相似。

先创建三个 div，其中各项设置见表 4—3。

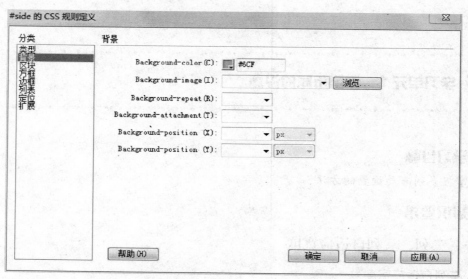

a）

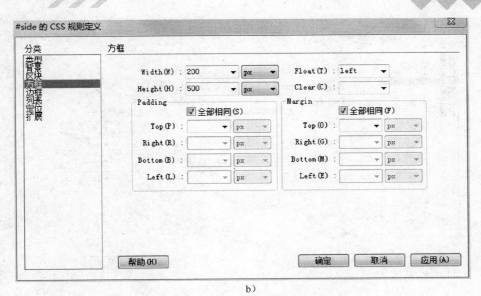

b）

图 4—23 "#side 的 CSS 规则定义"设置

两列之间的间距为 10 px。

这里要说明一下，"main"的宽度不做设置（或者说设置成"auto"）；另外，一个值得注意的地方是，这三个 div 标签的创建顺序应该是：side_ left、side_ right、main。如果顺序错误，将无法得到想要的效果。

其中 "# side_ left 的 CSS 规则定义"与"二列自适应宽度"的"#side"一样，这里不再赘述。

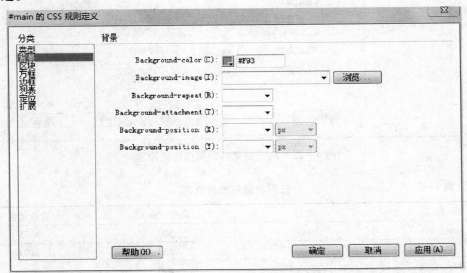

a）

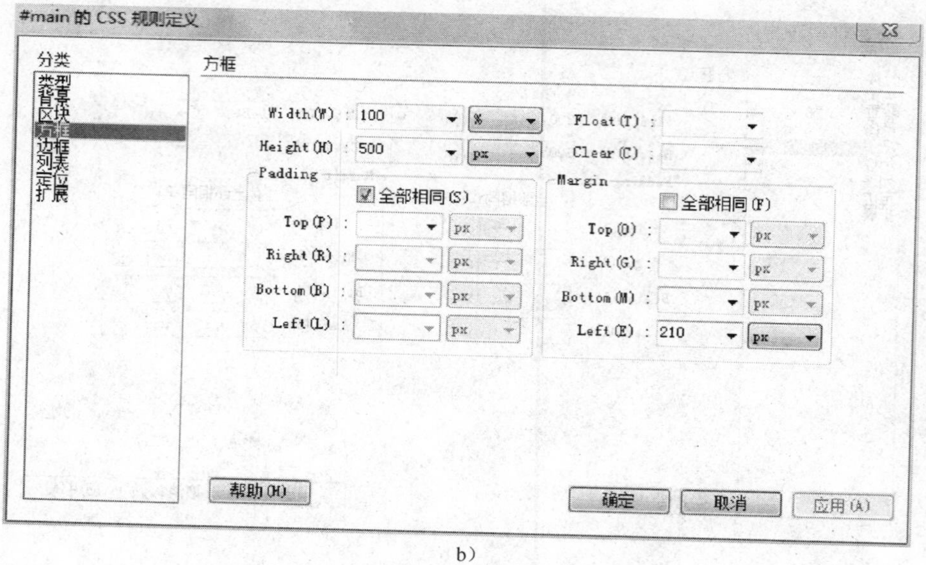

图4—24 "#main 的 CSS 规则定义"设置

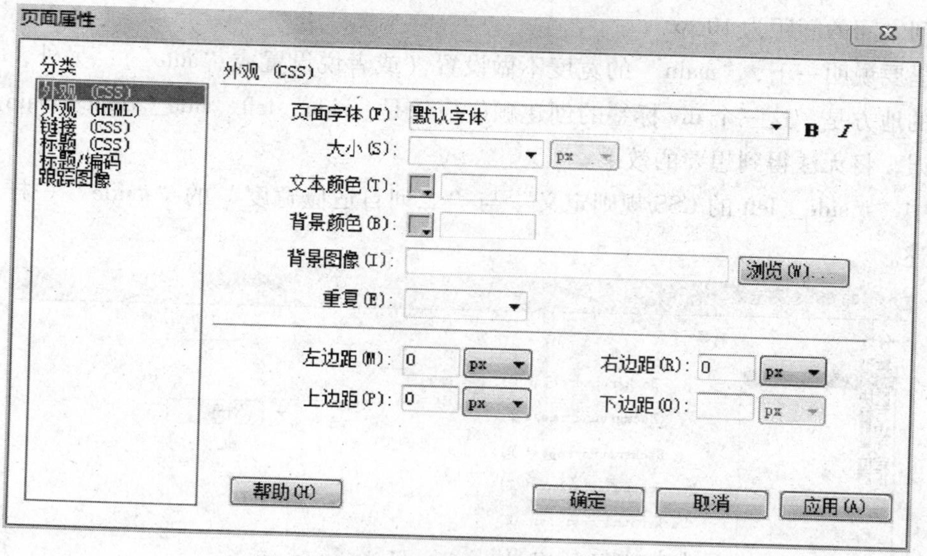

图4—25 取消浏览器周围白边的设置

表4—3 三列自适应宽度设置

div 标签	宽度	高度（px）	背景颜色
side_ left	200 px	500	#6CF
main	auto	500	#F93
side_ right	200 px	500	#0C6

"# side_ right 的 CSS 规则定义" 如图 4—26 所示。

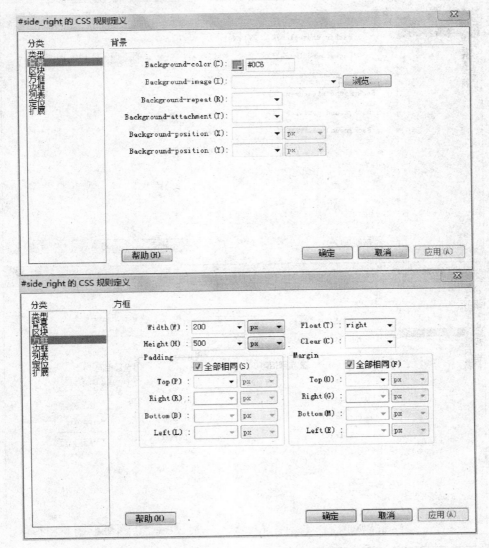

图 4—26 "# side_ right 的 CSS 规则定义" 设置

　　注意：这里要将 "Float" 设置成 "right"，意味着 "side_ right" 将向右浮动。

"# main 的 CSS 规则定义" 如图 4—27 所示。

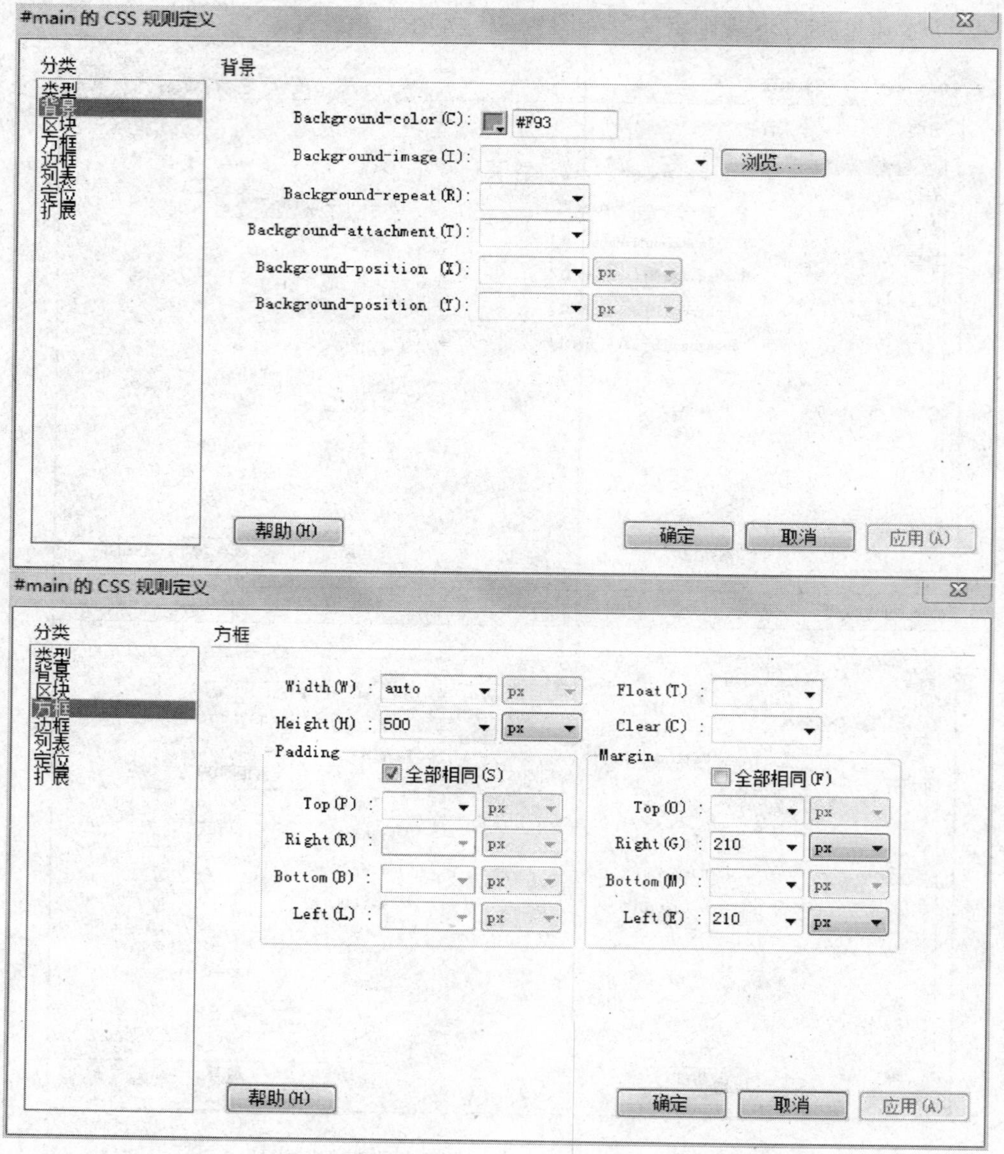

图4—27 "# main 的 CSS 规则定义"设置

注意：这里要将"Margin"的"Left"和"Right"都设置成210 px，因为左、右侧的"side"有200 px，再加上"side"与"main"的间距10 px，因此要留出210 px的边界。

三列自适应布局效果如图4—28所示。

图4—28　三列自适应布局效果

当然，还可以按照之前说的操作方法，将浏览器周围的白边去掉，这里就不再赘述。

二、二列、三列固定宽度

二列、三列固定宽度的操作方法和"二列、三列自适应宽度"一样，唯一不同的是，要将"#main"的宽度改成需要的宽度像素值。

三、二列、三列固定宽度居中

二列固定宽度居中，需要在二列固定宽度的基础上改进。之前介绍过对一列固定宽度实现居中效果的方法，因此，只要将做好的这两列内容（"side"和"main"），放到一个居中的列里面（这里命名为"content"）即可，这个过程叫作"继承"。

在"代码"窗口选中"side"和"main"的div代码，如图4—29所示。

```
<body>
<div id="side">此处显示  id "side" 的内容</div>
<div id="main">此处显示  id "main" 的内容</div>
</body>
</html>
```

图4—29　选中"side"和"main"的div代码

在选中状态下，插入div标签"content"，如图4—30所示。

图 4—30　插入 div 标签 "content"

其中，"#content 的 CSS 规则定义" 如图 4—31 所示。

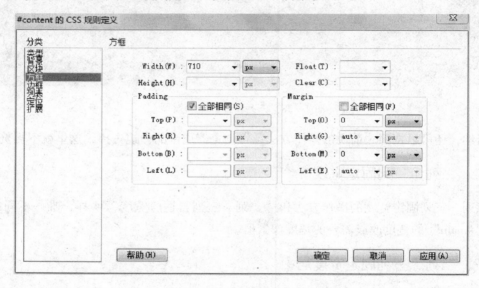

图 4—31　"#content 的 CSS 规则定义" 设置

因为 "side" 加上 "main" 的总宽度设定为 710 px（side：200 px；main：500 px；间隙：10 px），因此，要将 "content" 的宽度定为 710 px。

设置完成后，按下键盘的【F12】键，可以在浏览器中查看最终的二列固定宽度居中效果，如图 4—32 所示。

三列固定宽度居中的设置方法和二列固定宽度居中类似，这里就不再赘述。

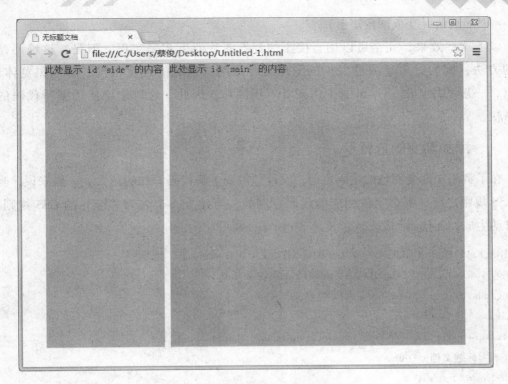

图 4—32　二列固定宽度居中效果

学习单元 2　美化布局(基于第 3 章讲到的版块美化)（CSS 表单设计）

学习目标

- 掌握美化布局的一般方法

知识要求

将网页结构布局好以后，接下来要做的就是美化布局，美化布局的内容实质上就是将布局时建立的"方方块块"添加不同的样式效果，一般是：

- 添加渐变色背景
- 添加边框

● 添加圆角（变成圆角矩形）

以上这些效果，完全可以用直接添加背景图片的方式来实现，但是，这绝不是理想的方法，因为过多（或过大）的图片会导致网页加载的速度很慢，影响浏览体验，所以，一般的原则是：尽可能少用或者不用图片。因此，这里建议使用编写代码的方式解决。

一、添加渐变颜色背景

在了解添加渐变颜色的代码之前，设计师需要了解代码添加的位置。一般来说，当新建 CSS 规则之后，都会生成相应的代码。例如，当建立一个名为"bg"的 CSS 规则后，会自动生成如下代码：

```
<! DOCTYPE html PUBLIC "-//W3C//DTD XHTML 1.0 Transitional//EN"
"http://www.w3.org/TR/xhtml1/DTD/xhtml1-transitional.dtd">
<html xmlns="http://www.w3.org/1999/xhtml">
<head>
<meta http-equiv="Content-Type" content="text/html; charset=utf-8" />
<title>无标题文档</title>
<style type="text/css">
#bg {

}
</style>
</head>


<body>
<div id="bg">此处显示   id "bg" 的内容</div>
</body>
</html>
```

其中：

```
#bg {

}
```

就是名为"bg"的 CSS 规则（目前该规则内无内容）。美化布局时的代码一般都添加在 CSS 规则内，即"{"与"}"之间。

因为浏览器的兼容性问题，因此，不同浏览器下，代码是不一样的。

例如，在 Firefox 火狐浏览器下（或相同浏览器引擎）：

background-image:-moz-linear-gradient(top,#8fa1ff,#3757fa);

第一个参数表示线性渐变的方向，代码中设置的是 top，表示渐变路基是从上到下；另外还有 left，表示从左到右；如果定义成 left top，那就是从左上角到右下角。第二个和第三个参数分别是起点颜色和终点颜色。设计师还可以在它们之间插入更多的参数，表示多种颜色的渐变。

在 Safari 或 Chrome 浏览器下（或相同浏览器引擎）：

background-image:-webkit-gradient(linear,left top,left bottom,color-stop(0,
#ff4f02),color-stop(1,#8f2c00));

第一个参数表示渐变类型（type），可以是 linear（线性渐变）或者 radial（径向渐变）。

第二个参数和第三个参数，都是对应值，分别表示渐变起点和终点。这一对应值可以用坐标形式表示，也可以用关键值表示，比如 left top（左上角）和 left bottom（左下角）。

第四个参数和第五个参数，分别是两个 color-stop 函数。color-stop 函数含有两个参数，第一个表示渐变的位置，0 为起点，0.5 为中点，1 为结束点；第二个表示该点的颜色。

在 IE 浏览器下（或相同浏览器引擎）：

filter:progid:DXImageTransform.Microsoft.gradient(startColorstr='#c6ff00',
endColorstr='#538300',GradientType='0');

IE 依靠滤镜实现渐变。startColorstr 表示起点的颜色，endColorstr 表示终点颜色。GradientType 表示渐变类型，0 为缺省值，表示垂直渐变，1 表示水平渐变。

二、添加边框

这一部分内容请参考本章"第5节 | 学习单元2 | 一、盒模型"中关于 border 的内容。

三、圆角矩形制作

使用 CSS 制作圆角只需设置一个属性：border-radius（即"边框半径"）。为这个属性设定一个值，就能同时设置四个圆角的半径。所有符合规则的 CSS 度量值都可以使用，如 em、ex、pt、px、百分比等。当值为 0 时，表示直角。

例如，下面是一个 div 方框：

现在设置它的圆角半径为 30 px：border-radius：30 px，其效果如下：

border-radius 可以同时设置 1～4 个值。如果设置 1 个值，表示 4 个圆角都使用这个值。如果设置两个值，表示左上角和右下角使用第一个值，右上角和左下角使用第二个值。例如，border-radius：30 px 10 px，其效果如下：

如果设置三个值，表示左上角使用第一个值，右上角和左下角使用第二个值，右下角使用第三个值。例如，border-radius：30 px 10 px 20 px，其效果如下：

如果设置四个值，则依次对应左上角、右上角、右下角、左下角（按顺时针顺序）。

除了同时设置四个圆角以外，还可以单独对每个角进行设置。对应四个角，CSS3 提供四个单独的属性：

1. border-top-left-radius

2. border-top-right-radius

3. border-bottom-right-radius

4. border-bottom-left-radius

IE 9、Opera 10.5、Safari 5、Chrome 4 和 Firefox 4，都支持上述的 border-radius 属性。早期版本的 Safari 和 Chrome，支持-webkit-border-radius 属性，早期版本的 Firefox 支持-moz-border-radius 属性。

目前来看，为了保证兼容性，只需同时设置-moz-border-radius 和 border-radius 即可。例如，要设置一个圆角半径为 15 px 的圆角矩形，需要同时写下以下代码：

-moz-border-radius：15px；

border-radius：15px；

注意：border-radius 必须放在最后声明，否则可能会失效。

另外，早期版本 Firefox 的单个圆角的语句，与标准语法略有不同：

- -moz-border-radius-topleft（标准语法：border-top-left-radius）

- -moz-border-radius-topright（标准语法：border-top-right-radius）

- -moz-border-radius-bottomleft（标准语法：border-bottom-left-radius）

- -moz-border-radius-bottomright（标准语法：border-bottom-right-radius）

虽然各大浏览器都支持 border-radius，但是在某些细节上，实现都不一样。当四个角的颜色、宽度、风格（实线框、虚线框等）、单位都相同时，所有浏览器的渲染结果基本一致；一旦四个角的设置不相同，就会出现很大的差异。

另外，并非所有浏览器都支持将圆角半径设为一个百分比值。

因此，目前最安全的做法，就是将每个圆角边框的风格和宽度，都设为一样的值，并且避免使用百分比值。

<h1 style="text-align:center">第 5 节　图　文　排　版</h1>

 学习单元 1　文字排版

 学习目标

- 掌握文字排版的方法
- 能够进行常规的文字排版

 知识要求

一、设置字体

Adobe Dreamweaver CS5 提供了默认的中英文字体，可以在"属性"面板中设置，如图 4—33 所示。

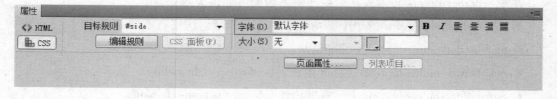

图 4—33　字体设置页面

其中中文字体只有"宋体"，这显然不足以满足网页设计的需要，因此，需要根据设计的需要自行添加新的字体。

在"属性"面板的"字体"下拉菜单中选择【编辑字体列表…】，如图 4—34 所示。

图 4—34 选择【编辑字体列表...】

在"编辑字体列表"对话框中，将右栏的"可用字体"通过单击向左箭头按钮，添加到左栏的"选择的字体"中，如图 4—35 所示（这种字体必须在设计师的计算机中被正确安装）。

图 4—35 添加字体

这样就能添加新的字体了（但只能添加一种），如果想要再次添加，可以通过单击对话框中的【＋】按钮。

二、编辑文字

1. 建立 div 标签，并输入文字信息，如图 4—36 所示。

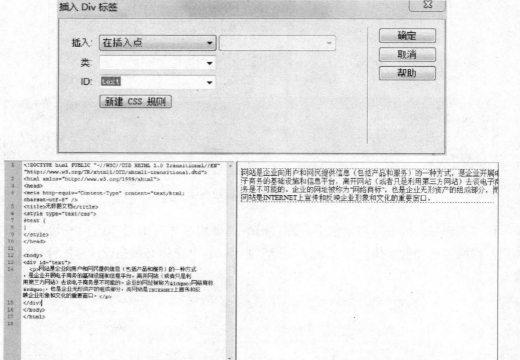

图4—36　建立 div 标签，并输入文字信息

 **特别提示**

发现新标签 <p>

如果图4—36右侧的文字的内容是手打的，那么可能不会发现这个新标签，但如果是从网站将这段话直接复制过来，那么仔细查看代码，会发现，当添加好文字以后，会看到一对新的标签 <p> </p>。

代码如下：

< div id = " text" >

<p>网站是企业向用户和网民提供信息（包括产品和服务）的一种方式，是企业开展电子商务的基础设施和信息平台，离开网站（或者只是利用第三方网站）去谈电子商务是不可能的。企业的网址被称为 "&ldquo；网络商标 &rdquo；"，也是企业无形资产的组成部分，而网站是 INTERNET 上宣传和反映企业形象和文化的重要窗口。</p>
    </div>

这个标签表示这段文字是一个段落，在后面详细说明。

2. 设置文字版式

通过新建 CSS 规则来改变文字版式，如图 4—37 所示（这里默认的选择器名称是 #text p，而不是#test，会在后面讲解这个问题）。

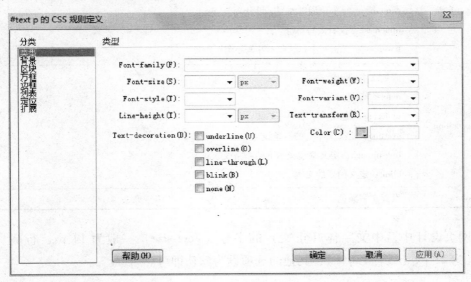

图 4—37　设置文字版式界面

"#text p 的 CSS 规则定义" 界面说明见表 4—4。

表 4—4　　　　　　　　　　　　"#text p 的 CSS 规则定义" 界面说明

选项	描述
Font-family	设置字型
Font-size	设置字号

选项	描述
Font-weight	规定字体的粗细
Font-style	规定文本的字体样式，其中： normal：默认值 italic：斜体的字体样式 oblique：倾斜的字体样式
Font-variant	规定文本的字体样式，其中： normal：默认值 small-caps：所有小写字母变成大写
Line-height	设置行高
Text-transform	控制文本的大小写，其中： none：默认 capitalize：每个单词以大写字母开头 uppercase：仅有大写字母 lowercase：无大写字母，仅有小写字母
Text-decoration	添加文本的装饰效果，其中： none：默认 underline：定义文本下的一条线 overline：定义文本上的一条线 line-through：定义穿过文本下的一条线 blink：定义闪烁的文本
Color	设置文字颜色

在网页设计中，中文字体（正文）的字号（Font-size）一般为 14 px，行高（Line-height）为 21 px（或者 150%），其他的选项设为默认即可。

三、设置文本格式

在上例中，提到了标签 < p > < /p >，这个标签表示这段文字是一个段落。事实上，在 Adobe Dreamweaver CS5 中，文字的格式除了段落，还包括标题，套用这些格式可以快速完成网页文字格式设置。

当选中文字信息的时候，能看到当前文字格式的信息，如图 4—38 所示，目前选中的文字格式为段落。

图4—38　文字格式信息

同时，单击下拉菜单可以发现，Adobe Dreamweaver CS5 还提供了几种标题格式，可以自行设定它们的参数，等到下次需要使用的时候，直接通过面板选择格式即可。

设置的方法如下：

1. 选中文字信息（注意：不是选中文字所在的 div 标签），为这段文字选择相应的格式。

2. 新建 CSS 规则。可以发现，当新建 CSS 规则时，默认的选择器名称也会随着格式的不同而改变。例如，当为 text（div ID：text）定义 CSS 规则时，如果 text 中的文字没有格式选择，那么名称是#test；如果将文字定义为段落，那么默认的名称则是#text p；如果将文字定义为标题 1，那么名称则是#text h1。

设置好之后，如果需要对其他文字套用相同格式的版式时，只需要选中这段文字，然后选择相应的格式即可。

四、换行与断行

当连续输入文字的时候，其实文字都是在一行之内，只不过限于编辑区的宽度限制，而自动在下一行显示；如果想将网页中的文字由一行变成两行显示，可通过换行或断行来实现。

虽然换行和断行都是让文字从下一行开始显示，但它们还是有不同之处，换行和断行对比见表4—5。

表 4—5　　　　　　　　　　　　　　　　换行和断行

	换行	断行
操作	定位光标在文字指定位置，按【Enter】键	定位光标在文字指定位置，按【Shift + Enter】键
效果	网站是企业向用户和网民提供信息（包括产品和服务）的一种方式，是企业开展电子商务的基础设施和信息平台，离开网站（或者只是利用第三方网站）去谈电子商务是不可能的。 企业的网址被称为"网络商标"，也是企业无形资产的组成部分，而网站是INTERNET上宣传和反映企业形象和文化的重要窗口。	网站是企业向用户和网民提供信息（包括产品和服务）的一种方式，是企业开展电子商务的基础设施和信息平台，离开网站（或者只是利用第三方网站）去谈电子商务是不可能的。 企业的网址被称为"网络商标"，也是企业无形资产的组成部分，而网站是INTERNET上宣传和反映企业形象和文化的重要窗口。
标签	<p></p>	

五、设置段前缩进

一般的中文段落格式，除了包含之前提到的字号、行高和换行之外，还有一个就是首行段前缩进两个中文字符的宽度。

如果在段前使用空格，是没有效果的；这里需要使用"不换行空格"来解决。

首先将文字套用"段落"格式，然后将光标定位在段落文本前方。

然后，在"插入"面板中切换至【文本】分类，如图4—39所示。

打开"文本"下拉菜单，选择【字符：不换行空格】，如图4—40所示。

图4—39　切换至【文本】分类　　　图4—40　选择【字符不换行空格】

再次直接单击【字符：不换行空格】，继续插入空格，直到段前缩进距离达到两个中文字符宽度。

这样，就实现了首行段前缩进的效果。

 提高

"文本"分类的更多功能

这里仅仅使用了"字符"功能，其实，在"文本"分类当中，还有更多方便的功能。

也许通过之前的学习注意到了，无论如何设置CSS规则，这个规则只能作用于对应的div中的所有文字。例如，在CSS规则中设置字体加粗显示，那么得到的结果就是所有文字都被加粗显示了，如果要达到指定文字加粗显示，那么就需要另外为这些指定的文字新建一个CSS规则，这样十分麻烦。

通过"文本"分类中的【粗体】选项，无须新建CSS规则，只要选中需要加粗的文字，然后单击【粗体】选项即可。

关于"文本"分类中的更多选项，后面还会说到。

六、设置段落对齐方式

Adobe Dreamweaver CS5 默认的段落对齐方式是左对齐，同时，软件还提供了多种对齐方式，供用户选择。可以在"属性"面板中找到这些对齐方式。

七、制作列表文本

列表文本通常分为项目列表和编号列表两种，这两种列表都是针对段落格式的，也就是 < p > 标签的。需要注意的是，两个换行的段落才会被认为是列表的两项，而两个断行的段落只会被认为是列表的一项。这个区别，会在接下来的教学中进行对比介绍。

1. 项目列表

（1）插入 div 标签，输入文字，如图 4—41 所示。注意：这里使用的是换行。

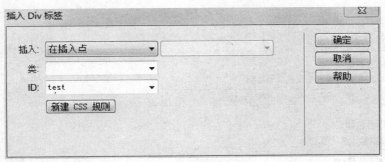

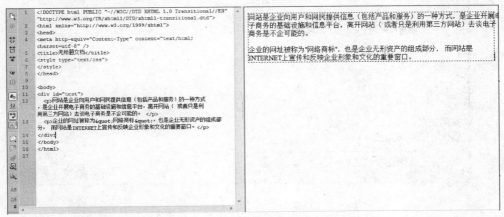

图 4—41　插入 div 标签，输入文字

（2）建立 CSS 规则。在建立 CSS 规则的时候，最好对整个 div 标签建立规则，而不是对 div 标签中的段落建立规则。

在之前文字排版的学习当中，凡是对段落建立 CSS 规则的例子，默认的 CSS 选择器名称是#test p（这里假设 div 名称是 test），这个名称的意思是 CSS 规则是针对名称为 test 的 div 标签下的段落的，不是针对名称为 test 的 div 标签的，注意区别。

在开发网站的时候，有时会需要用到很多 div 标签，div 标签里面也许包含了很多版式，里面每个不同的版式，就是一个新的 CSS 规则。因此，为了能够精简 CSS 规则的数量，往往将 div 标签中的一些基本的版式——字体、字号、行距、文字颜色，放在针对 div 标签的 CSS 规则下，然后，如有需要，再对 div 标签中的段落、标题或列表进行另外的 CSS 规则设置。

在本例中，建立的 CSS 规则是针对 test 的（#test），而不是 test 下的列表的（#test ul li），如图 4—42 所示。

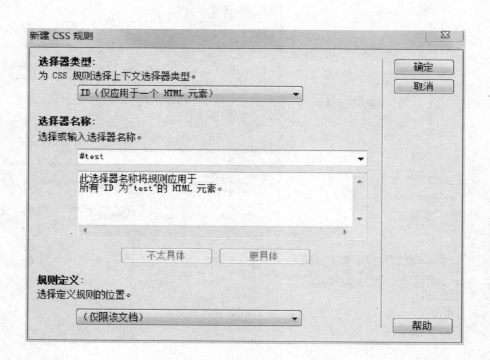

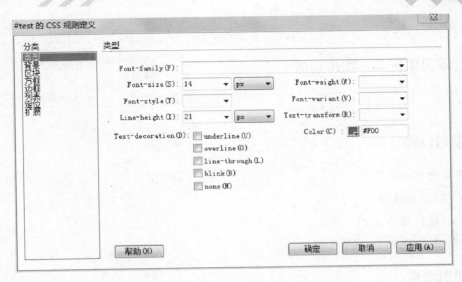

图 4—42　建立 CSS 规则

（3）设置项目列表。全选文字，然后选择"插入"面板中"文本"分类下的【项目列表】选项即可。

设置完成后，按下键盘的【F12】键，可以在浏览器中看到如下的最终效果：

- 网站是企业向用户和网民提供信息（包括产品和服务）的一种方式，是企业开展电子商务的基础设施和信息平台，离开网站（或者只是利用第三方网站）去谈电子商务是不企可能的。
- 企业的网址被称为"网络商标"，也是企业无形资产的组成部分，而网站是INTERNET上宣传和反映企业形象和文化的重要窗口。

如果不是使用的换行，而是断行，那么效果如下：

- 网站是企业向用户和网民提供信息（包括产品和服务）的一种方式，是企业开展电子商务的基础设施和信息平台，离开网站（或者只是利用第三方网站）去谈电子商务是不企可能的。
  企业的网址被称为"网络商标"，也是企业无形资产的组成部分，而网站是INTERNET上宣传和反映企业形象和文化的重要窗口。

2. 编号列表

和项目列表类似，不同的是 Step 3 中，最后要选择的是"插入"面板中"文本"分类下的【编号列表】。

3. 编辑列表样式

当设置好列表后，还可以在【菜单栏】>【格式】>【列表】>【属性】中编辑列表的样式。

学习单元2 图片排版

 学习目标

- 掌握盒模型的概念
- 了解 IE 盒模型
- 能够进行简单的图文排版
- 能够利用浮动 float 属性排版

 知识要求

一、盒模型

对于网页排版，首先要理解盒模型的概念，如图4—43所示就是一个标准的盒模型。

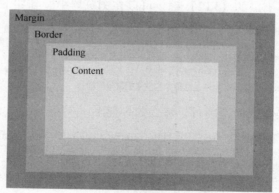

图4—43　标准的盒模型

在不了解盒模型的情况下，还无法确切理解 div 标签的概念。可以把 div 标签理解成一个盒子，这个盒子就是图4—43。当插入一个 div 标签的时候，就等于在网页中放入了一个这样的盒子，然后通过修改这个 div 标签的 CSS 规则来调整这个盒子的样式。

其实在之前的学习当中，已经开始利用 CSS 规则来修改"盒子"了。

在【分类】>【方框】中修改 Content 的宽度和高度，如图4—44所示。

在【分类】>【方框】中修改 Padding 的宽度，如图4—45所示。Padding 也称为内边距。通常设置好背景后，背景也会覆盖到内边距里。另外，Padding 属性接受长度值或

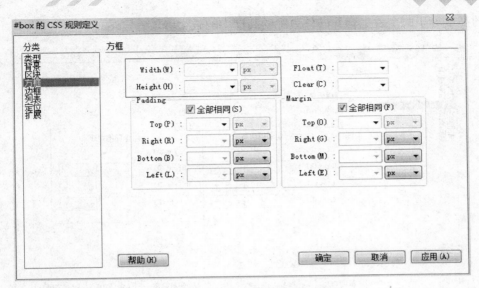

图 4—44　修改 Content 的宽度和高度

百分比值，但不允许使用负值。

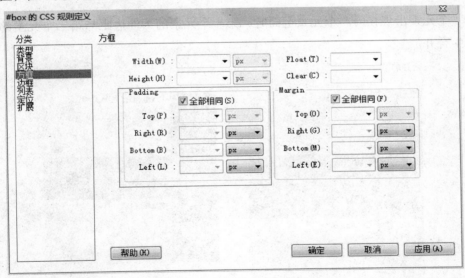

图 4—45　修改 Padding 的宽度

在【分类】>【方框】中修改 Margin 的宽度，如图 4—46 所示。Margin 也称为外边距，背景不覆盖到外边距里。另外，Margin 属性接受长度值或百分比值，也允许使用负值。

关于 Margin 的另一个重要的概念——外边距合并。

外边距合并，指的是当两个垂直外边距相遇时，它们将形成一个外边距。合并后的外边距的高度等于两个发生合并的外边距的高度中的较大者。

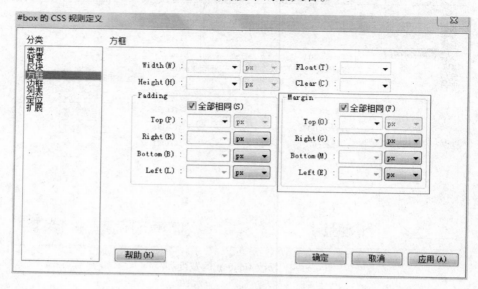

图4—46　修改 Margin 的宽度

当一个元素出现在另一个元素上面时，第一个元素的下外边距与第二个元素的上外边距会发生合并。

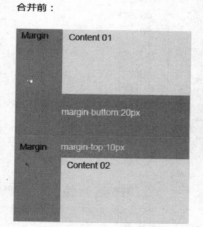

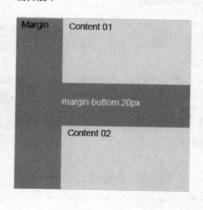

当一个元素包含在另一个元素中时（假设没有内边距或边框把外边距分隔开），它们的上或下外边距也会发生合并。

尽管看上去有些奇怪，但是外边距甚至可以与自身发生合并。

假设有一个空元素，它有外边距，但是没有边框或填充。在这种情况下，上外边距与下外边距就碰到了一起，它们会发生合并。

合并前：

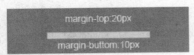

合并后：

margin-top:20px

合并前：

合并后：

margin-top:20px

如果这个外边距遇到另一个元素的外边距，它也会发生合并。

外边距合并，初看上去可能有点奇怪，但是实际上它是非常必要的。以由几个段落组成的典型文本页面为例：第一个段落上面的空间等于段落的上外边距，如果没有外边距合并，后续所有段落之间的外边距，都将是相邻上外边距和下外边距的和。这意味着段落之间的空间，将会是页面顶部的两倍。如果发生外边距合并，段落之间的上外边距和下外边距就合并在一起，这样边距的距离就一致了。

 特别提示：tips

只有普通 div 标签的垂直外边距才会发生外边距合并，行内框、浮动框或绝对定位之间的外边距不会合并。

还可以在【分类】 >【边框】中修改 Border，如图 4—47 所示。

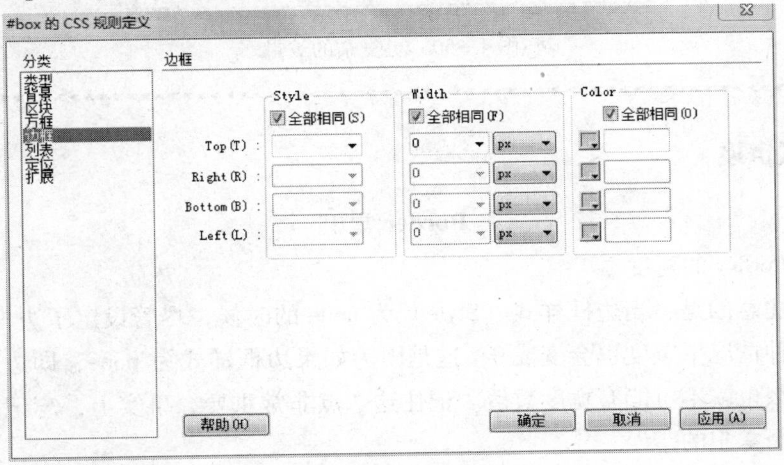

图 4—47 修改 Border

"Border"也称为边框，这里，可以使用 Border 来制作一个简单的立体效果，如图4—48 所示。

此处显示 id "CSS盒模型" 的内容

图4—48　使用 Border 制作简单的立体效果

其中，为了效果明显，将 Border 的宽度设置成 10 px，同时，为四条 Border 做了不同的处理，相应的设置如图 4—49 所示。

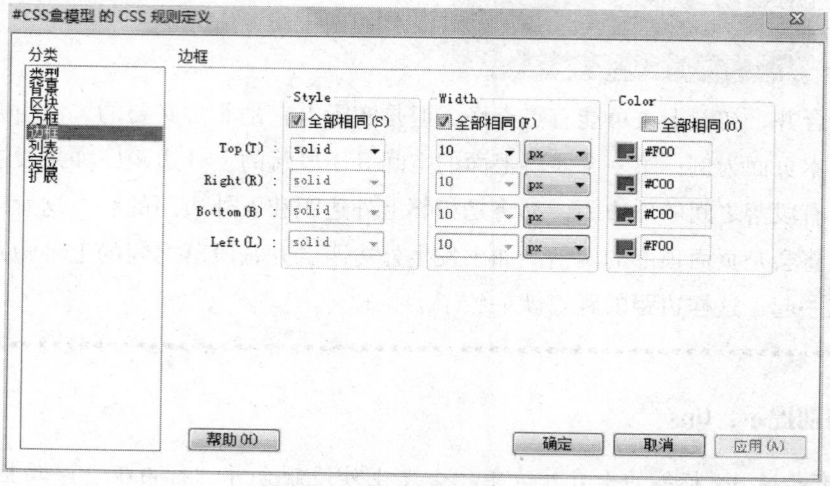

#CSS盒模型 的 CSS 规则定义

分类
类型
背景
区块
方框
边框
列表
定位
扩展

边框

Style
☑ 全部相同(S)

Width
☑ 全部相同(F)

Color
☐ 全部相同(O)

	Style	Width		Color
Top(T)：	solid	10	px	#F00
Right(R)：	solid	10	px	#C00
Bottom(B)：	solid	10	px	#C00
Left(L)：	solid	10	px	#F00

帮助(H)　　　　　　　　　　确定　　取消　　应用(A)

图4—49　为效果明显进行设置

甚至可以在盒模型中嵌套一个盒模型，做出更复杂的效果，如图 4—50 所示。

此处显示 id "CSS盒模型" 的内容

图4—50　更复杂的效果

 相关链接

Border 常识

一、Border 的宽度

值得注意的是，当边框样式（Style）为 none 的时候，尽管设定了边框的宽度，但是在这种情况下宽度也会变成 0。这是因为如果边框样式为 none，即边框根本不存在，那么也就不可能有宽度数值。记住这一点非常重要，事实上，忘记声明边框样式是一个常犯的错误。

二、Border 与背景

CSS 规则指出，边框绘制在"元素的背景之上"。这很重要，因为有些边框是"间断的"（例如点线边框或虚线框），元素的背景应当出现在边框的可见部分之间。

CSS2 指出背景只延伸到内边距，而不是边框。后来 CSS2.1 进行了更正：元素的背景是内容、内边距和边框区的背景。大多数浏览器都遵循 CSS2.1 定义，不过一些较老的浏览器可能会有不同的表现。

设计师可以尝试修改盒模型中的这些参数，看看会有什么效果。另外，通常使用 Margin 来定位 Content 在网页中的位置。

二、IE 盒模型

之前说到，在 CSS 规则中设置的 Content 的宽度和高度，其中，Width 表示 Content 的宽度，Height 表示 Content 的高度，这个是依据 W3C 标准的，称为 W3C 盒模型，如图 4—51 所示。

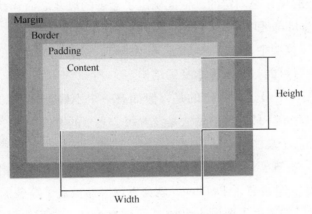

图 4—51　W3C 盒模型

事实上，网页设计中还有一套标准，它对于 Width 和 Height 的定义有所不同，如图 4—52 所示为 IE6 盒模型。

IE6 盒模型中，Width 和 Height 包含了 Content、Padding、Border 这三个部分，而 W3C 的盒子模型中，Width 和 Height 只包含 Content，Padding、Border 被排除在外。

在具体的网页设计中，尤其涉及复杂布局的时候，IE6 盒子模型会更容易控制。

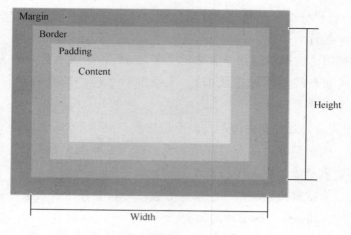

图 4—52　IE6 盒模型

例如，页面上包含一个登录面板、一个最新新闻面板和一个投票面板。在 IE6 盒模型中，这类设计典型的做法是，首先逐个设计出这些面板的外观图，将需要用具体内容替换的地方留空。这些面板，其实就是一些使用面板外观图片做背景图的盒子，然后，在盒子里面，放上具体的内容，使用 Padding 控制内容的摆放位置，使用 Margin 调整面板本身的摆放位置。由于面板的尺寸是固定的，依此确定了盒子的尺寸之后，就无须再关心尺寸问题。无论怎样调整 Padding 和 Border，都不会影响面板本身的结构。

而在 W3C 的盒子模型中，调整 Padding 和 Border，都会影响盒子的尺寸，在调整内容摆放位置的同时，极有可能打乱面板本身的结构。

W3C 盒模型在设计中最让人头疼的是，假如有一个不确定宽度的容器，需要在里面放置两个同样大小的盒子。最合理的做法是设置每个盒子的宽度为 50%，这样，不管容器宽度为多大，这两个盒子总能自动适应这个宽度。然而，这样做的前提是，不需要设置任何 Padding 或 Border。在现实操作中，为了防止两个盒子中的内容互相靠得太近，设计师肯定要设置 Padding，一旦设置了 Padding，就会发现容器被盒子撑破了。

再假设，每个盒子的宽度不要设为 50%，而设为 45%，然后为每个盒子再加一个 5%的 Padding。这看似是一个解决办法，但在设计中经常有这样的习惯，虽然一段内容的宽度可能不确定，但设计师总喜欢它拥有固定 Padding。往往不希望 Padding 自动适应。况且，在很多时候，设计师希望为一个自适应宽度的盒子，设置一个 1 px 的 Border，在这种情况下，W3C 盒子模型将陷入困境。

面对这种情形，IE6 盒子模型则不需要大费周折，只管将每个盒子的宽度设置为 50%，它们会自动适应容器的宽度，然后，不管怎样设置 Padding 和 Border，都不会撑破容器。

一般默认使用的是 W3C 盒模型，在 CSS3 中，可以通过 box-sizing 来在两种盒模型间转换。但是考虑兼容性，建议使用 W3C 盒模型，因为 IE6 盒模型目前仅兼容 IE6 以上版本的浏览器。

在"第 3 章 | 第 2 节 | 学习单元 1　html 文档结构"中提到的代码，有说到"当用 Adobe Dreamweaver 新建一个 html 格式文档时，查看源代码，会发现代码最上部有如下这句代码"：

```
<！DOCTYPE html PUBLIC "-//W3C//DTD XHTML 1.0 Transitional//EN"
"http://www.w3.org/TR/xhtml1/DTD/xhtml1-transitional.dtd">
```

这段代码决定了将使用哪一种盒模型，如果不加 DOCTYPE 声明，那么各个浏览器会根据自己的行为去理解网页，即 IE 浏览器会采用 IE 盒子模型去解释，而有些则会采用标准 W3C 盒子模型解释盒模型，因此，网页在不同的浏览器中显示的效果就会不一样。反之，如果加上了 DOCTYPE 声明，那么所有浏览器都会采用标准 W3C 盒子模型去解释盒模型，网页就能在各个浏览器中显示一致了。

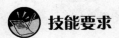 **技能要求**

简单的图文排版

简单的图文排版如图 4—53 所示。

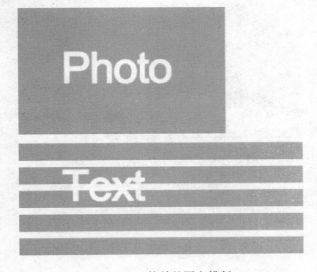

图 4—53　简单的图文排版

Step 1：插入图片

为了便于设计，一般将图片插入到 div 标签中，而不是直接插入图片。因此，首先插入 div 标签，如图 4—54 所示。

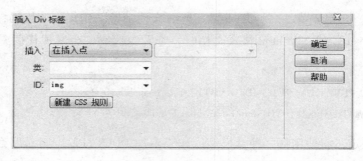

图 4—54 插入 div 标签

选择"插入"面板中"常用"分类下的【图像：图像】选项，打开"选择图像源文件"对话框，如图 4—55 所示。

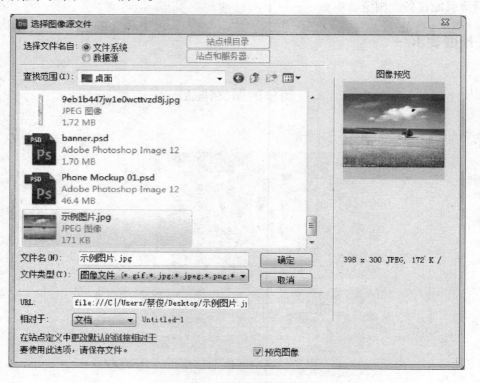

图 4—55 "选择图像源文件"对话框

选择好图片后，单击【确定】，会弹出"图像标签辅助功能属性"对话框，如图 4—56 所示。

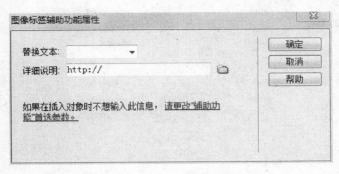

图 4—56 "图像标签辅助功能属性"对话框

这里，暂时不用管这个对话框中的设置项，直接单击【取消】即可。

Step 2：设置 CSS 规则（img）（见图 4—57）

图 4—57 设置 CSS 规则（img）

将方框尺寸修改成和图片尺寸一致，如图 4—58 所示。

图4—58　将方框尺寸修改成和图片尺寸一致

 提高

更多效果的制作

　　事实上，还可以通过 CSS 规则设置更多的效果，例如，最常见的就是给图片加边框。通过如图4—59所示的设置，能制作出带边框的图片。

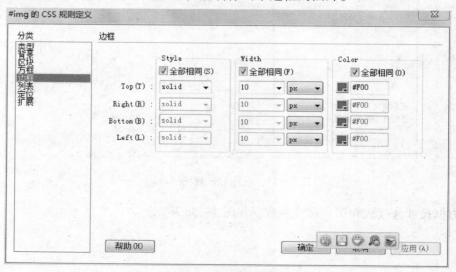

图4—59　设置带边框图片

这样，就为图片添加了一个红色的 10 px 宽的边框，效果如图 4—60 所示。

图 4—60　带边框的图片效果

当然，可以再设计得稍微复杂点，设置如图 4—61 所示。

图 4—61　设置更为复杂的效果

这样就得到了如图 4—62 所示的效果。

图 4—62　更为复杂的图片效果

Step 3：插入文字并设置 CSS 规则（text）

建立名为 text 的 div 标签，并建立相应的#text 的 CSS 规则。这些内容之前都有涉及，不再赘述。效果如图 4—63 所示。

网页设计——网站是企业向用户和网民提供信息（包括产品和服务）的一种方式，是企业开展电子商务的基础设施和信息平台，离开网站（或者只是利用第三方网站）去谈电子商务是不可能的。企业的网址被称为"网络商标"，也是企业无形资产的组成部分，而网站是 INTERNET 上宣传和反映企业形象和文化的重要窗口。

图 4—63　插入文字并设置 CSS 规则（text）后的效果

利用浮动 **float** 属性排版

在进行二列、三列布局的时候，说到了 CSS 的浮动属性（float）（参见本章"第 4 节｜二列、三列自适应宽度"）。其实，在进行图文排版的时候，往往也需要用到浮动属性。

一般而言，任何有浮动属性的元素，都需要设置一个宽度。另外，当可供浮动的空间小于浮动元素时，它会自行浮动到下一行，直到拥有足够放下它的空间。浮动元素的排版如图 4—64 所示。

图 4—64　浮动元素的排版

这里介绍几种常见的利用浮动属性的排版。和之前提到的"简单的图文排版"类似，只不过 Photo 所在的 div（img）添加了向左浮动（float：left）属性，如图 4—65 所示。

为了美观性，可以给 Photo 所在的 div（img）添加一个右边的 Margin，使得文字和图片的距离稍微大一些，这里将右边的 Margin 设置成 10 px，效果如图 4—66 所示。

还可以为文字所在的 div（text）添加一个左边的 Margin，这样就能得到如图 4—67 所示的版式效果。

只要这个左边的 Margin 的距离等于图片宽度＋图文间距，那么就能得到如图 4—68 所示的效果。

网页设计－－网站是企业向用户和网民提供信息（包括产品和服务）的一种方式，是企业开展电子商务的基础设施和信息平台，离开网站（或者只是利用第三方网站）去谈电子商务是不可能的。企业的网址被称为"网络商标"，也是企业无形资产的组成部分，而网站是INTERNET上宣传和反映企业形象和文化的重要窗口。 网页设计－－网站是企业向用户和网民提供信息（包括产品和服务）的一种方式，是企业开展电子商务的基础设施和信息平台，离开网站（或者只是利用第三方网站）去谈电子商务是不可能的。企业的网址被称为"网络商标"，也是企业无形资产的组成部分，而网站是INTERNET上宣传和反映企业形象和文化的重要窗口。

图4—65　浮动属性排版效果1

网页设计－－网站是企业向用户和网民提供信息（包括产品和服务）的一种方式，是企业开展电子商务的基础设施和信息平台，离开网站（或者只是利用第三方网站）去谈电子商务是不可能的。企业的网址被称为"网络商标"，也是企业无形资产的组成部分，而网站是INTERNET上宣传和反映企业形象和文化的重要窗口。 网页设计－－网站是企业向用户和网民提供信息（包括产品和服务）的一种方式，是企业开展电子商务的基础设施和信息平台，离开网站（或者只是利用第三方网站）去谈电子商务是不可能的。企业的网址被称为"网络商标"，也是企业无形资产的组成部分，而网站是INTERNET上宣传和反映企业形象和文化的重要窗口。

图4—66　浮动属性排版效果2

图 4—67　添加左边的 Margin 后的版式效果

网页设计－－网站是企业向用户和网民提供信息（包括产品和服务）的一种方式，是企业开展电子商务的基础设施和信息平台，离开网站（或者只是利用第三方网站）去谈电子商务是不可能的。企业的网址被称为"网络商标"，也是企业无形资产的组成部分，而网站是INTERNET上宣传和反映企业形象和文化的重要窗口。 网页设计－－网站是企业向用户和网民提供信息（包括产品和服务）的一种方式，是企业开展电子商务的基础设施和信息平台，离开网站（或者只是利用第三方网站）去谈电子商务是不可能的。企业的网址被称为"网络商标"，也是企业无形资产的组成部分，而网站是INTERNET上宣传和反映企业形象和文化的重要窗口。

图 4—68　浮动属性排版效果 3

　　以上的方法运用了之前反复提到的盒模型，有助于深刻理解盒模型的概念。

　　当使用 float 属性时，请务必保持一个良好的设计习惯：float 的 div 要闭合。将网页想象成一片海洋，海水清澈，熟知的 div 就像海底的暗礁，只不过它们是能够随意排列的暗礁，而拥有 float 属性的 div 就好像海面的漂浮物。对于漂浮物，它们不会相互遮挡，会为其他漂浮物留出位置。对于暗礁，这些漂浮物能够遮挡暗礁（如果从高空俯视这片海洋），但是如果不"闭合"（暂且先这么理解）暗礁，那么它就不知道自己被遮挡住了。

如图 4—69 所示，左图的 div（下方）是没有闭合的，右边是闭合的。

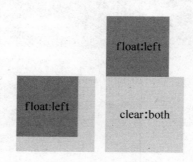

图 4—69   div 闭合和不闭合的效果

因此，当浮动元素下方的第一个元素不再浮动时，记得闭合这个元素。闭合元素的设置如图 4—70 所示。

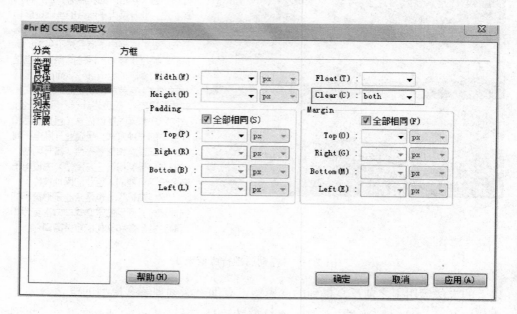

图 4—70   闭合元素的设置

第6节 导航栏制作

 学习单元 1 纵向导航栏制作

 学习目标

● 能够制作纵向导航栏

 知识要求

纵向列表或称为纵向导航栏，在网站的产品列表中应用比较广泛，如淘宝网左侧的"淘宝服务"即为纵向导航栏，如图4—71所示。

图4—71 淘宝网的纵向导航栏

在着手开始制作前，先要学会分析和设计导航的思路。

为了满足栅格设计的需要，通常在宽度上要满足一个特定值。而在网页高度上，通常是不确定的。事实上，在设计纵向导航栏的时候，因为不确定导航栏整体的高度，所以，通常只考虑导航栏中每一栏的高度，不考虑整体高度。

例如，要制作一个如下所示的纵向导航栏时，通常要考虑的是每一栏的高度，即：

- 文字大小。
- 文字的上下边距（因为左右为居中效果，所以不用考虑）。
- 线框的宽度。

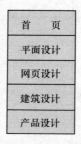

不建议首先定义整体的高度，因为这会造成很多排版的困扰，同时也会让导航的扩展性很差。

 技能要求

接下来开始制作一个纵向导航栏，通过栅格布局，设置这个导航栏的宽度为 80 px，文字大小为 12 px，效果为：

首先，概括一下制作的整体思路：

1. 首先建立导航的整体面板，不过此时只能确定宽度，高度不确定。
2. 在面板内添加相应的文字信息。
3. 设置文字版式并添加分割线。
4. 添加链接，完成制作。

Step 1：建立导航整体面板，如图 4—72 所示

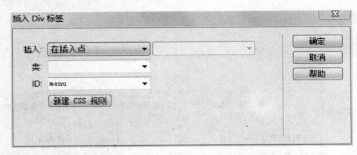

图 4—72　建立导航整体面板

这里要注意的是，Content 的宽度应为 78 px，因为整体宽度还包含了左右两边各 1 px 宽的线框，如图 4—73 所示。

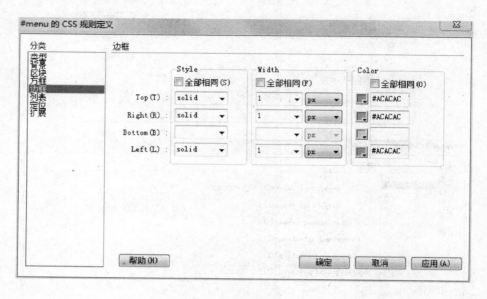

图 4—73　设置边框

注意：这里不添加下边框，因为后面会为每一栏的下部增加分割线，原理如下：

通过上面的设置，将得到如下效果：

Step 2：添加文字

将文字输入在面板内，并在"插入"面板的"文本"分类下，将文字设置成【项目列表】：

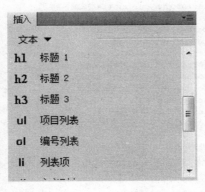

得到如下效果：

但这并不是想要的排版方式，为了方便接下来的排版，需要将这段项目列表居中对齐，并且将前面的圆点去掉。

为此，需要单击"代码"窗口下方的【ul】按钮，以此来选中该列表，如图4—74所示（由此可见，标签 < ul > </ul > 表示项目列表）。

然后新建 CSS 规则，如果选择正确，默认选择器的名称是#menu ul，如图4—75所示。

其中#menu ul 的 CSS 规则如图4—76所示，将文字大小设置成 12 px，行间距设置成 1 倍行距，以方便后面的调整；将项目列表的编辑区域调至和 menu 面板一致，以方便后面的调整；并去掉列表前面的圆点。

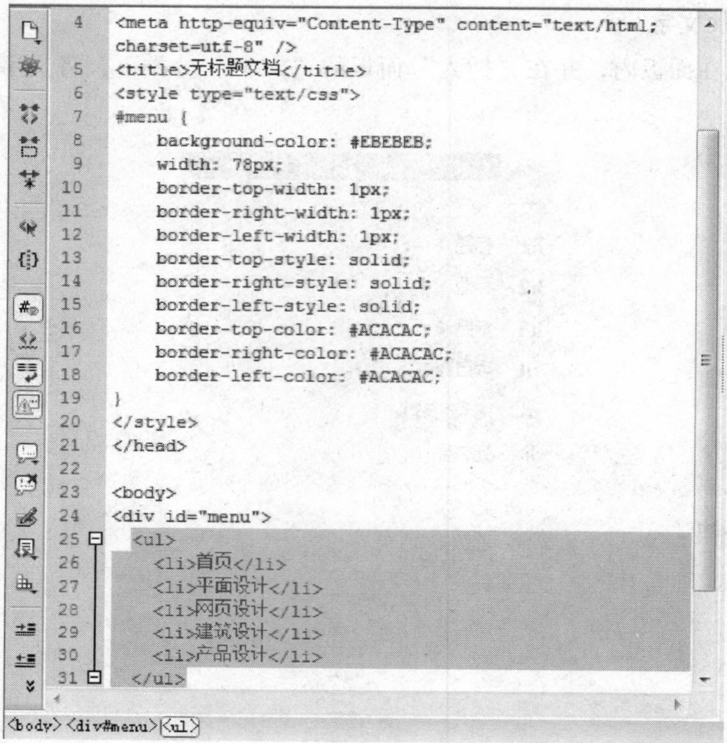

```
4    <meta http-equiv="Content-Type" content="text/html;
     charset=utf-8" />
5    <title>无标题文档</title>
6    <style type="text/css">
7    #menu {
8        background-color: #EBEBEB;
9        width: 78px;
10       border-top-width: 1px;
11       border-right-width: 1px;
12       border-left-width: 1px;
13       border-top-style: solid;
14       border-right-style: solid;
15       border-left-style: solid;
16       border-top-color: #ACACAC;
17       border-right-color: #ACACAC;
18       border-left-color: #ACACAC;
19   }
20   </style>
21   </head>
22
23   <body>
24   <div id="menu">
25       <ul>
26           <li>首页</li>
27           <li>平面设计</li>
28           <li>网页设计</li>
29           <li>建筑设计</li>
30           <li>产品设计</li>
31       </ul>
```

`<body> <div#menu> <ul>`

图 4—74　选中列表

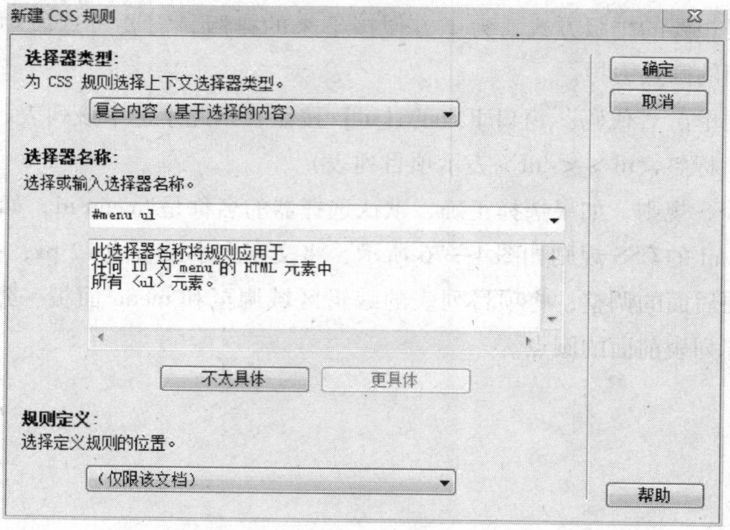

图 4—75　新建 CSS 规则

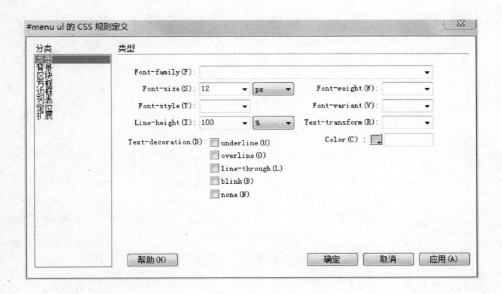

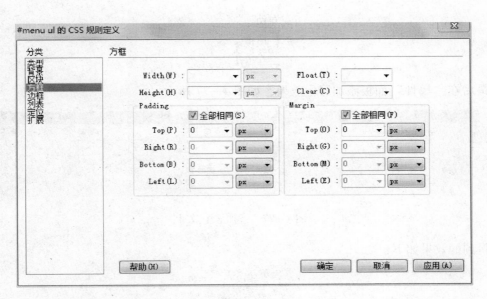

图 4—76   "#menu ul 的 CSS 规则定义"设置

得到的效果如下：

最后在"属性"面板添加居中效果，如图 4—77 所示。

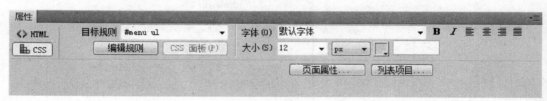

图 4—77   添加居中效果

得到的效果如下：

在最后的成品中，会发现"首页"选项和其他选项不是等宽的。这里，可以利用前面学过的技巧，给"首页"之间添加【不换行空格】，来达到"等宽"的效果：

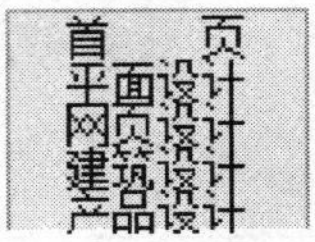

Step 3：设置文字版式并添加分割线

接下来，要为每一个列表项添加上下的边距和下方的分割线。

刚才选中"代码"窗口下方的【ul】按钮，目的是选中整个项目列表对其进行设置，现在，要设置的不是整个列表，而是列表中的某一项。对列表某一项进行设置，该列表中的每一项将共享这个设置效果。

和选中项目列表相似，接下来要选中"代码"窗口下方的【li】按钮，如图4—78所示。

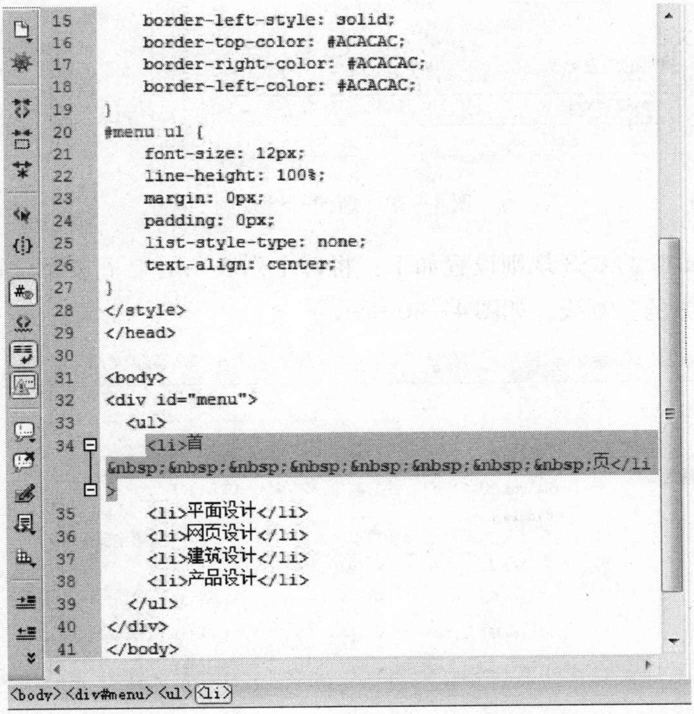

```
15      border-left-style: solid;
16      border-top-color: #ACACAC;
17      border-right-color: #ACACAC;
18      border-left-color: #ACACAC;
19   }
20   #menu ul {
21      font-size: 12px;
22      line-height: 100%;
23      margin: 0px;
24      padding: 0px;
25      list-style-type: none;
26      text-align: center;
27   }
28   </style>
29   </head>
30
31   <body>
32   <div id="menu">
33      <ul>
34         <li>首
        页</li
>
35         <li>平面设计</li>
36         <li>网页设计</li>
37         <li>建筑设计</li>
38         <li>产品设计</li>
39      </ul>
40   </div>
41   </body>
```

`<body><div#menu><ul><li>`

图4—78　选中【li】按钮

值得说明的是，＜li＞＜/li＞表示的是列表项。

新建CSS规则，如果选择正确，默认选择器的名称是#menu ul li，如图4—79所示。

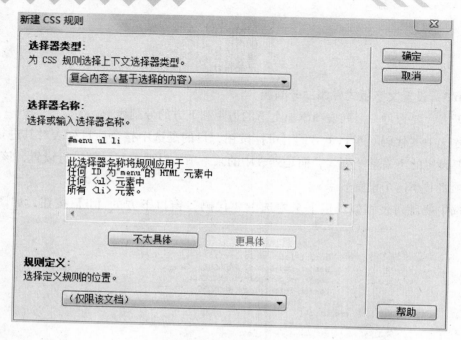

图 4—79　新建 CSS 规则

　　其中#menu ul li 的 CSS 规则设置如下：将每个列表项的上下边距设置成 10 px，为每个列表项添加下方的分割线，如图 4—80 所示。

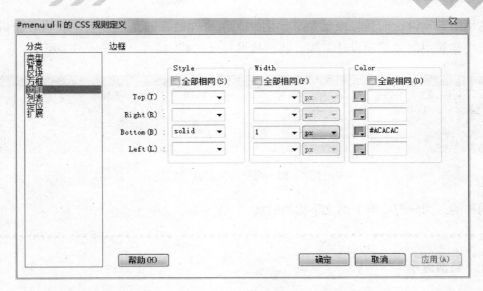

图 4—80 "#menu ul li 的 CSS 规则定义"的设置

得到的效果如下：

此时，为了深入理解，可以来计算一下这个纵向导航栏的总高度，其总高度为（10 + 12 + 10 + 1）×5 + 1 = 166 px。

Step 4：添加链接

一旦网页上的某个元素可以单击，这意味着这个元素是链接到其他地方的，在 Adobe Dreamweaver CS5 中，可以在"属性"面板为网页中的元素添加链接，如图 4—81 所示。

图 4—81 添加链接

这里，着重讨论的是导航的制作，因此关于添加链接的具体方式，放到后面讲，例如，选中导航中的"平面设计"项，将链接设置成"#"即可，如图4—82所示。

图4—82　将链接设置成"#"

同样的，为导航中剩下的文字添加链接。

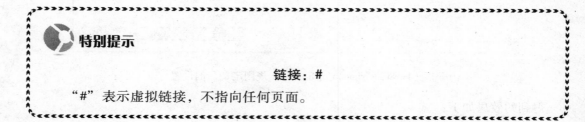

特别提示

链接：#

"#"表示虚拟链接，不指向任何页面。

添加好链接以后，发现"平面设计"的文本样式改变了，文字变成了蓝色，而且自动生成了下划线，这是超链接的默认样式。为了更加美观，可以通过CSS规则新建一组"动态效果"，来实现当链接文字未单击时呈现黑色，鼠标悬停时变成红色。

这里，需要用到专门用来制作单击时的"动态效果"的工具——超链接伪类。

 学习单元2　超链接伪类

 学习目标

- 了解超链接伪类的作用
- 能够制作超链接的动态效果

 **知识要求**

对于一个超链接，其鼠标效果只有四种：

- 鼠标未单击时的效果：a:link
- 鼠标单击后的效果：a:visited
- 鼠标悬停的效果：a:hover
- 鼠标按下后的效果：a:active

超链接伪类可以提高用户体验，比如，可以设置鼠标移上时改变颜色或标记下划线等属性，来告知用户这段文字是可以单击的；设置已访问过的链接的颜色变灰暗或加删除线，则可以告知用户这个链接的内容已访问过了。

在使用超链接伪类的时候要注意，书写顺序非常重要，因为 CSS 有优先级关系，即后面的优先于前面的，因此正确顺序应是：a:link，a:visited，a:hover，a:active。

切记顺序一定不要弄错。

技能要求

根据之前的要求，希望当链接文字未单击时呈现黑色，鼠标悬停时变成红色，结合书写顺序，要分别建立 a:link 和 a:hover。

Step 1： 新建 a:link 的 CSS 规则，如图 4—83 所示。

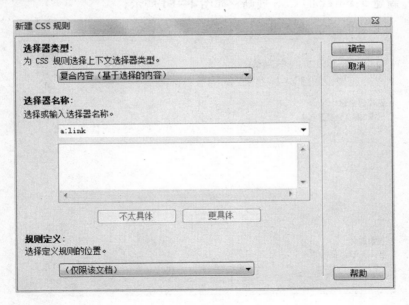

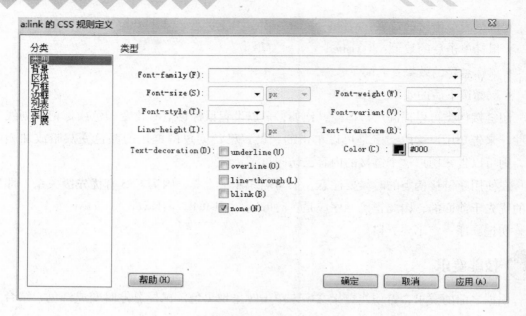

图4—83 新建 a:link 的 CSS 规则

Step 2：新建 a:hover 的 CSS 规则，如图4—84所示。

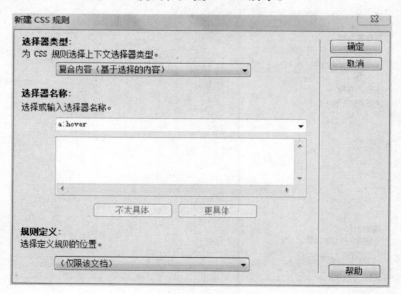

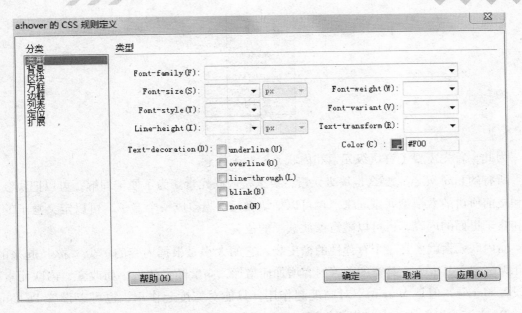

图 4—84　新建 a:hover 的 CSS 规则

这样，超链接的动态效果就完成了。不仅能改变文字颜色，还能改变文字大小、样式等，大家可以在学习完本单元后，多加尝试。

 学习单元 3　块级元素与内联元素

 **学习目标**

- 了解块级元素和内联元素的概念
- 掌握块级元素和内联元素的使用

 **知识要求**

通过之前对超链接伪类的学习，会发现在制作动态效果的时候，无法改变链接文字的背景颜色。当然，可以在超链接伪类当中设置不同的背景颜色，来改变颜色，但是以下不是想要的效果，出于美观的需要，背景颜色应覆盖到整个栏目。

为此，首先需要了解块级元素和内联元素两个概念。

所有的 html 元素，要么是块级元素，要么是内联元素。为了便于理解，可以把块级元素和之前所讲的盒模型联系起来。也可以把块级元素想象成一个盒子，可以定义盒子的大小和盒子里面的内容，也可以随意摆放盒子的位置。

而内联元素就像是一个有弹性的橡皮袋，它的大小是根据内容的多少"撑"起来的，因此无法定义其大小，其宽度随着内容增加而增加，高度随字体大小而改变，内联元素可以设置 Margin，但是 Margin 不对高度起作用，只能对宽度起作用；也可以设置 Padding，但是 Padding 在 IE6 中不对高度起作用，只能对宽度起作用；设置 Content 对宽度和高度均无效，但可以通过 line-height 来调节高度。

另外，对内联元素进行 Padding 和 Margin 调整时，并不会对其他元素造成任何影响，而块级元素则会把其他元素"挤"开。

在之前的学习当中，遇到最多的 div，其实就是一个最常见的块级元素，其特点如下：

- 总是在新行上开始。
- 高度、行高以及外边距和内边距都可控制。
- 宽度缺省是它的容器的 100%，除非设定一个宽度。
- 它可以容纳内联元素和其他块级元素。

在之前的学习当中，遇到最多的内联元素就是超链接，其特点如下：

- 和其他元素都在一行上。
- 高度、行高及外边距和内边距部分可改变。
- 宽度只与内容有关。
- 行内元素只能容纳文本或者其他行内元素。

块级元素和内联元素的标签及其作用见表 4—6。表 4—6 中的标签在以后的设计中会陆续使用到，这里不一一讲解。

表 4—6 标签的作用

标签	作用
	块级元素列表
< address >	定义地址
< caption >	定义表格标题
< dd >	定义列表中定义条目
< div >	定义文档中的分区或节
< dl >	定义列表
< dt >	定义列表中的项目
< fieldset >	定义一个框架集
< form >	创建 HTML 表单
< h1 >	定义最大的标题
< h2 >	定义副标题
< h3 >	定义标题
< h4 >	定义标题
< h5 >	定义标题
< h6 >	定义最小的标题
< hr >	创建一条水平线
< legend >	legend 元素为 fieldset 元素定义标题
< li >	标签定义列表项目
< noframes >	为那些不支持框架的浏览器显示文本，位于 frameset 元素内部
< noscript >	定义在脚本未被执行时的替代内容
< ol >	定义有序列表
< ul >	定义无序列表
< p >	标签定义段落
< pre >	定义预格式化的文本
< table >	标签定义 HTML 表格
< tbody >	标签表格主体（正文）
< td >	定义 HTML 表格中的标准单元格
< tfoot >	定义表格的页脚（脚注或表注）
< th >	定义表头单元格
< thead >	标签定义表格的表头
< tr >	定义表格中的行

标签	作用
行内元素列表	
< a >	标签可定义锚
< abbr >	表示一个缩写形式
< acronym >	定义只取首字母缩写
< b >	字体加粗
< bdo >	可覆盖默认的文本方向
< big >	大号字体加粗
< br >	换行
< cite >	引用进行定义
< code >	定义计算机代码文本
< dfn >	定义一个定义项目
< em >	把文本定义为强调的内容
< i >	显示斜体文本效果
< img >	向网页中嵌入一幅图像
< input >	输入框
< kbd >	定义键盘文本
< label >	标签为 input 元素定义标注（标记）
< q >	定义短的引用
< samp >	定义样本文本
< select >	创建单选或多选菜单
< small >	呈现小号字体效果
< span >	组合文档中的行内元素
< strong >	把文本定义为语气更强的强调的内容
< sub >	定义下标文本
< sup >	定义上标文本
< textarea >	定义多行的文本输入控件
< tt >	呈现打字机或者等宽的文本效果
< var >	定义变量
可变元素列表：可变元素为根据上下文语境决定该元素为块级元素或者内联元素	
< button >	定义按钮
< del >	定义文档中已被删除的文本
< iframe >	创建包含另外一个文档的内联框架（即行内框架）

标签	作用
< ins >	标签定义已经被插入文档中的文本
< map >	定义客户端图像映射（即热区）
< object >	包含对象
< script >	定义客户端脚本

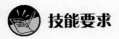

技能要求

块级元素与内联元素的应用

回到之前讲解的实例当中，因为目前可单击的超链接文字属于内联元素，因此如果改变背景颜色，也仅仅是改变内联元素所占空间的背景，尽管可以通过 Padding 来尽可能填充周围的颜色（如果能够忽略一些低版本的浏览器的话），但是这样做非常不精确，而且可调整性也很差，因此需要将这些超链接文字变成块级元素。

内联元素转换成块级元素的方法很简单，将所有超链接文字（a:link）设置成块级元素（display:block），如图 4—85 所示。还可以将块级元素转变成内联元素，将所有超链接文字设置成"inline"即可。

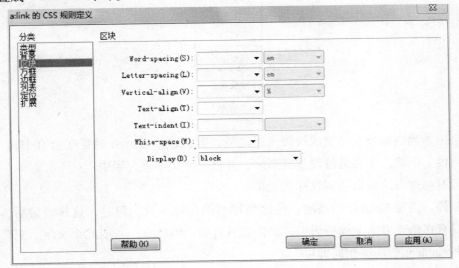

图 4—85 "a:link 的 CSS 规则定义"设置 1

假设想要在鼠标悬停时，让超链接文字变成红色，背景变成黄色。那么，还需要在 a:hover 的 CSS 规则中添加如图 4—86 所示的设置。

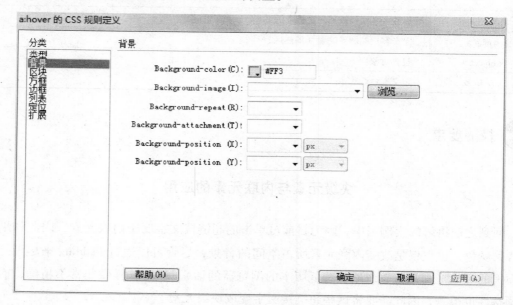

图 4—86 "a:hover 的 CSS 规则定义"设置

此时，预览时会发现，这并不是预期的效果：

这是因为当内联元素转换成块级元素之后，默认该块级元素的宽度为 100%，高度为文字的高度。因此，需要另外设置其高度，并且要使文字垂直居中。

一般有两种方法可以达到这样的效果：

第一种：设置 Content 的高度，使之与栏目的高度一致。但是，这样设置后，会发现文字并没有在垂直方向上保持居中；如果要垂直居中的只有一行或几个文字，只要让文字的行高和 Content 的高度相同即可。

第二种：利用 Padding 将内容垂直居中，即上下都设置相同高度的 Padding。

这里选择第一种方法，将 a:link 的 CSS 规则进行如图 4—87 所示的设置。

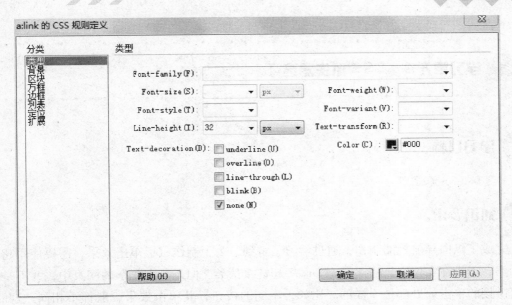

图4—87 "a:link 的 CSS 规则定义"设置2

可以通过计算得出每栏的高度为：10 + 12 + 10 = 32 px。

同时，将之前#menu ul li CSS 规则中 Padding 的设置改为0 或者 auto，这样就能得到想要的效果了。

学习单元4　CSS 派生器选择

 学习目标

- 了解 CSS 派生器

 知识要求

完成了纵向导航栏的制作，通过学习了解到，为了制作鼠标单击效果，需要使用超链接伪类，于是在实例中，建立了 a:link 等超链接伪类。但是，在复杂的网页中，并不是所有超链接的单击效果都是一样的。比如，不同的按钮，其单击效果一般都不相同。这时，就需要了解 CSS 的派生器选择。

其实本单元的内容，在本章第5节就遇到过，在首次讲到 < p > < /p > 标签的时候，当为段落建立 CSS 规则的时候，默认的选择器名称为#test p，这个默认名称的意思是，当前 CSS 规则是针对 ID 为"test"的元素中的 p 标签（也就是段落）而设置的。

由此推之，当把前面的#test 去掉，那么，这个规则就是针对网页中所有的 p 标签而设置的。

这就是派生选择器。

派生选择器最大的好处，就是能够大大减少重复设置，这一点很好地体现在之前介绍过的纵向导航栏的制作上。

在纵向导航栏的实例中，#menu ul 和#menu ul li 即为派生选择器。如果把前边的#menu 去掉，那么将是对 ul 标签重定义，重定义的属性将应用到全局。在前边加上#menu 后，将是定义 ID 为"menu"元素内 ul 的样式，设置它的样式后，只会对#menu下的 ul 生效，不对其他的 ul 生效。这有点像编程中的局部变量，而直接定义 ul 则相当于全局变量。#menu ul li 是定义 ID 为"menu"元素内 ul 下的 li。派生选择器可以使设计师不用再给每个 li 定义一个样式名来定义样式，只需使用派生选择器，就可以实现全局定义。

学习单元 5　纵向导航栏二级弹出菜单制作

 学习目标

● 能够制作纵向导航栏二级弹出菜单

 知识要求

通过之前的学习，已经掌握了纵向导航栏的设计和制作，接下来要在之前学习的基础上，制作纵向导航栏二级弹出菜单。

先来分析一下制作的思路：

首先，二级弹出菜单也是一个无序列表 ul，这个无序列表 ul 包含在一级菜单的列表项 li 中；当不触发这个一级菜单的时候，二级无序列表 ul 是隐藏的，只有当一级菜单的列表项 li 被触发的时候，ul 才会在正确位置显示。

为此，可以用 CSS 派生器的选择来理清思路——通过之前对一级纵向导航栏的制作，建立了如下 CSS 规则：

● #menu——建立纵向导航的整体面板。

● #menu ul——建立一级菜单（项目列表）的样式。

● #menu ul li——建立一级菜单中每一列表项的样式。

● a:link——建立超链接文字未单击时的样式。

● a:hover——建立超链接文字鼠标悬停时的样式。

在二级菜单中，需要建立如下 CSS 规则：

● #menu ul li a ul——建立二级菜单（项目列表）的样式，这里注意其中的关系：二级菜单是从属一级菜单下的列表项的。

● #menu ul li a ul li——建立二级菜单中每一列表项的样式。

● #menu ul li a:hover ul——建立当一级菜单中超链接文字鼠标悬停后二级菜单（项目列表）的样式，即鼠标悬停后显示二级菜单。

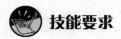 **技能要求**

纵向导航栏二级弹出菜单的制作

Step 1：二级弹出菜单的效果图和代码。

将光标定位在"平面设计"后，然后单击"插入"面板"文本"分类下的【项目列表】，这样，就在"平面设计"的 li 下面插入了一个 ul（二级菜单），然后输入相应的二级菜单的内容，效果如下：

也许从上面的效果图中还看不出它们之间的从属关系，但是，关于它们的代码，已经体现得很清楚了：

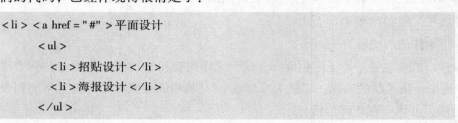

```
<li> <a href="#">平面设计
    <ul>
        <li>招贴设计</li>
        <li>海报设计</li>
    </ul>
```

如果熟练掌握，甚至可以通过直接书写代码来完成，这样会更加清楚代码的逻辑关系。

Step 2：选中这个二级菜单 ul，建立 CSS 规则，如图 4—88 所示。

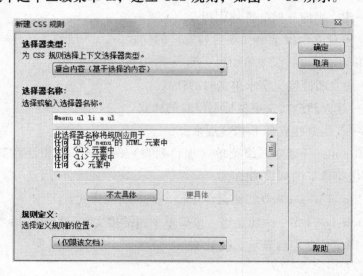

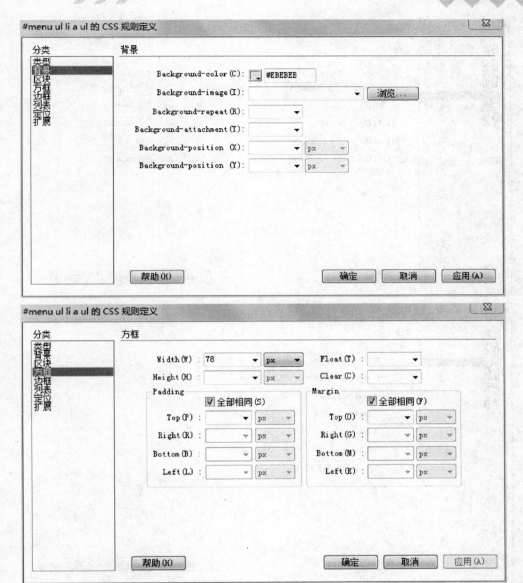

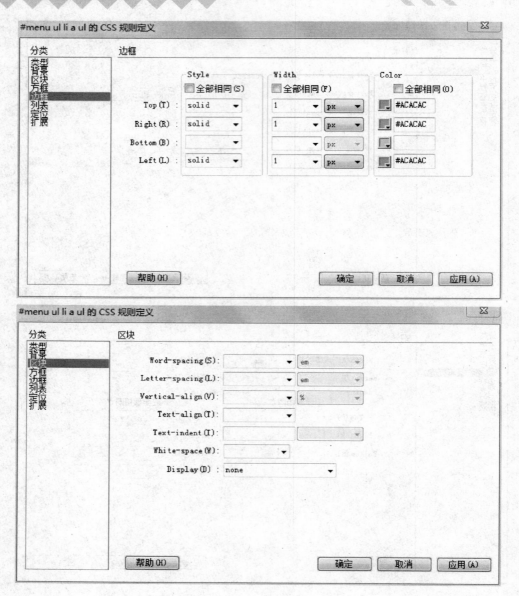

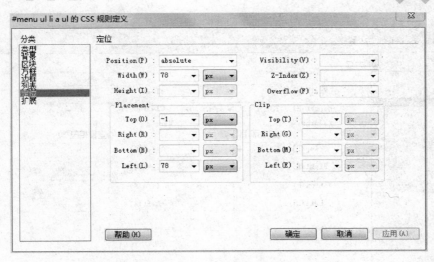

图4—88 "#menu ul li a ul 的 CSS 规则定义"设置1

其中,"区块"的选项表示这个二级菜单是隐藏的。

二级菜单出现的位置并不是固定的,而是随着不同变化的。但是,相对每个栏目而言,二级菜单的位置又是绝对的。这里,因为#menu ul li a ul 相对于#menu ul li a 是绝对的,因此将"Position"设置为【absolute】,即绝对定位。关于定位的更多内容还会在后面详细说到,这里先按照图4—88进行设置即可。

这里有一处地方要留意,就是文字颜色的设置。如果不对文字颜色进行设置,那么其颜色将和一级菜单一致。也就是说,当鼠标悬停在一级菜单的时候,一级菜单和二级菜单的文字都会变成红色,这是不合适的,因此,需要对文字颜色进行设置,其他设置如图4—89所示。

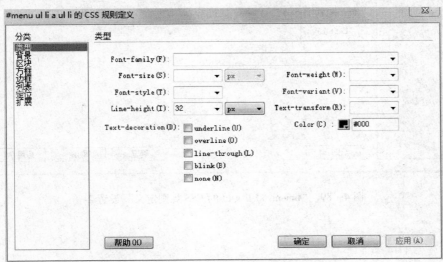

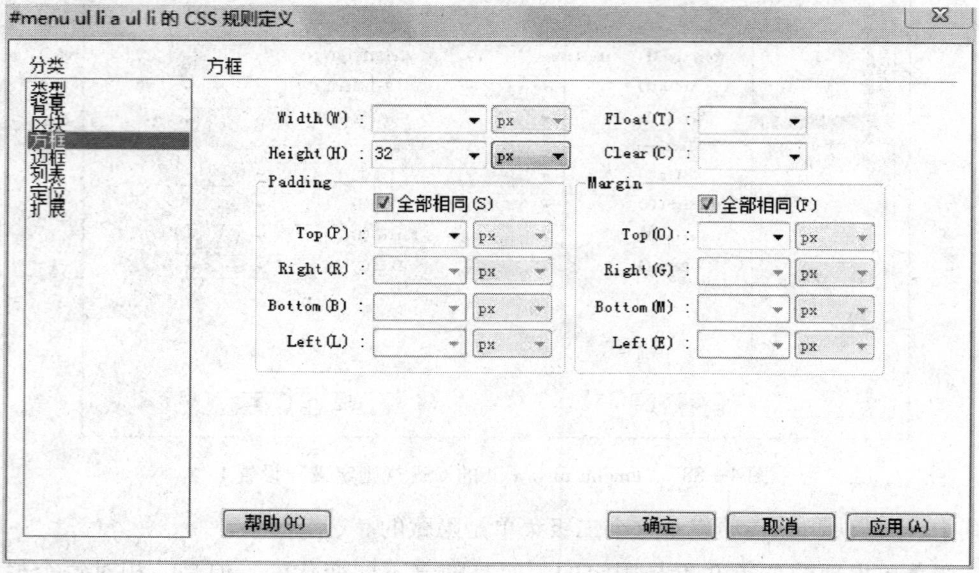

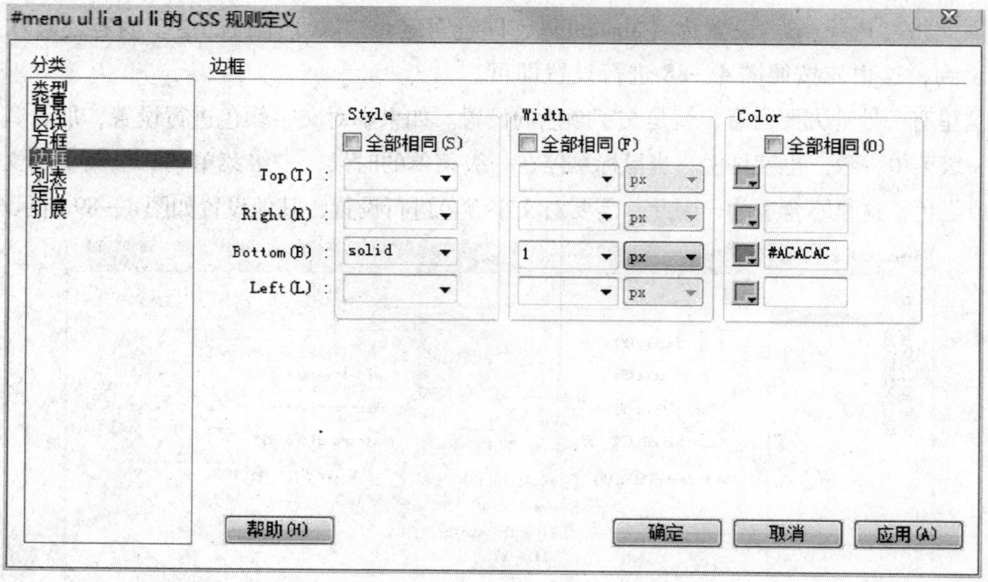

图4—89　"#menu ul li a ul 的 CSS 规则定义"设置2

Step 3：建立**#menu ul li a:hover ul CSS** 规则，如图**4—90** 所示。区块的 **"block"** 表示当鼠标悬停时，二级菜单会以块级元素显示。

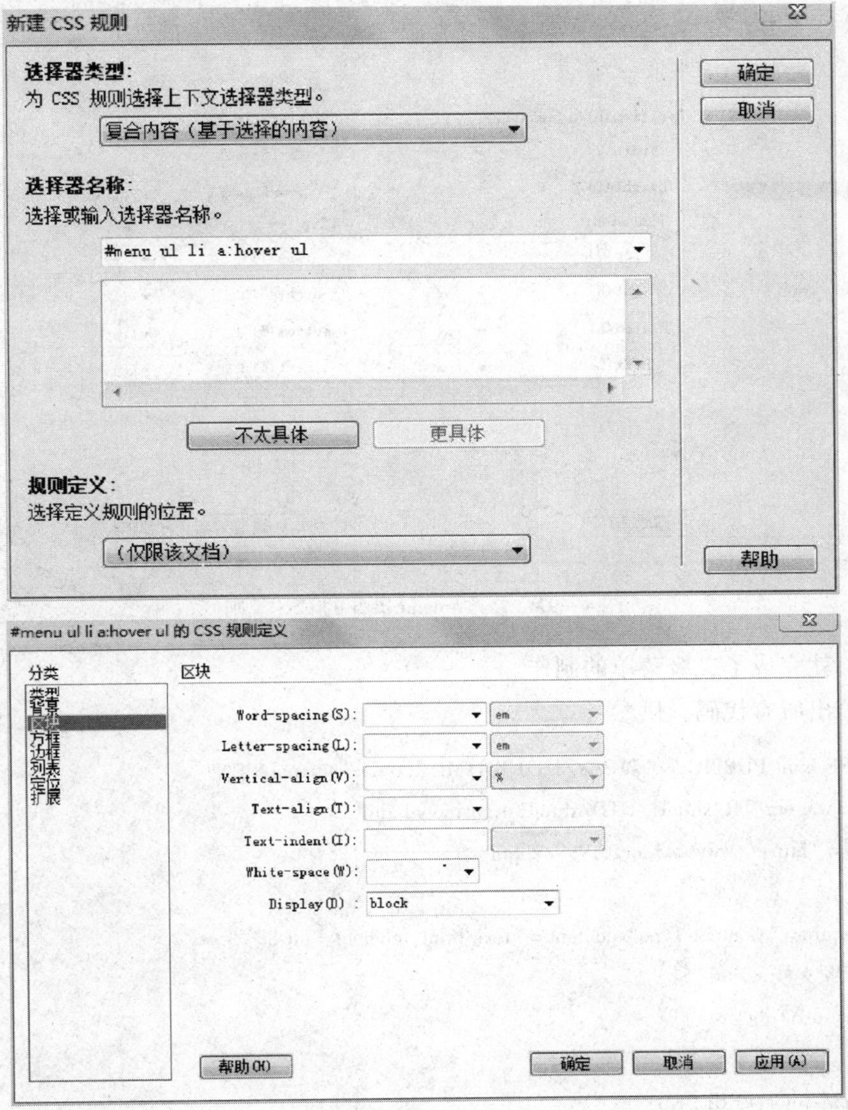

图 4—90　建立#menu ul li a:hover ul CSS 规则

Step 4：最后要修改一下**#menu ul li** 的 **CSS** 规则，将 **Position** 设置成"**relative**"，如图 **4—91** 所示。

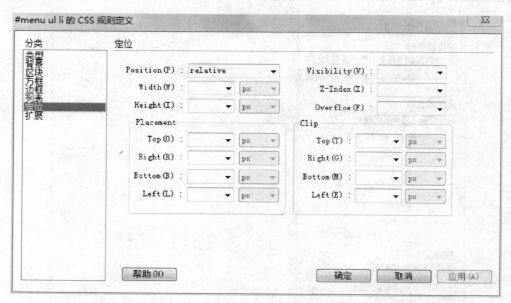

图 4—91　修改#menu ul li 的 CSS 规则

这样，就完成了二级菜单的制作。

这里给出所有代码，供参考：

```
<！DOCTYPE html PUBLIC "-//W3C//DTD XHTML 1.0 Transitional//EN"
"http://www.w3.org/TR/xhtml1/DTD/xhtml1-transitional.dtd">
<html xmlns = "http://www.w3.org/1999/xhtml">
<head>
<meta http-equiv = "Content-Type"  content = "text/html；charset = utf-8" />
<title>无标题文档</title>
<style type = "text/css">
#menu ｛
    background-color：#EBEBEB；
    width：78 px；
    border-top-width：1 px；
    border-right-width：1 px；
    border-left-width：1 px；
    border-top-style：solid；
```

```
        border-right-style:solid;
        border-left-style:solid;
        border-top-color:#ACACAC;
        border-right-color:#ACACAC;
        border-left-color:#ACACAC;
}
#menu ul {
        font-size:12 px;
        line-height:100%;
        margin:0 px;
        padding:0 px;
        list-style-type:none;
        text-align:center;
}
#menu ul li {
        border-bottom-width:1 px;
        border-bottom-style:solid;
        border-bottom-color:#ACACAC;
        position:relative;
}
a:link {
        color:#000;
        text-decoration:none;
        display:block;
        line-height:32 px;
}
a:hover {
        color:#F00;
        background-color:#FF3;
}
#menu ul li a ul {
        background-color:#EBEBEB;
        display:none;
        width:78 px;
```

```
        border-top-width:1 px;
        border-right-width:1 px;
        border-left-width:1px;
        border-top-style:solid;
        border-right-style:solid;
        border-left-style:solid;
        border-top-color:#ACACAC;
        border-right-color:#ACACAC;
        border-left-color:#ACACAC;
        position:absolute;
        left:78 px;
        top:-1 px;
}
#menu ul li a ul li {
        color:#000;
        line-height:32 px;
        height:32 px;
        border-bottom-width:1 px;
        border-bottom-style:solid;
        border-bottom-color:#ACACAC;
}
#menu ul li a:hover ul {
        display:block;
}
</style >
</head >

<body >
<div id = "menu" >
  <ul >
    <li > <a href = "#" >首         页</a > </li >
    <li > <a href = "#" >平面设计
      <ul >
        <li >招贴设计 </li >
```

```
        <li>海报设计</li>
      </ul>
    </a></li>
  <li><a href="#">网页设计</a></li>
  <li><a href="#">建筑设计</a></li>
  <li><a href="#">产品设计</a></li>
  </ul>
</div>
</body>
</html>
```

 学习单元6 相对定位、绝对定位

 学习目标

● 了解相对定位的相关知识

● 了解绝对定位的相关知识

 知识要求

在上一学习单元中，为了设置二级菜单的位置，涉及相对定位（relative）和绝对定位（absolute）的概念。

在这里，首先要明白文档流的概念。所谓文档流，就是文档中可显示对象在排列时所占用的位置。例如，块级元素，其所占位置就是一行。

事实上，在设置 CSS 规则的时候，发现"Position"有以下几种选择：relative；absolute；static；fixed。

一、相对定位（relative）

相对定位示例1 如图4—92 所示，当对象使用了 relative 后，它将出现在它所在的位置上，然后通过设置垂直或水平位置，让这个元素"相对于"它的起点进行移动。如果将 top 设置为20 像素，那么框将出现在原位置顶部下面20 像素的地方。如果将 left 设置为20

像素，那么会在元素左边创建 20 像素的空间，也就是将元素向右移动。

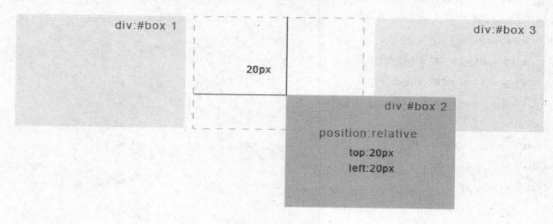

图 4—92　相对定位示例 1

当 Position 属性值为 relative 时，对象原来占有的位置保留，其后面的对象按原来文档流仍然保持原来的位置。

top 的值表示对象相对原位置向下偏移的距离；bottom 的值表示对象相对原位置向上偏移的距离；两者同时存在时，只有 top 起作用。left 的值表示对象相对原位置向右偏移的距离；right 的值表示对象相对原位置向左偏移的距离；当两者同时存在时，只有 left 起作用。

如果相对定位的对象有 padding、border 和 margin 时，定位的起点不受影响，还是原来物体的位置，如图 4—93 所示为相对定位示例 2。

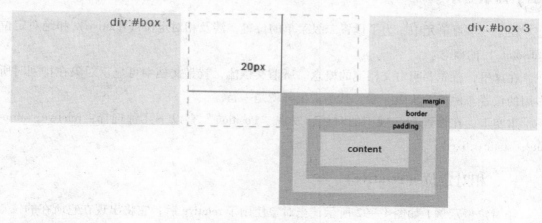

图 4—93　相对定位示例 2

二、绝对定位（Absolute）

绝对定位示例 1 如图 4—94 所示，当对象使用了 absolute 后，对象将不再占用文档流，如同被提取出来，浮动在所有元素之上，同时，后面的对象将忽略这个块级元素的文档流。

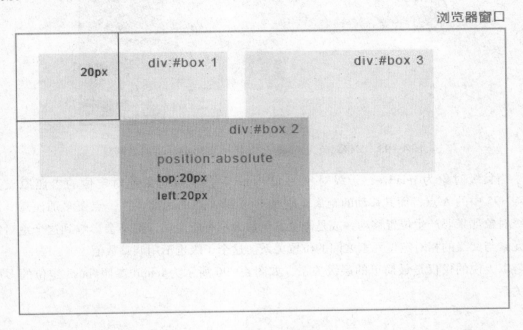

图 4—94　绝对定位示例 1

top 的值表示对象上边框与浏览器窗口顶部的距离；bottom 的值表示对象下边框与浏览器窗口底部的距离；两者同时存在时，只有 top 起作用；如果两者都未指定，则其顶端将与原文档流位置一致，即垂直保持位置不变。left 的值表示对象左边框与浏览器窗口左边的距离；right 的值表示对象右边框与浏览器窗口右边的距离；两者同时存在时，只有 left 起作用；如果两者都未指定，则其左边将与原文档流位置一致，即水平保持位置不变。

在 Position 属性值为 absolute 的同时，如果有父级对象，且父级对象的 Position 属性值为 relative 时，则上述的相对浏览器窗口定位将会变成相对父级对象定位，这对精确定位是很有帮助的。在制作纵向二级导航栏的时候，就是将一级菜单（父级对象）设置为 relative，二级菜单设置为 absolute，从而实现二级菜单的定位。

先来看看当父级对象为 relative，子级对象为 absolute 时的模型，如图 4—95 所示。

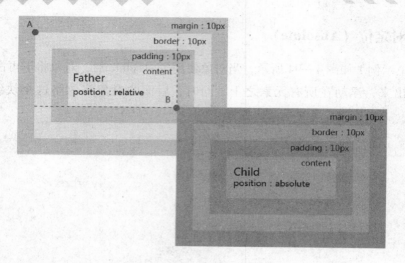

图 4—95　父级对象为 relative，子级对象为 absolute 时的模型

当父级对象为 relative，子级对象为 absolute 时，子级对象绝对定位的参照原点是图 4—95 中的 A 点，而其移动的距离，则是 B 点到 A 点的距离，这一点要多加注意。而父级对象如果要产生位置移动，或是浏览器窗口大小有所变动，都不会影响到这个绝对定位元素与父级的相对定位元素之间的位置关系。这个子级也不用调整数值。

以上说的仅仅是最简单的层级关系，如图 4—96 所示为#child 参照#box3 定位的多层级关系。

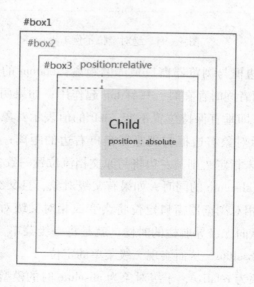

图 4—96　#child 参照#box3 定位

对于这种多层级关系，#child 是参照 #box3 定位的。而如图 4—97 所示的则是 #child 参照#box1 定位的。

由此可以看出，#child 的定位，是参照离它最近的父级参照物，并且该父级参照物必须设置为定位元素，才能实现定位。

当一个元素使用绝对定位后，它的位置将依据浏览器左上角开始计算，或相对于父级元素（在父级元素使用相对定位时）进行计算。绝对定位将使元素脱离文档流，因此不占据空间。普通文档流中元素的布局，就如同认为绝对定位的元素不存在一样。因为绝对定位的边框与文档流无关，所以它们可以覆盖页面上的其他元素。

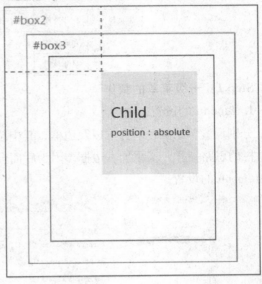

图 4—97　#child 参照#box1 定位

浮动元素也脱离文档流，并尽可能远的移动至左侧或者右侧，文字内容则会围绕在浮动元素周围。当一个元素从正常文档流中抽出后，仍然在文档流中的其他元素将忽略该元素，并填补它原先的空间。

一个元素浮动或绝对定位后，它将自动转换为块级元素，而不论该元素本身是什么类型。

 学习单元 7　横向导航栏和二级下拉菜单制作

 学习目标

- 能够制作横向导航栏和二级下拉菜单

 技能要求

之前学习了制作纵向导航栏，再加上先前对 float 属性的了解，那么要实现横向导航栏就变得非常简单了，只需要把 li 横向排列就可实现了。

最终效果如下所示：

其中，每个栏目宽 80 px，高 32 px，文字大小为 12 px。

网页设计	图片处理	交互设计	信息设计	用户体验
	色彩调整			
	尺寸裁切			

Step 1：一级菜单的制作

1. #menu 的设置

分别设置背景颜色、方框以及边框，其中总宽度：80×5＝400 px，边框和之前制作纵向导航栏的思路一样，不添加右边框，因为后面会为每一栏的右边增加分割线，如图 4—98 所示为#menu 的设置。

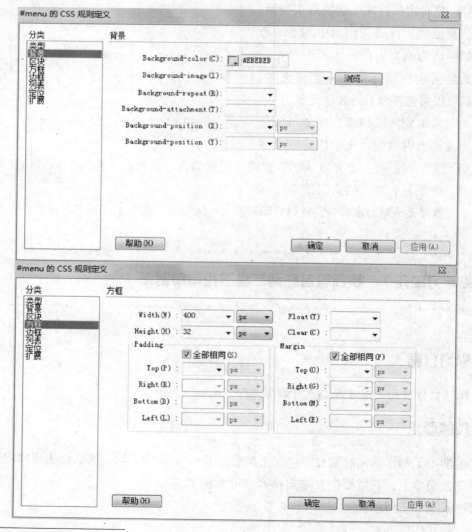

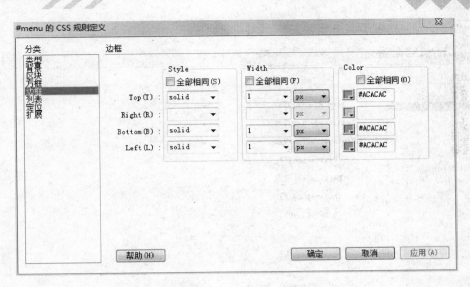

图 4—98 #menu 的设置

2. #menu ul 的设置

为了使文字垂直居中，这里将 Line-heigh 的高度设置成和 Content 的高度一致，#menu ul 的其他设置如图 4—99 所示。

图中对话框内容：

#menu ul 的 CSS 规则定义

分类
类型
背景
区块
方框
边框
列表
定位
扩展

类型

Font-family(F)：

Font-size(S)：12 px   Font-weight(W)：

Font-style(T)：   Font-variant(V)：

Line-height(I)：32 px   Text-transform(R)：

Text-decoration(D)：☐ underline(U)   Color(C)：
☐ overline(O)
☐ line-through(L)
☐ blink(B)
☐ none(N)

帮助(H)   确定 取消 应用(A)

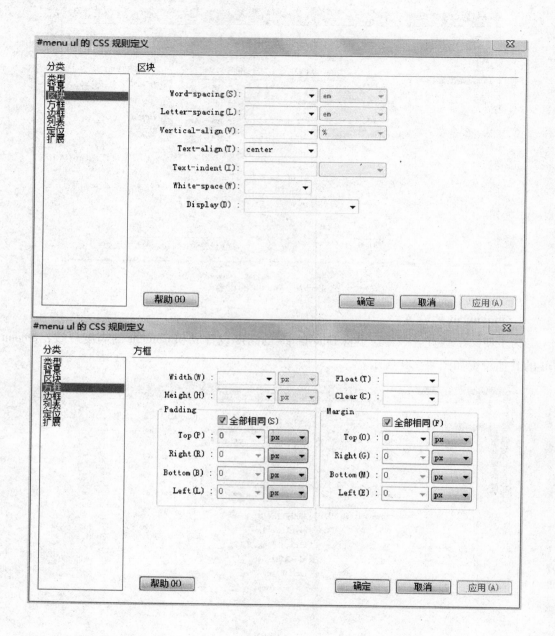

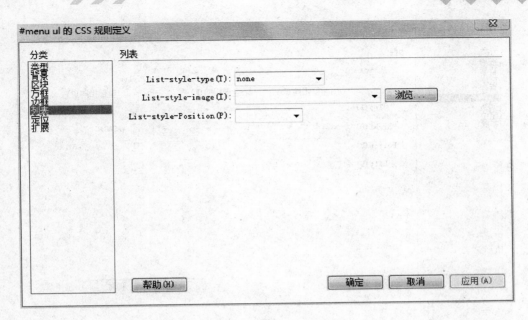

图 4—99　#menu ul 的设置

3. #menu ul li：的设置（见图 4—100）

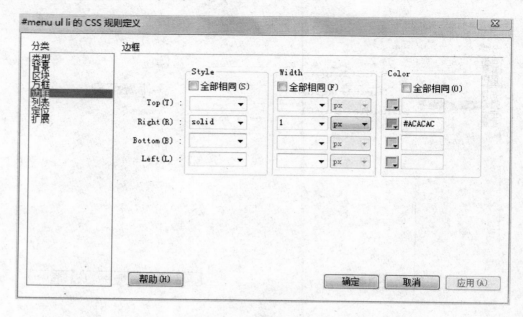

图4—100 #menu ul li：的设置

4. a:link：的设置（见图4—101）

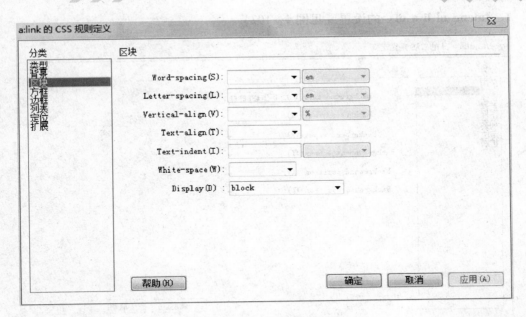

图4—101 a:link：的设置

此时，一级菜单制作完毕，效果如下：

| 网页设计 | 图片处理 | 交互设计 | 信息设计 | 用户体验 |

Step 2：二级菜单的制作

接下来，在"图片处理"的li下面插入二级菜单ul，使二级菜单ul成为"图片处理"列表项的子级对象。插入的方法和之前制作纵向导航栏的二级菜单时的方法相同，这里不再赘述。但是，在这里建议直接在"代码"窗口编写代码来完成，以便理解它们的关系。代码如下：

```
<li><a href = "#">图片处理
    <ul>
        <li>色彩调整</li>
        <li>尺寸裁切</li>
    </ul>
</a></li>
```

1. #menu ul li a ul：的设置（见图4—102）

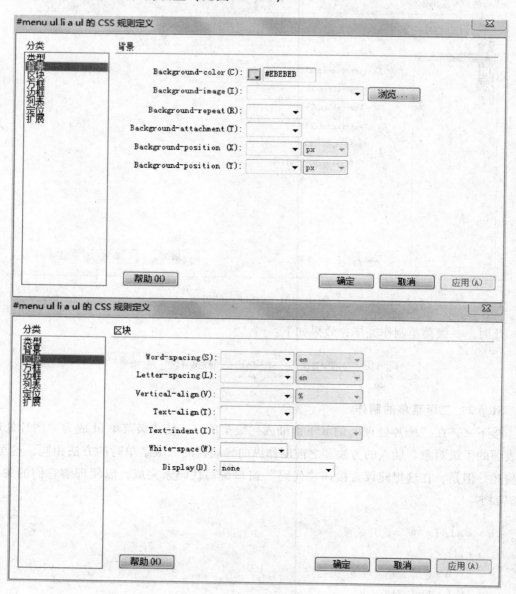

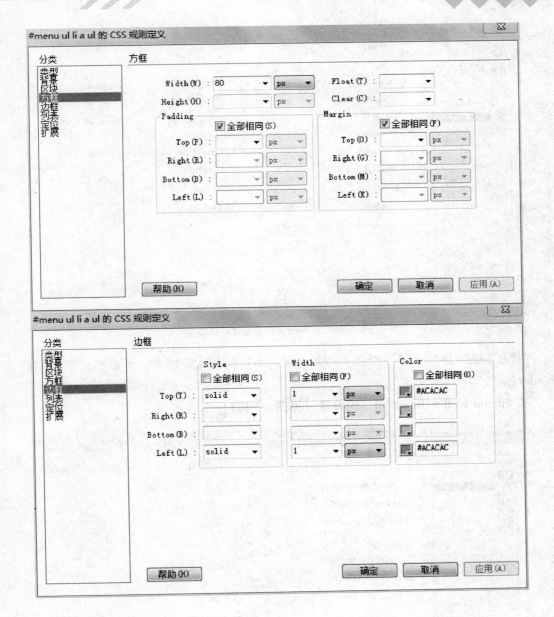

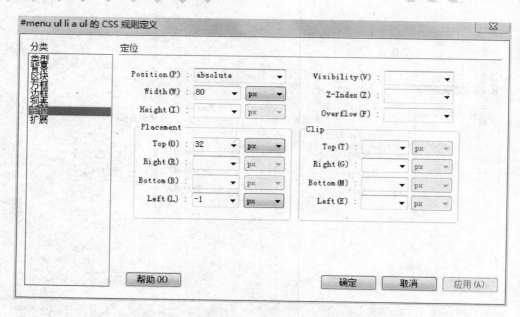

图4—102　#menu ul li a ul：的设置

因为二级菜单继承了一级菜单（#menu ul li）的样式，因此，不再需要设置右侧的border了。

2. #menu ul li a：hover ul：的设置（见图4—103）

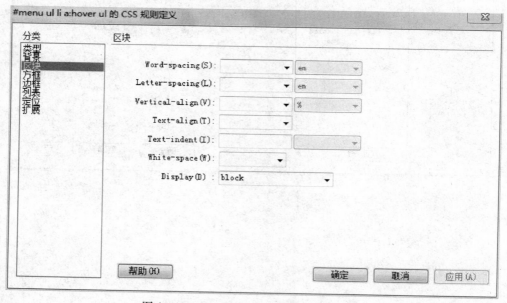

图4—103　#menu ul li a：hover ul：的设置

　　至此，横向导航栏和二级下拉菜单制作完毕，全部代码如下：

```
<! DOCTYPE html PUBLIC "-//W3C//DTD XHTML 1.0 Transitional//EN"
"http://www.w3.org/TR/xhtml1/DTD/xhtml1-transitional.dtd">
<html xmlns="http://www.w3.org/1999/xhtml">
<head>
<meta http-equiv="Content-Type" content="text/html;charset=utf-8" />
<title>无标题文档</title>
<style type="text/css">
#menu {
    background-color:#EBEBEB;
    height:32px;
    width:400px;
    border-top-width:1px;
    border-bottom-width:1px;
    border-left-width:1px;
    border-top-style:solid;
    border-bottom-style:solid;
    border-left-style:solid;
    border-top-color:#ACACAC;
    border-bottom-color:#ACACAC;
    border-left-color:#ACACAC;
}
#menu ul {
    font-size:12px;
    line-height:32px;
    list-style-type:none;
    margin:0px;
    padding:0px;
    text-align:center;
}
#menu ul li {
    float:left;
    border-right-width:1px;
    border-right-style:solid;
```

```
        border-right-color:#ACACAC;

        width:79px;

        position:relative;

}

#menu ul li a ul {

        background-color:#EBEBEB;

        width:80px;

        border-top-width:1px;

        border-left-width:1px;

        border-top-style:solid;

        border-left-style:solid;

        border-top-color:#ACACAC;

        border-left-color:#ACACAC;

        position:absolute;

        left:-1px;

        top:32px;

        display:none;

}

a:link {

        color:#000;

        text-decoration:none;

        line-height:32px;

        display:block;

}

#menu ul li a ul li {

        height:32px;

        border-bottom-width:1px;

        border-bottom-style:solid;

        border-bottom-color:#ACACAC;

}

#menu ul li a:hover ul {

        display:block;

}

</style>
```

```
</head>
<body>
<div id = "menu">
  <ul>
    <li>网页设计</li>
    <li><a href = "#">图片处理
      <ul>
        <li>色彩调整</li>
        <li>尺寸裁切</li>
      </ul>
    </a></li>
    <li>交互设计</li>
    <li>信息设计</li>
    <li>用户体验</li>
  </ul>
</div>
</body>
</html>
```

 学习单元 8   优化导航栏

 学习目标

- 掌握优化导航栏的方法
- 能够优化导航栏

 知识要求

优化导航栏的实质，其实就是制作自定义按钮，之前学习了如何把超链接转换为块级元素，有了这个知识，制作按钮就非常简单了。

一般情况下，按钮分为四种状态，这和超链接伪类是对应的，但在实际制作的过程中，往往制作三种状态：未单击时、悬停时和单击时，如下所示：

这里要强调的是，所有的背景图片必须使用英文命名，否则会因为浏览器的兼容问题而造成图片无法被识别，这一点一定要牢记。

 目前流行的 CSS + DIV 的命名规则

div ID 命名：

- 页头：header
- 登录条：loginBar
- 标志：logo
- 侧栏：sideBar
- 广告：banner
- 导航：nav
- 子导航：subNav
- 菜单：menu
- 子菜单：subMenu
- 搜索：search
- 滚动：scroll
- 页面主体：main
- 内容：content
- 标签页：tab
- 文章列表：list
- 提示信息：msg
- 小技巧：tips
- 栏目标题：title
- 友情链接：friendLink
- 页脚：footer
- 加入：joinus
- 指南：guild

- 服务：service
- 热点：hot
- 新闻：news
- 下载：download
- 注册：regsiter
- 状态：status
- 按钮：btn
- 投票：vote
- 合作伙伴：partner
- 版权：copyRight

CSS ID 的命名：

- 外套：wrap
- 主导航：mainNav（globalNav）
- 子导航：subNav
- 页脚：footer
- 整个页面：content
- 页眉：header
- 商标：label
- 标题：title
- 顶导航：topNav
- 边导航：sidebar
- 左导航：leftsideBar
- 右导航：rightsideBar
- 标志：logo
- 标语：banner
- 菜单1内容：menu1Content
- 菜单1容量：menu1Container
- 子菜单：submenu
- 边导航图标：sidebarIcon
- 注释：note

- 面包屑：breadCrumb（即页面所处位置导航提示）
- 容器：container
- 内容：content
- 搜索：search
- 登陆：login
- 功能区：shop（如购物车、收银台）
- 当前的：current

样式文件命名：

- 全站标签默认样式：general. css 或 global. css
- 布局版式设计样式：layout. css 或 container. css
- 通用样式（如文字、表单等）：style. css
- 专栏/频道样式：columns. css
- 打印输出样式：print. css
- 主题模板样式：themes. css

按钮的三种形态，实际上就是三种背景图片和文字的转换，因此制作的思路应该是：

首先建立 #button，确定按钮大小和位置；然后依次建立 #button a：link、#button a：hover、#button a：active 的 CSS 规则，为三种效果分别设置背景图片和文字版式。

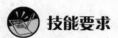

技能要求

优化导航栏

Step 1：插入 div #button，确定按钮大小和按钮内文字的版式，设置按钮尺寸如图 4—104 所示，也是按钮背景图片的尺寸。

设置类型如图 4—105 所示，将 Line-height 设置成和 Content width 一样，目的是使按钮上的文字垂直居中。

图 4—104　设置按钮尺寸

图 4—105　设置类型

Step 2：#button a:link：的设置

设置按钮在 link 状态下的文字颜色和样式、背景图片等，如图 4—106 所示。注意，虽然图片和按钮是刚好匹配的，但是这里仍要设置成【no-repeat】，这是出于兼容性的考虑，设置文字居中。

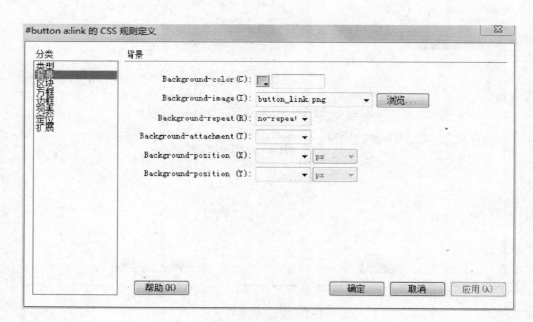

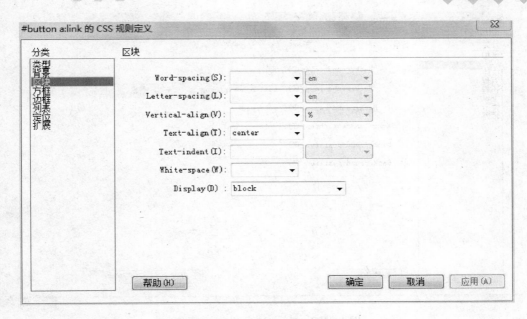

图 4—106　#button a:link：的设置

Step 3：#button a:hover：的设置（见图 4—107）

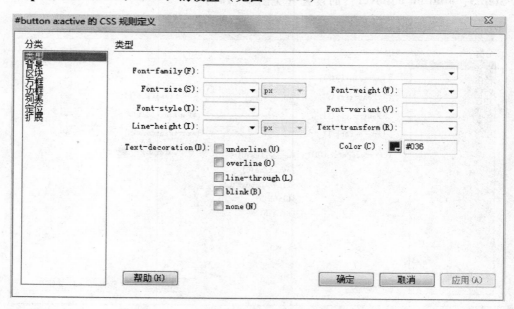

图4—107   #button a:hover：的设置

Step 4：#button a:active：的设置（见图4—108）

这样，一个按钮的三种状态就完成了，也可以把这种方法运用到之前做的菜单栏中，来美化菜单，但是要注意的是：

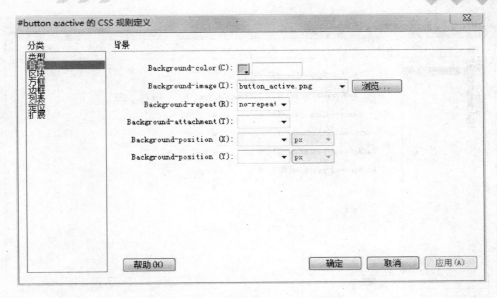

图 4—108   #button a：active：的设置

● 背景图片的命名必须是英文。
● 有背景图片时，背景颜色要设置成默认。

 提高

　　上述美化导航栏，并不是最好的方法，因为网页中会插入形形色色的图片，一个按钮就需要三张背景图片，这对于格外重视文件大小的网页设计而言，文件有些过于庞大了。因此，往往将同一按钮的所有状态图片拼合在一起，然后通过移动拼合的背景图片，来控制图片显示的区域，效果如下：

　　利用刚才做的按钮稍加修改。其中#button a：link：的设置如图 4—109 所示。
　　将背景替换成拼合的图片后，需要通过设置【Background-position】来移动图片，其中，上面的【Background-position】表示距左移动多少距离（px），下面的表示距上移动多

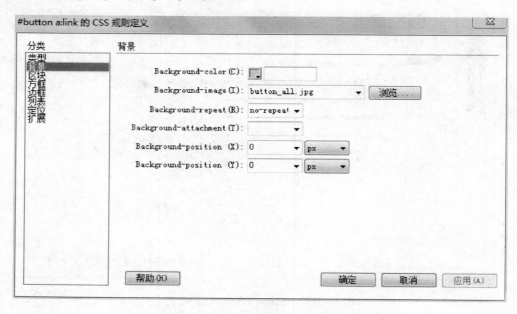

图4—109　#button a:link：的设置修改

少距离（px），而移动的原点是图片的左上角。

如图4—110所示，为#button a:hover：的设置修改。而#button a:active：的设置修改如图4—111所示。

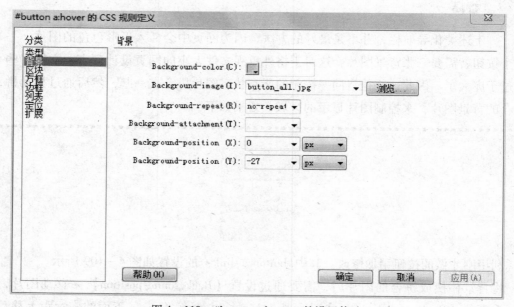

图4—110　#button a:hover：的设置修改

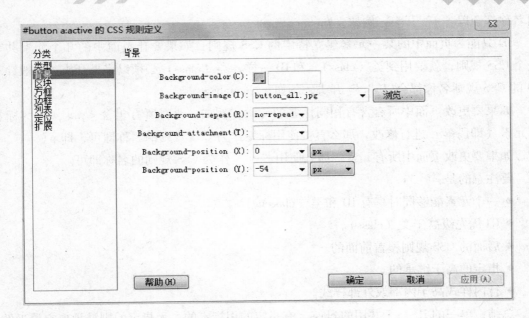

图 4—111　#button a:active：的设置修改

第 7 节　更 好 地 设 计

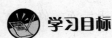

学习目标

- 了解 ID、类（class）和标签
- 了解 CSS 规则的优先级
- 了解关于嵌套和标签使用的注意事项

知识要求

一、ID、类（class）和标签

在之前的学习当中广泛使用了 ID，例如，每次新建 div 的时候，总要定义一个 ID；ID
是独一无二的，同一个 ID 在每个页面上只能出现一次；同时，ID 必须以字母开头。有了
ID，就能为特定的某一元素建立 CSS 规则，而不会影响其他元素，一般针对 ID 的 CSS 规

则名称都会以"#"开头，例如，#menu。

ID 只能为页面中的某一元素建立特定的 CSS 规则，如果要让页面中的几个元素共享一个 CSS 规则，就要用到类（class）。和 ID 一样，类（class）必须以字母开头。一般针对 ID 的 CSS 规则名称都会以"."开头，例如，.homepage。

如果要更改页面中所有含有相同标签的元素，例如，要对所有包含 <p> </p> 标签的元素（即段落）进行修改，那么直接使用标签作为 CSS 规则的名称即可，即 p。

如果要更改页面中所有元素，那么使用"*"作为 CSS 规则的名称即可。

要注意的是：

● 一个元素能够同时享有 ID 和类（class）。

● ID 优先级高于类（class）。

● 后面的 CSS 规则覆盖前面的。

● 指定的高于继承的。

● 行内样式高于内部或外部样式。

总结：单一的 ID 高于共用的 class，有指定的用指定的，无指定的则继承离它最近的。

二、标签的使用

初学者设计的时候经常会犯一个错误：过度使用标签，并使用复杂的嵌套。

尽管在布局时，往往需要使用大量的标签，最常见的就是 div 标签，但是，必须确保这些标签都是必要的、不可或缺的。

另外，尽可能少地使用嵌套，例如，不要在一个 div 内嵌套多个层级的 div。

这样做不仅能让文件小巧（即意味着网页打开的速度更快），还易于后面的修改和维护。

要避免上面的错误，需要更加严谨地审视页面中的每个元素，找到能确切表达的最适合的标签和方法。

第 5 章

表单验证

第 1 节　表单设计　／ 256

第 2 节　JavaScript　／ 282

第 3 节　表单验证　／ 353

第 1 节　表 单 设 计

 学习单元 1　简单表单的创建

 学习目标

- 认识表单
- 熟悉掌握表单的构成
- 了解表单在网页中的作用
- 能够使用 Adobe Dreamweaver CS5 创建简单的表单

 知识要求

一、表单概述

表单可以认为是从网站访问者那里收集信息的重要方法之一，也是网站访问者同服务器进行信息交流的最重要工具之一。它可以在访问者登记注册免费邮件时用来收集一些必须的个人资料；它可以在电子商城购物时收集每个网上顾客具体购买的商品信息；它可以在访问者使用搜索引擎查找信息时，收集要查询的关键词并将它们提交到服务器上；它可以收集微博用户发布的即时消息并将它们提交到服务器上等。

通常一个表单中会包含多个对象，有时它们也被称为控件，如用于输入文本的文本域、用于发送命令的按钮、用于选择项目的单选按钮和复选框以及用于显示选项列表的列表框等。

表单收集信息的一般过程如下：

1. 访问者在浏览有表单的网页时，可填写必需的信息，然后单击某个提交信息的按钮。

2. 通过客户端的脚本语言做一些信息合法性校验，如有错误，提示修改；如没有错误，将这些信息通过 Internet 传送到服务器上。

3. 服务器上有对应的脚本或应用程序对这些数据进行处理，如果有错误会返回错误信息，并要求纠正错误。

4. 当数据完整无误后，服务器反馈一个输入完成的信息。

 特别提示：

　　表单是网页所包含的元素之一，如同 HTML 表格。表单与表格的不同之处是在页面中可以插入多个表单，但是不可以像表格一样嵌套表单。

二、认识表单控件

　　表单控件是允许访问者在表单中输入信息的元素，如文本域、下拉列表、单选框、复选框等。

　　在 Dreamweaver CS5 的"插入"面板上有一个"表单"选项卡，在"表单"选项卡中，可以看到在网页中插入的所有表单元素，如图 5—1 所示。

图 5—1　"表单"选项卡

对"表单"选项卡的说明如下：

①——在网页中插入一个表单域。所有表单元素要想发挥作用，就必须存在于表单域中。

②——在表单域中插入一个可以输入一行文本的文本域，它可以接收任何类型的文本、字母与数字内容，可以以明文方式显示，也可以以密码方式显示。而以密码方式显示的时候，在文本域中输入的文本都会以星号或项目符号方式显示。这样可以避免其他访问者看到这些文本信息。

③——在表单域中插入一个可输入多行文本的文本域，其实就是一个属性为多行的文本域。

④——在表单域中插入一个按钮。单击它可以执行某一脚本或程序，例如，【提交】或【重置】按钮，并且访问者还可以自定义按钮的名称和标签。

⑤——在表单域中插入一个复选框。复选框允许访问者在一组选项框中选择多个适用的选项。

⑥——在表单域中插入一个单选按钮。单选按钮代表互相排斥的选择。在某一个单选按钮组中选择一个按钮，该组中的其他按钮将被取消选择。

⑦——在表单域中插入一个列表或一个菜单，访问者可以从该列表框中选择多个选项。"菜单"选项则是在一个菜单中显示选项值，访问者只能从中选择单个选项。

⑧——在表单中插入一个文本字段和一个【浏览】按钮。访问者可以使用文件域浏览本地计算机上的某个文件，并将该文件作为表单数据上传。

⑨——在表单域中插入一个可放置图像的区域。放置的图像可用于生成图形化的按钮，例如，【提交】或【重置】按钮。

⑩——在表单中插入一个隐藏域。隐藏域是用来收集或发送信息的不可见元素，对于网页的访问者来说，隐藏域是看不见的。当表单被提交时，隐藏域就会将信息用网页设计者设置时定义的名称和值发送到服务器上。

⑪——在表单域中插入一组单选按钮，也就是直接插入多个（两个或两个以上）单选按钮。

⑫——在表单域中插入一组复选框，复选框组能够一起添加多个复选框。在复选框组对话框中，可以添加或删除复选框的数量，在"标签"和"值"列表框中可以输入需要更改的内容。

⑬——在表单中插入一个可以进行跳转的菜单，它使网页设计者可以插入一种菜单，这种菜单中的每个选项都拥有链接属性，单击即可跳转至链接属性所指向的其他网页或文件。

⑭——字段集 fieldset 元素作用是将它所包围的元素用线框衬托出来，用于与其他元素分开。

⑮—— < label > 标签为 input 元素定义标注（标记）。label 元素不会向访问者呈现任何特殊效果。不过，它为鼠标访问者改进了可用性。如果在 label 元素内单击文本，就会

触发此控件。就是说，当访问者选择该标签时，浏览器就会自动将焦点转到和标签相关的表单控件上。

⑯——Spry 验证文本域是在表单域中插入一个具有验证功能的文本域，该文本域用于访问者输入文本时显示文本的状态（有效或无效）。例如，可以向访问者输入电子邮件地址的文本域中添加验证文本域构件，如果访问者没有在电子邮件地址中输入"@"符号和"."句点，验证文本域构件会返回一条消息，提示访问者输入的信息无效。

⑰——Spry 验证文本区域构件是一个文本区域，该区域在访问者输入几个文本句子时显示文本的状态（有效或无效）。如果文本域是必填域，而访问者没有输入任何文本，该Spry 构件将返回一条消息，提示必须输入值。

⑱——Spry 验证复选框构件是 HTML 表单中的一个或一组复选框。该复选框在访问者选择或没有选择复选框时，会显示构件的状态（有效或无效）。例如，可以向表单中添加Spry 验证复选框构件，该表单可能会要求访问者进行三项选择，如果访问者没有进行这三项选择，该构件会返回一条消息，提示不符合最小选择数要求。

⑲——Spry 验证选择构件是一个下拉菜单，该菜单在访问者进行选择时，会显示构件的状态（有效或无效）。例如，可以插入一个包含状态列表的 Spry 验证选择构件，这些状态按不同的部分组合并用水平线分隔。如果访问者意外选择了某条分界线而不是某个状态，Spry 验证选择构件会向访问者返回一条消息，提示选择无效。

⑳——Spry 验证密码构件是一个密码文本域，可以用于强制执行密码规则，例如，字符的数目和类型。该 Spry 构件根据访问者的输入情况提示警告或错误信息。

㉑——Spry 验证确认构件是一个文本域或密码域，当访问者输入的值与同一表单中类似域的值不匹配时，该 Spry 构件将显示有效或无效状态。例如，可以向表单中添加一个Spry 验证确认构件，要求访问者重新输入在一个域中指定的密码，如果访问者并没有正确输入之前设定的密码，构件返回错误信息，提示两个值不匹配。

㉒——Spry 验证单选按钮组构件是一组单选按钮，可以支持对所选内容进行验证，该Spry 构件可以强制从组中选择一个单选按钮。

 学习单元2　表单及表单项的属性

 学习目标

● 熟练掌握表单 form 的重要属性的作用和如何进行赋值

- 熟练掌握 input 类型表单控件的创建方法和主要属性的作用
- 熟练掌握 select 类型表单控件的创建方法和主要属性的作用
- 熟练掌握 textarea 类型表单控件的创建方法和主要属性的作用

 知识要求

学习 HTML 表单（form）最关键要掌握的有三个要点：表单控件（Form Controls）、action 以及 method，下文进行详细的阐述。

一、表单控件

表单控件（Form Controls）就是通过 HTML 表单的各种控件，访问者可以输入文字信息，或者从选项中选择，以及做提交的操作。比如，input type = " text" 就是一个表单控件，表示一个单行输入框。

包含一个简单的文本框控件的表单如下：

```
< form >
请输入你的名字：
< input type = " text"  name = " firstname" / >
< br / >
</ form >
```

```
<!DOCTYPE html PUBLIC "-//W3C//DTD XHTML 1.0
Transitional//EN"
"http://www.w3.org/TR/xhtml1/DTD/xhtml1-transitional.dtd">
<html xmlns="http://www.w3.org/1999/xhtml">
<head>
<meta http-equiv="Content-Type" content="text/html;
charset=utf-8" />
<title>无标题文档</title>
</head>
<body>

<form>
请输入你的名字：
<input type="text" name="firstname" />
<br />
</form>

</body>
</html>
```

请输入你的名字：

1. action

访问者填入表单的信息总是需要服务器端的脚本或程序接收并进行处理，表单里的 action 就指明了当提交表单时，向何处发送表单数据。

```
< form action = "/text. php" >
 你的姓：< input type = " text"  name = " fname" / > < br / >
```

```
你的名：< input type = " text" name = " lname" / > < br / >
 < input type = " submit" value = " 提交" / >
</form >
```

```
<!DOCTYPE html PUBLIC "-//W3C//DTD XHTML 1.0
Transitional//EN"
"http://www.w3.org/TR/xhtml1/DTD/xhtml1-transitional.dtd">
<html xmlns="http://www.w3.org/1999/xhtml">
<head>
<meta http-equiv="Content-Type" content="text/html;
charset=utf-8" />
<title>无标题文档</title>
</head>
<body>

<form action="/text.php">
  你的姓: <input type="text" name="fname" /><br />
  你的名: <input type="text" name="lname" /><br />
  <input type="submit" value="提交" />
</form>
</body>
</html>
```

你的姓
你的名
提交

上面的表单中的 < form action = " /text. php" > 就表明当单击【提交】按钮时，会将该表单填写的数据提交给服务器网站根目录下的 " text. php" 文件来处理。

2. method

method 规定如何发送表单数据。method 有两个值，即 get 和 post。get 的方式是将表单控件的 name/value 信息经过编码之后，在地址栏里通过 URL 发送。而 post 则将表单的内容通过 http 发送，在地址栏看不到表单的提交信息。

如果表单处理服务器既支持 post 方法又支持 get 方法，本书介绍有关这方面的一些规律：

如果希望获得最佳表单传输性能，可以采用 get 方法发送只有少数简短字段的小表单。但是一些服务器操作系统在处理可以立即传递给应用程序的命令行参数时，会限制其数目和长度，在这种情况下，对那些有许多字段或是很长的文本域的表单来说，就应该采用 post 方法来发送。

如果在编写服务器端的表单处理应用程序方面经验不足，应该选择 get 方法。如果采用 post 方法，就要在读取和解码方法做些额外的工作，也许这并不很难，但是也许设计师不太愿意去处理这些问题。

如果安全性是要考虑的重要因素，那么建议选用 post 方法。get 方法将表单参数直接放在应用程序的 URL 中，这样网络窥探者可以很轻松地捕获它们，还可以从服务器的日志文件中进行摘录。如果参数中包含了信用卡账号这样的敏感信息，就会在不知不觉中危及访问者的信息安全。而 post 应用程序就没有安全方面的漏洞，在将参数作为单独的事务传输给服务器进行处理时，还可以采用加密的方法。

如果想在表单之外调用服务器端的应用程序，而且包括向其传递参数的过程，就要采用 get 方法，因为该方法允许把表单这样的参数包括进来作为 URL 的一部分。而另一方面，使用 post 样式的应用程序却希望在 URL 后还能有一个来自浏览器额外的传输过程，其中传输的内容不能作为传统 < a > 标签的内容。

看看 get 是如何提交 form 数据的。先写一个 HTML 文件，如下：

```
< html >
< head >
</head >
< body >
< form action = "get. php"  method = "get" >
名字: < input type = "text"  name = "username" / >
< input type = "submit"  value = "提交" / >
</form >
</body >
</html >
```

通过浏览器打开后，在文本域内填入"John"，然后单击【提交】按钮，可以看到在浏览器地址栏里的 URL 是：http：//localhost：8080/get. php?username = John

注意"get. php"后面的字符串"？username = John"，这是一对"name/value"数据，前面加一个问号。

如果将 form 改成 method = "post"，在浏览器地址栏就看不到这对 name/value 数据，而只有：http://localhost：8080/get. php

使用 get 时，第一对"name/value"值前要加一个问号，以后每对"name/value"值则要用 & 分开。比如一个 form 中有三个参数，如下：

```
< form action = "u. php"  method = "get" >
名字: < input type = "text"  name = "username" / >
年龄: < input type = "text"  name = "age" / >
年级: < input type = "text"  name = "grade" / >
< input type = "submit"  value = "ok" / >
</form >
```

比如在名字项填写 John，年龄项填写 25，年级项填 3，提交之后的 URL 显示为：

http：//localhost：8080/get. php? username＝John&age＝25&grade＝3

二、表单项属性之 form 控件

表单域是表单中必不可少的一项元素，所有的表单元素都要放在表单域中才会有效，制作表单页面的第一步就是插入表单域。

表单域是一个包含表单元素的区域。表单使用表单标签（＜form＞）定义。

```
＜form＞
…
 代码块
…
＜/form＞
```

在 Adobe Dreamweaver CS5 中插入表单的操作如下：

1. 新建 html 文件

打开 Adobe Dreamweaver CS5，单击【新建】＞【HTML】，如图 5—2 所示。

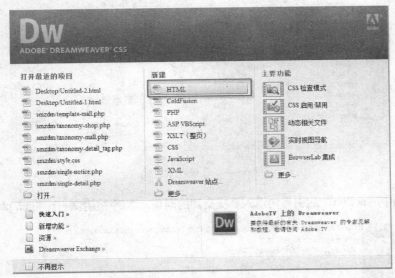

图 5—2　新建 html 文件

2. 插入表单控件

光标移到＜body＞与＜/body＞中间，打开菜单栏中【插入】＞【表单】，选择【表单】，则在文中插入一个表单，如图 5—3 所示。

3. 设置表单属性

在弹出的对话框中选择表单属性，如图 5—4 所示。

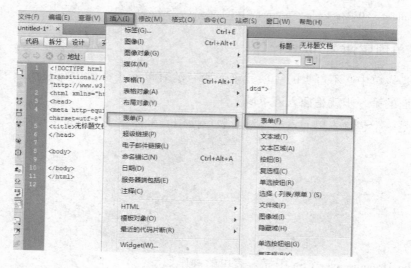

图 5—3　插入表单控件

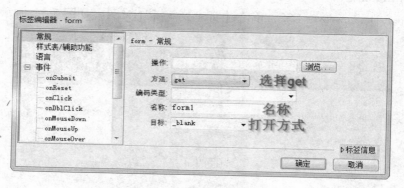

图 5—4　设置表单属性

4. 在代码中"action"后引号内填入要提交到的网页，本例中虚拟一个"get.php"，如下：

```
4   <meta http-equiv="Content-Type" content="text/html;
    charset=utf-8" />
5   <title>无标题文档</title>
6   </head>
7
8   <body>
9   <form action="get.php" method="get" name="form1" target=
    "_blank"></form>
10  </body>
11  </html>
12
```

表单建立完毕，其他表单属性见表 5—1。

表 5—1 　　　　　　　　　　　　　　　表单属性

属性	值	描述
必需的属性		
action	*URL*	规定当提交表单时，向何处发送表单数据
可选的属性		
accept	*MIME_ type*	规定通过文件上传来提交的文件的类型
accept-charset	*charset*	服务器处理表单数据所接受的字符集
enctype	*MIME_ type*	规定表单数据在发送到服务器之前应该如何编码
method	get	规定如何发送表单数据
	post	
name	*name*	规定表单的名称
target	_ blank	规定在何处打开 action URL
	_ parent	
	_ self	
	_ top	
	framename	

三、表单项属性的 input 控件

　　< input > 标签用于搜集访问者信息。根据不同的 type 属性值，输入字段有很多种形式。输入字段可以是文本字段、复选框、掩码后的文本控件、单选按钮、按钮等。< input >控件的 type 属性见表 5—2。

表 5—2 　　　　　　　　　　< input >控件的 type 属性

表单控件（Form Control）	作用
< input type = "text" / >	单行的文本输入区域
< input type = "password" / >	密码输入区
< input type = "button" / >	按钮
< input type = "checkbox" >	复选框
< input type = "hidden" / >	隐藏区域
< input type = "radio" / >	单选按钮类型
< input type = "image" src = "URL" / >	使用图像来代替 Submit 按钮

1. ＜input type = "text"／＞控件

在 HTML 页面创建文本域，访问者可以在文本域写入文本。

（1）在上一个表单基础上，光标移动到 form 标签中间，打开菜单栏中【插入】＞【表单】＞【文本域】，如图5—5所示。

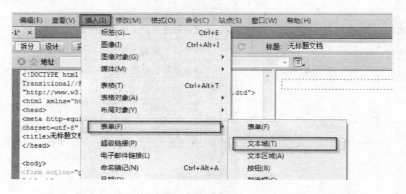

图5—5　选择【文本域】

（2）在弹出的对话框中选择文本域属性，如图5—6所示。

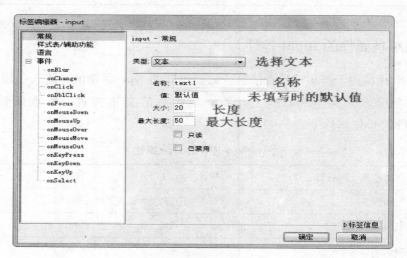

图5—6　选择文本域属性

一个文本域建立完毕，效果如下：

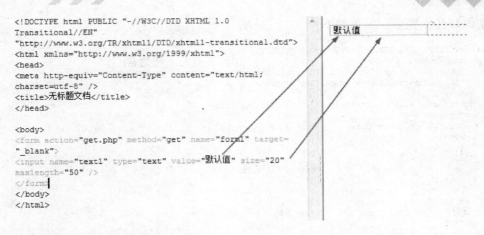

```
<!DOCTYPE html PUBLIC "-//W3C//DTD XHTML 1.0
Transitional//EN"
"http://www.w3.org/TR/xhtml1/DTD/xhtml1-transitional.dtd">
<html xmlns="http://www.w3.org/1999/xhtml">
<head>
<meta http-equiv="Content-Type" content="text/html;
charset=utf-8" />
<title>无标题文档</title>
</head>

<body>
<form action="get.php" method="get" name="form1" target=
"_blank">
<input name="text1" type="text" value="默认值" size="20"
maxlength="50" />
</form>
</body>
</html>
```

默认值

2. < input type = "password"/ >

在输入框中输入的密码文本都会以星号或项目符号的方式显示,这样可以避免别的访问者看到这些文本信息。

(1) 按照上一个方法,写一个姓名文本域。

姓名:< input name = "username" type = "text" value = " " size = "20" maxlength = "50" / > < br / >
密码:

(2) 光标移到"密码:"后面,单击菜单栏中【插入】>【表单】>【文本域】。

(3) 在弹出的对话框中设置密码属性,如图5—7所示。

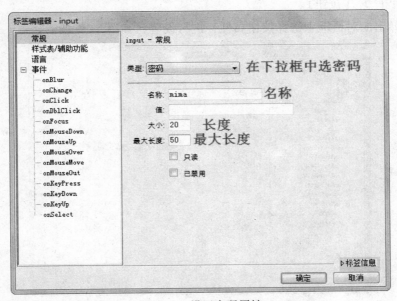

图 5—7　设置密码属性

密码域建立完毕，效果如下：

```
<!DOCTYPE html PUBLIC "-//W3C//DTD XHTML 1.0
Transitional//EN"
"http://www.w3.org/TR/xhtml1/DTD/xhtml1-transitional.dtd">
<html xmlns="http://www.w3.org/1999/xhtml">
<head>
<meta http-equiv="Content-Type" content="text/html;
charset=utf-8" />
<title>无标题文档</title>
</head>

<body>
<form action="get.php" method="get" name="form1" target=
"_blank">
姓名: <input name="username" type="text" value="" size="20"
maxlength="50" /><br />
密码: <input name="mima" type="password" size="20" maxlength
="50" />
</form>
</body>
</html>
```

姓名:
密码:

3. < input type = " button" / >

在表单域中插入一个按钮。单击它可以执行某一脚本或程序，例如，【提交】或【重置】按钮，并且访问者还可以自定义按钮的名称和标签。

> < input type = " button" value = " 你好!"/ >

（1）在上一个表单基础上，光标移到 < body > 与 </body > 中间，单击菜单栏中【插入】>【表单】>【按钮】。

（2）在弹出的对话框中选择按钮属性，进行设置，如图5—8所示。

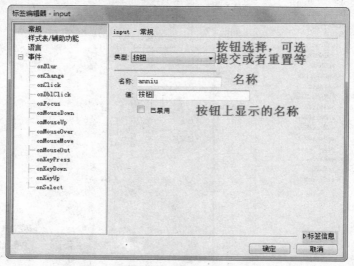

图5—8　设置按钮属性

效果如下：

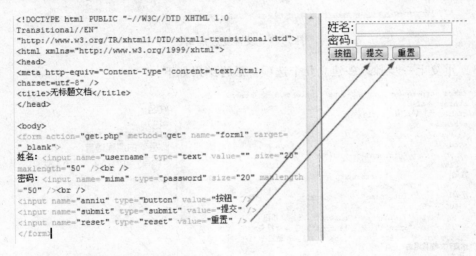

```
<!DOCTYPE html PUBLIC "-//W3C//DTD XHTML 1.0
Transitional//EN"
"http://www.w3.org/TR/xhtml1/DTD/xhtml1-transitional.dtd">
<html xmlns="http://www.w3.org/1999/xhtml">
<head>
<meta http-equiv="Content-Type" content="text/html;
charset=utf-8" />
<title>无标题文档</title>
</head>

<body>
<form action="get.php" method="get" name="form1" target=
"_blank">
姓名: <input name="username" type="text" value="" size="20"
maxlength="50" /><br />
密码: <input name="mima" type="password" size="20" maxlength
="50" /><br />
<input name="anniu" type="button" value="按钮" />
</form>
</body>
```

注：另外还有【提交】和【重置】按钮，效果如下：

```
<!DOCTYPE html PUBLIC "-//W3C//DTD XHTML 1.0
Transitional//EN"
"http://www.w3.org/TR/xhtml1/DTD/xhtml1-transitional.dtd">
<html xmlns="http://www.w3.org/1999/xhtml">
<head>
<meta http-equiv="Content-Type" content="text/html;
charset=utf-8" />
<title>无标题文档</title>
</head>

<body>
<form action="get.php" method="get" name="form1" target=
"_blank">
姓名: <input name="username" type="text" value="" size="20"
maxlength="50" /><br />
密码: <input name="mima" type="password" size="20" maxlength
="50" /><br />
<input name="anniu" type="button" value="按钮" />
<input name="submit" type="submit" value="提交" />
<input name="reset" type="reset" value="重置" />
</form>
```

4. < input type = "checkbox"/ >

复选框允许在一组选项框中选择多个选项，也就是说，访问者可以选择任意多个适用的选项。

（1）在上一个表单基础上，光标移到 </form > 前，添加如下语句：

你喜欢的编程语言：< br / >

C 语言：

单击菜单栏中【插入】>【表单】>【复选框】。

（2）在弹出的对话框中选择复选框属性，设置如图5—9所示。

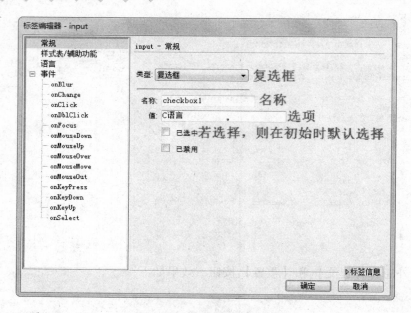

图5—9 设置复选框属性

（3）重复上一步骤，多建立几个选项。最终结果如下：

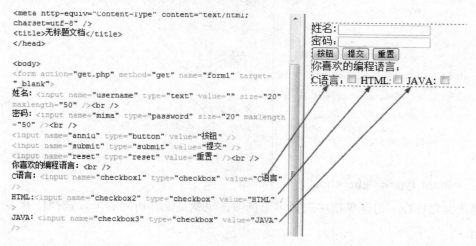

5. ＜input type = "hidden" ／＞

隐藏域是用来收集或发送信息的不可见元素，对于网页的访问者来说，隐藏域是看不见的。当表单被提交时，隐藏域就会将信息用访问者设置时定义的名称和值发送到服务器上。

＜input type = "hidden" name = "名称" value = "要传的值"/＞

（1）在上一个表单基础上，光标移到＜body＞与＜/body＞中间，单击菜单栏中【插入】＞【表单】＞【隐藏域】。

（2）在弹出的对话框中设置隐藏域属性，如图5—10所示。

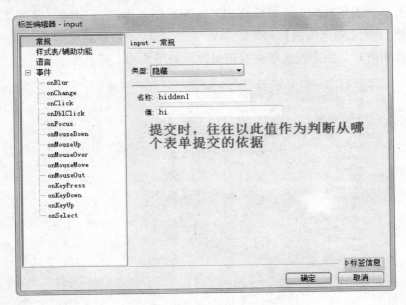

图 5—10　设置隐藏域属性

效果如下：

6. < input type = "radio"/ >

单选按钮代表互相排斥的选择。在某一个单选按钮组（由两个或多个共享同一名称的按钮组成）中选择一个按钮，就会取消选择该组中的其他按钮。

（1）在上一个表单基础上，光标移到 < body > 与 </body > 中间，单击菜单栏中【插入】>【表单】>【单选按钮】。

（2）在弹出的对话框中设置单选按钮属性，如图 5—11 所示。

图 5—11　设置单选按钮属性

（3）重复（2），多建立几个选项。最终结果如下：

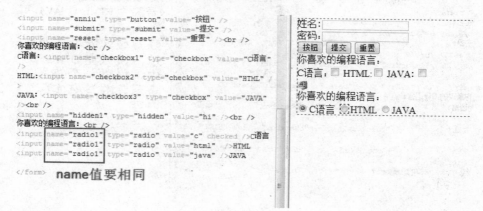

7. < input type = "image" src = "URL"/ >

在表单域中插入一个可放置图像的区域。放置的图像可用于生成图形化的按钮，例如，【提交】按钮。

（1）在上一个表单基础上，光标移到 </form > 之前，单击菜单栏中【插入】>【表单】>【图像域】。

（2）在弹出的对话框中设置图像域属性，如图 5—12 所示。

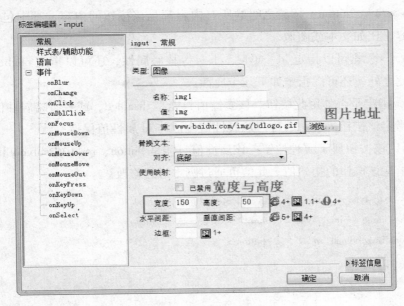

图 5—12　设置图像域属性

效果如下：

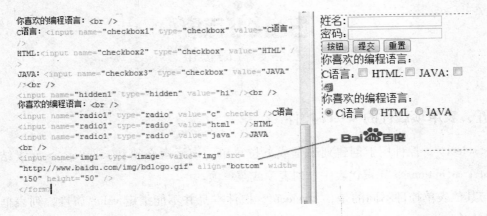

四、表单项属性的 button 控件

< button/ > 控件用于定义一个按钮，在 < button/ > 元素的内部可以包含文本、文本格式化标签、图像等内容，这也正是 < button/ > 按钮和 < input/ > 按钮的不同之处。

< button/ > 按钮与 < input type = "button" / > 相比，提供了更为强大的功能和更丰富的内容。

< button > 与 </button > 标签之间的所有内容都是该按钮的内容，其中包括任何可接受的正文内容，比如文本或图像。

< button / > 元素可以指定 id、style、class 等核心属性，还可以指定 onclick 等事件响应属性。除此之外，还可以指定如下几个属性：

disabled：指定是否禁用此按钮。该属性值只能是 disabled，或者省略属性值。

name：指定该按钮的唯一名称。该属性值应该与 id 属性值保持一致。

type：指定该按钮属于哪种按钮。该属性值只能是 button、reset 或 submit 其中之一。

value：指定该按钮的初始值。此值可通过脚本进行修改。

```
< button name = "txt"  type = "button" >包含文本 </button >
包含图像 < button name = "img"  type = "submit"  >  < img src = "http:
//www. baidu. com/img/bdlogo. gif" / > </button >
```

效果如下：

五、表单项属性的 select 控件

< select / > 控件用于创建列表框或下拉菜单，该元素必须和 < option/ > 元素结合使用，每个 < option/ > 元素代表一个列表项或菜单项。

与其他表单控件不同的是，< select/ > 控件本身并不能指定 value 属性，列表框或下拉菜单控件对应的参数值由 < option/ > 元素来生成，当访问者选中了多个列表项或菜单项

后，这些列表项或菜单项的 value 值将作为该 < select/ > 控件所对应的请求参数值。

< select/ > 控件可以指定 id、style、class 等核心属性，还可以指定 onchange 事件属性——当该列表框或下拉列表项内的选中选项发生改变时，触发 onchange 事件。除此之外，< select/ > 控件还可以指定如下几个属性：

disabled：设置禁用该列表框和下拉菜单，该属性的值只能是 disabled 或省略属性值。

multiple：设置该列表框和下拉菜单是否允许多选，该属性的值只能是 multiple，即表示允许多选。一旦设置允许多选，< select/ > 控件就会自动生成列表框。

size：指定该列表框内可同时显示多少个列表项。一旦指定该属性，< select/ > 元素就会自动生成列表框。

在 < select/ > 控件里，只能包含如下两种子控件：

< option >：用于定义列表框选项或菜单项。该元素里只能包含文本内容作为该选项的文本。< option/ > 控件可以指定 id、style、class 等核心属性，还可以指定 onclick 等事件响应属性。

< optgroup/ >：用于定义列表项或菜单项组。该元素里只能包含 < option/ > 子控件，处于 < optgroup/ > 里的 < option/ > 就属于该组。

< optgroup/ > 控件可以指定 id、style、class 等核心属性，还可以指定 onclick 等事件响应属性。除此之外，还可以指定如下两个属性：

label：指定该选项组的标签，这个属性必填；

disabled：设置禁用该选项组里的所有选项，该属性值只能是 disabled 或省略该属性值。

（1）在上一个表单基础上，光标移到 < body > 与 </body > 中间，单击菜单栏中【插入】>【表单】>【选择（列表/菜单）】。

（2）在弹出的对话框中设置选择项属性，如图 5—13 所示。

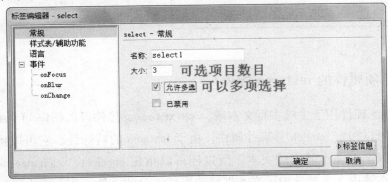

图 5—13　设置选择项属性

（3）然后在前后标签中加入＜option＞选项。单击 Dreamweaver 窗口下方【列表值】，如图 5—14 所示。

图 5—14　单击【列表值】

（4）在弹出的对话框中设置选择项列表值属性，如图 5—15 所示。

图 5—15　设置选择项列表值属性

效果如下：

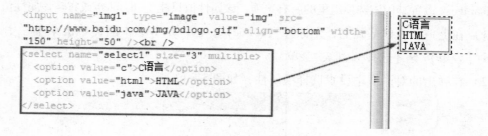

六、表单项属性的 textarea 控件

＜textarea/＞控件用于生成多行文本域，＜textarea/＞控件可以指定 id、style、class 等核心属性，还可以指定 onclick 等事件属性。由于 textarea 的特殊性，它可以接收访问者输入，访问者可以选中文本域内的文本，所以还可以指定 onselect、onchange 两个属性，分别用于响应文本域内文本被选中、文本被修改事件。除此之外，该元素也可以指定如下几个属性：

cols：指定文本域的宽度，该属性必填。

rows：指定文本域的高度，该属性必填。

disabled：指定禁用该文本域。该属性值只能是 disabled。当此文本域首次加载时禁用此文本域。

readonly：指定该文本域为只读。该属性值只能是 readonly。

与单行文本框相同的是，< textarea / >元素也可指定 name 属性，该属性将作为 textarea 对应请求参数的参数名；与单行文本框不同的是，< textarea/ >控件不能指定 value 属性，< textarea/ > 和 </textarea > 标签之间的内容将作为 < textarea/ > 对应请求参数的参数值。

（1）在上一个表单基础上，光标移到 </form >之前，打开菜单栏中【插入】>【表单】，选择【文本区域】。

（2）在弹出的对话框中设置文本区域属性，如图 5—16 所示。

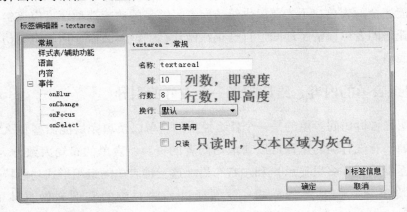

图 5—16　设置文本区域属性

效果如下：

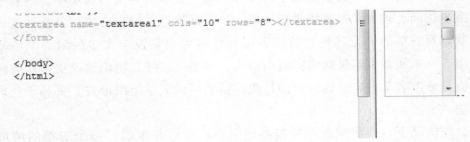

```
<textarea name="textarea1" cols="10" rows="8"></textarea>
</form>

</body>
</html>
```

学习单元3　表单设计之信息提示

 学习目标

● 熟悉表单中文字信息的种类和作用

● 熟练掌握表单中文字信息应具有的特征和出现时机

● 熟练掌握表单中的互动设计

 知识要求

　　一个功能齐全的表单，不光要提供给访问者足够多的功能选项，更应该给予访问者足够的信息，让访问者可以清楚地知道自己正在做什么、该怎么做，从而引导访问者以积极的心态填充表格。

一、组织表单的内容，给访问者一个友好的引导

　　首先要明确告诉访问者填的是一个什么性质的表单以及填完后能做些什么？哪些问题是一定要问的？有没有别的途径可以获取访问者的资料？表单的布局大致分为三种类型：纵向排列、逐步填写（多页显示）和左右布局。这三种表单的组织形式功能特点，通过不同的使用环境决定它们具体的样式。下面通过一些对应的实例来做具体的分析，如图5—17所示为某网站卸载软件时的问卷调查表单。

　　根据Web惯例调查，卸载软件的界面常见组织结构，为纵向排列样式。一般顶部为明确填写表单的目的，再呈现表单的具体问题。在卸载类型的表单中，内容一定要精简，减少访问者输入，尽量提供选择题，少设问答题，没有必填项。要知道访问者是不喜欢填写表单的，尤其是当访问者卸载软件后也是没有太多的耐心来填写表单的。如图5—17卸载表单纵向内容组织形式，顶部是致辞，明确地说出这些问题的目的，下面是分组表单内容。这种纵向排版简洁填写的表单组织形式，更利于获取访问者的反馈。

　　在一些情况下，很多问题需要按顺序回答，理解并组织好每个表单的情境能得到最佳答案，如果把表单用对话的形式展现，主题之间自然会出现间断，所以就会需要多个网页把对话变成若干有意义并容易理解的主题。如图5—18所示的填写表

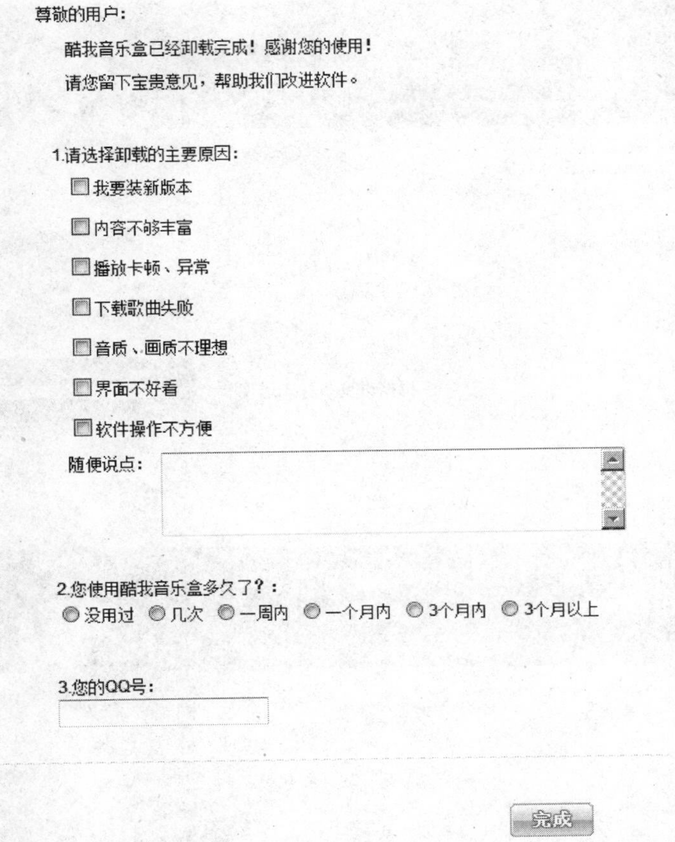

尊敬的用户：

酷我音乐盒已经卸载完成！感谢您的使用！

请您留下宝贵意见，帮助我们改进软件。

1.请选择卸载的主要原因：

☐ 我要装新版本

☐ 内容不够丰富

☐ 播放卡顿、异常

☐ 下载歌曲失败

☐ 音质、画质不理想

☐ 界面不好看

☐ 软件操作不方便

随便说点：

2.您使用酷我音乐盒多久了？：

◉ 没用过　◉ 几次　◉ 一周内　◉ 一个月内　◉ 3个月内　◉ 3个月以上

3.您的QQ号：

完成

图5—17　卸载软件时的问卷调查表单

单采用多页的展现形式。把表单当成是与特定的人在对话，而不是与一堆数据输入框在对话，每个表单都用不同的情境问题与访问者进行交流，这样的实际回答率会更高。

当表单想要搜集更多答案时，可以考虑在表单填完之后提出一些可选的问题，辅助获得更多的答案。表单的标签使用术语需要统一、简洁、单个词，这样的标签要更容易解释清楚。如图5—19所示的表单设计，使用左右布局的排版方式，左侧放上必填和重要的表单项，右侧辅助放上可供选择的表单，减少页面表单内容视觉的庞大性，整体界面内容居中排列，这种方式也比较美观、易读。

根据进度条标志进度 →

图5—18　多页的展现形式

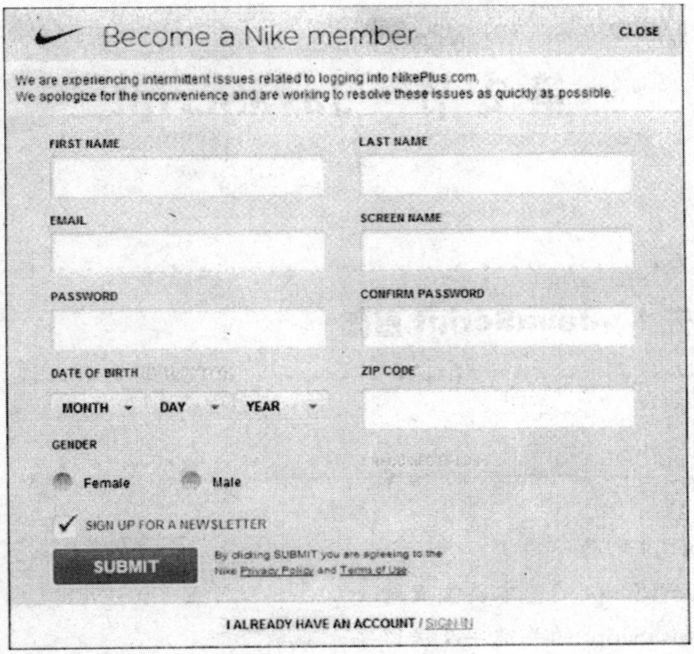

图 5—19　左右布局的展现形式

二、填写表单的反馈，给访问者贴心的引导

　　为了提高表单的完成率和准确率，设计表单时要会避免各种各样的分散因素，并且提供一个清晰明确、简单的 Web 表单。这就是为什么任何视觉效果都需要非常适当地使用的原因。当遇到访问者提交数据有错误信息时，首先要让访问者知道发生了错误，错在哪儿，以及如何纠正。

　　总之，使用合适的表单布局、恰当的说明文字，以及优美的表单设计、积极的互动，将会带给访问者无与伦比的享受，从而带给访问者更大的兴趣关注网站，积极完成表单中的内容。在带给访问者愉悦的同时，达到网站留下访问者信息的目的。

第 2 节　JavaScript

 学习单元 1　JavaScript 基础

 学习目标

● 熟悉 JavaScript 的基本语法
● 能够创建 JavaScript 的基本类型变量
● 能够掌握 JavaScript 的关键字及保留字
● 能够熟练使用 JavaScript 的 5 种原始类型
● 能够掌握 JavaScript 类型转换方法

 知识要求

一、JavaScript 概述

JavaScript 是一种基于对象和事件驱动并具有相对安全性的客户端脚本语言。同时也是一种广泛用于客户端 Web 开发的脚本语言，可以嵌入 HTML 页面中与 HTML 页面元素进行交互、添加动态功能。它是一种动态、弱类型、基于原型的语言，内置支持类。

JavaScript 的出现，使得信息和访问者之间不仅只是一种显示和浏览的关系，而是实现了一种实时的、动态的、可交互的表达能力。

JavaScript 脚本正是具有这些能力使它深受广泛访问者的喜爱和欢迎。它是众多脚本语言中较为优秀的一种，它与 www 的结合有效地实现了网络计算和网络计算机的蓝图。

二、JavaScript 几个基本特点

1. 脚本编写语言

JavaScript 是一种脚本语言，它采用小程序段的方式实现编程。像其他脚本语言一样，JavaScript 同样也是一种解释性语言，它提供了一个简易的开发过程。它的基本结构形式与 C、C＋＋、Visual Basic、Delphi 十分类似。但它不像这些语言一样，需要先编译，而是在程序运行过程中被逐行地解释。

2. 基于对象的语言

JavaScript 是一种基于对象的语言，同时也可以看作是一种面向对象的。这意味着它能运用自己已经创建的对象。因此，许多功能可以来自于脚本环境中对象的方法与脚本的相互作用。

3. 安全性

JavaScript 是一种安全性语言，它不允许访问本地的硬盘，并不能将数据存入到服务器上，不允许对网络文档进行修改和删除，只能通过浏览器实现信息浏览或动态交互。从而有效地防止数据的丢失。

4. 动态性

JavaScript 是动态的，它可以直接对访问者或客户输入做出响应，无须经过 Web 服务程序。它对访问者的反映响应，是采用事件驱动的方式进行的。所谓事件驱动，就是指在页面中执行了某种操作所产生的动作，即为"事件"。比如按下鼠标、移动窗口、选择菜单等都可以视为事件。当事件发生后，可能会引起相应的事件响应。

5. 跨平台性

JavaScript 是依赖于浏览器本身，与操作环境无关，只要能运行浏览器的终端就可正确执行。从而实现了"编写一次，走遍天下"的梦想。

三、编写第一个 JavaScript 程序

1. 新建 html 文件

打开 Dreamweaver，单击【新建】＞【HTML】，如图 5—20 所示。

2. 插入 JavaScript 组件

光标移到 <body> 与 </body> 中间，准备输入脚本，如图 5—21 所示。

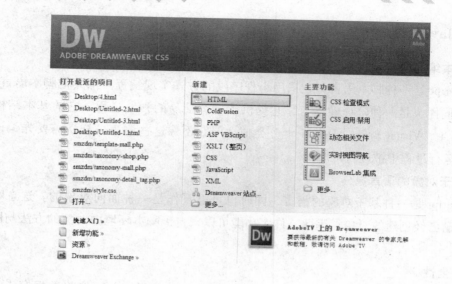

图 5—20 新建 html 文件

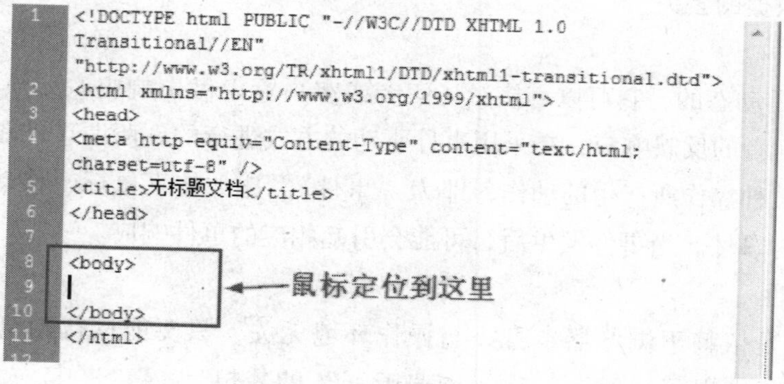

```
1   <!DOCTYPE html PUBLIC "-//W3C//DTD XHTML 1.0
    Transitional//EN"
    "http://www.w3.org/TR/xhtml1/DTD/xhtml1-transitional.dtd">
2   <html xmlns="http://www.w3.org/1999/xhtml">
3   <head>
4   <meta http-equiv="Content-Type" content="text/html;
    charset=utf-8" />
5   <title>无标题文档</title>
6   </head>
7
8   <body>
9   |
10  </body>
11  </html>
```

← 鼠标定位到这里

图 5—21 准备输入脚本

3. 单击菜单栏中【插入】＞【HTML】＞【脚本对象】＞【脚本】，在文中插入一个 **JavaScript** 脚本，如图 **5—22** 所示。

4. 在弹出的窗口中，写入如下 **JavaScript** 语句，如图 **5—23** 所示。

alert("这是第一个 JavaScript 例子!");

alert("欢迎你进入 JavaScript 世界!");

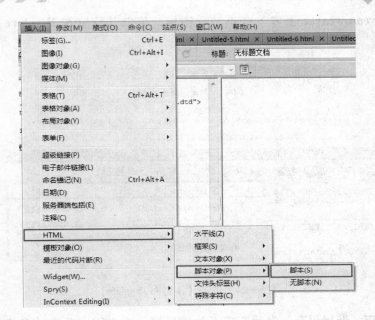

图 5—22　插入脚本

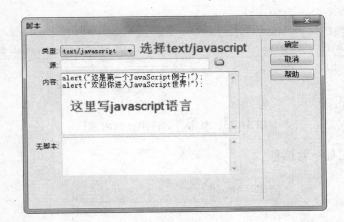

图 5—23　写入 JavaScript 语句

Dreamweaver 中代码效果如下：

```
<body>
<script type="text/javascript">
alert("这是第一个JavaScript例子!");
alert("欢迎你进入JavaScript世界!");
</script>
</body>
</html>
```

5. 单击 Dreamweaver 上方一个小地球图标，单击【预览在 IExplore】，如图 5—24 所示。

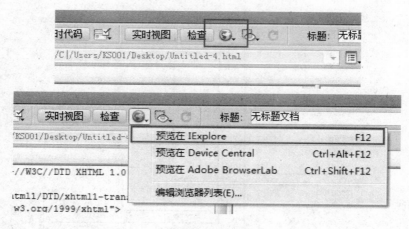

图 5—24　单击【预览在 IExplore】

6. 若未保存，选择保存，然后在打开的浏览器上方右键，单击【允许阻止的内容】，如图 5—25 所示。

图 5—25　单击【允许阻止的内容】

在网页中弹出如下对话框：

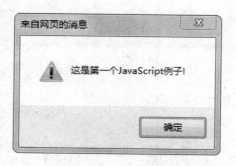

单击【确定】按钮，关闭之后又出现如下对话框：

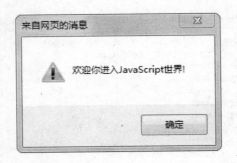

说明：alert（ ）是 JavaScript 的窗口对象方法，其功能是弹出一个具有"确定"按钮的对话框并显示（ ）中的字符串。

四、JavaScript 的基本语法

1. 标识符

标识符是指 JavaScript 中定义的符号，例如变量名、函数名、数组名等。标识符可以由任意顺序的大小写字母、数字、下划线（ _ ）和美元符号（ $ ）组成，但标识符不能以数字开头，不能是 JavaScript 中的保留关键字。

合法的标识符举例：indentifler、username、user_ name、_ userName、$ username

非法的标识符举例：int、1username、98.3

例如：

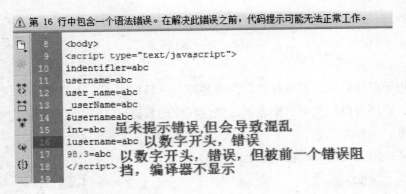

删掉第 16 行，则编译器提示第 17 行错误：

JavaScript 严格区分大小写

如 computer 和 Computer 是两个完全不同的符号。

JavaScript 程序代码的格式

每条功能执行语句的最后一般用分号（;）结束，每个词之间用空格、制表符、换行符或大括号、小括号这样的分隔符隔开。

JavaScript 代码由 < script type = " text/JavaScript" > . . . < /Script > 说明。在标识 < script type = " text/JavaScript" > 和 < /Script > 之间就可加入 JavaScript 脚本。

通过 < ! -- . . . -- > 标识说明：若不支持 JavaScript 代码的浏览器，则所有在其中的标识均被忽略；若支持，则执行其结果。

JavaScript 程序的注释

使用注释这是一个好的编程习惯，它使其他人可以读懂设计师的语言。

/ * ……. */中可以嵌套"//"注释，但不能嵌套"/ *…. */"

2. 变量

变量是用于存储数据，提供存放信息的容器。一旦定义了一个变量，系统就会为之分配一块内存，程序可以用变量名来表示这块内存中的数据。

定义变量有两种方式：

显式定义：用关键字 var 定义变量。

```
< script type = " text/JavaScript" >
var a = " hello world"
alert( a) ;
</script >
```

效果如下：

隐式定义：直接给变量赋值。

```
< script type = " text/JavaScript" >
a = " hello world"
alert( a ) ;
</script >
```

效果如下：

3. JavaScript 关键字与保留字

在 JavaScript 中，已经定义的关键字或者保留字不能继续使用，否则将会造成严重错误，甚至崩溃。

其中 JavaScript 中的关键字有：

break	case	catch	continue	default
delete	do	else	finally	for
function	if	in	instanceof	new
return	switch	this	throw	try
typeof	var	void	while	with

JavaScript 中的保留字有：

abstract	boolean	byte	char	class
const	debugger	double	enum	export
extends	final	float	goto	implements
import	int	interface	long	native
package	private	protected	public	short
static	super	synchronized	throws	transient
volatile				

4. JavaScript 基本数据类型

（1）数值型

1）整型。十六进制以 0x（零 x）或 0X（大写）开头，例如，0x8a；八进制必须以 0（零）开头，例如，0123；十进制的第一位不能是 0（数字 0 除外），例如，123，0。

2）实型。12. 32、192. 98、5E7、4e5 等。

3）NaN。NaN 是一个特殊的类型，它不是常量，也不代表任何一个数字，它表示的是所有"非数字"值。

（2）布尔型

布尔类型只有两个值：true 和 false。true 代表真，当代表某事件成立，或者某个变量有值，或者代表正确等；而 false 代表假，与真相反。

（3）null 常量

JavaScript 中有一个空值 null，表示什么也没有。如试图引用没有定义的变量，则返回一个 null 值。如果定义的变量准备在将来用于保存对象，那么最好将该变量初始化为 null 而不是其他值。

（4）undefined 常量

undefined 类型只有一个值，即特殊的 undefined。在使用 var 声明变量但未对其加以初始化时，这个变量的值就是 undefined。

（5）字符串型

字符串型有："this is JavaScript" "abc" 'a' " "。

内容需要以单引号或者双引号括起来。

例如：

```
var a = "hello world";
var b = 'hello world';
```

字符串中的特殊字符，需要以反斜杠（\）后跟一个普通字符来表示。
例如：

转义字符	表示意思
\ b	后退一格
\ f	走纸换页
\ n	回车换行
\ r	回车不换行
\ t	水平制表符
\ '	单引号
\ "	双引号
\ \	反斜杠

字符串中的特殊字符在程序中应用如下：

```
<body>
<script type="text/javascript">
str="这是\n一个回车符";
alert(str);

</script>

</body>
</html>
```

效果如下：

（6）object 对象类型

object 对象类型是使用"{}"构成的一组代码，它的内部由多个以"，"分割的代码行构成，每行代码以"key：value"的方式定义，而 value 则可以使用任意的一种数据类型。

（7）function 函数类型

function 函数类型是使用"function"进行声明的一组代码，包括函数名称、参数和函数体。

5. 数据类型转换

JavaScript 是一种弱类型的语言。弱类型的 JavaScript 不会按照程序员的愿望实现从实际的变量类型到所需要的数据类型转换，例如，一个非常常见的错误，在浏览器脚本中，从表单控件中获取访问者将要输入的一个数值类型的变量与另一个数值变量的和。因为变量类型在表单控件中是字符串类型（即字符串序列包含一个数字）。这种尝试将会添加那个字符串到变量，即使这些值碰巧是一些数字，结果在第二个变量将会被转换为字符串类型，在最后只会把从表单控件中得到的变量添加到第一个字符串末尾。为了明确达到自己的要求，程序员需要对数据类型进行转换。

转换为布尔型

用两次非运算（！）：

```
!! 5 = = > true
```

用布尔型的数据构造函数：

```
new Boolean(5) = = > true
```

值转换为布尔类型为 false：0，+0，-0，NaN，""（空字符串），undefined，null

除上面的值之外其他值在转换后为 true，需要特别提到的是:"0"，new Object（），function（）{}

转换为字符串类型

加上空字符串""：

```
123 +   "" ="123"
```

用字符串构造函数：

new String（123） ="123"

需要特别注意的转换：

```
+0 = = > "0"
-0 = = > "0"
-Infinity = = >"-Infinity"
```

+ Infinity = = >" + Infinity"

NaN = = > "NaN"

undefined = = > "undefined"

null = = > "null"

new Object( ) = = > "[object Object]"

function( ) { } = = > "function( ) { }"

转换为数值型

取正（ + ），减零（ - 0），乘以一（ × 1），除以一（ /1），取负（ - ，这个得到相反的值）：

+ "123" = 123

+ true = 1

用数值构造函数 Number ( )：

new Number("123") = 123

几个需要特别注意的转换：

" "（空字符串）= = > 0

"010" = = > 10

"0x10"（16 进制）= = > 16

"-010" = = > -10

"-0x10" = = > NaN

undefined = = > NaN

null = = > 0

true = = > 1

false = = > 0

new Object( ) = = > NaN

new function( ) { } = = > NaN

类型转换函数

parseFloat 转换为浮点数：字符解析函数获取每一个字符直到遇到不属于数值的字符，然后返回它已获取的数值。几个需要特别注意的转换：

" "（空字符串）= = > NaN

"123e-2" = = > 1.23（科学计算法是可以识别的）

"010" = = > 10（8 进制不能识别）

"0x10" = = > 0(16 进制不识别)

" −010" = = > −10

null,undefined,true,false,new Object( ),function( ){ } = = > NaN

    parseInt 转换为有符号整数：与 parseFloat 相似，但是它会把小数位舍掉（注意不是四舍五入，是完全舍弃，与 Math. floor 处理方式一样），而且它可以识别 8 进制和 16 进制表示方式：

123e-2 = = > 1

"123e-2" = = > 123

"010" = = > 8

"0x10" = = > 16

" −010" = = > −8

" −0x10" = = > −16

null,undefined,true,false,new Object( ),function( ){ }, − Infinity + Infinity NaN = = > NaN

    Math. ceil（）：取大于等于参数的最小整数。

8. 7 = = > 9

 − 8. 7 = = > − 8

    在 Dreamweaver 中写一个示例如下：

```
<script type="text/javascript">
a=Math.ceil(5.6);
alert("得到的结果是："+a);
</script>
```

    得到的结果为：

    Math. floor（）：取小于等于参数的最小整数。

8. 7 = = > 8

 −8. 7 = = > −9

在 Dreamweaver 中写一个示例如下：

```
<body>
<script type="text/javascript">
a=Math.floor(5.6);
alert("得到的结果是: "+a);
</script>
```

得到的结果为：

Math. round（）：“四舍五入”取整数。

8. 7 = = > 9

8. 3 = = > 8

总之，JavaScript 提供了弱类型的数据类型，即不需要定义，只需要先声明变量，在使用时，由 JavaScript 引擎自动进行数据类型的转换。

 学习单元 2　JavaScript 运算符

 学习目标

- 能够掌握 JavaScript 的各类运算符
- 能够掌握 JavaScript 的各类运算符之间的优先顺序

 知识要求

在定义完变量后，就可以对它们进行赋值、改变、计算等一系列操作，这一过程通常由一个表达式来完成，可以说它是变量、常量、布尔及运算符的集合，因此表达式可以分为算术表达式、字串表达式、赋值表达式以及布尔表达式等。其中完成这些表达式的符号称为运算符，运算符又可分为算术运算符、比较运算符、布尔逻辑运算符等。

一、运算符

1. 算术运算符

JavaScript 中的算术运算符有单目运算符和双目运算符。

双目运算符：＋（加）、－（减）、×（乘）、／（除）、%（取模）

单目运算符：-（取反）、~（取补）、＋＋（递加1）、--（递减1）

2. 比较运算符

比较运算符用于执行两个对象的比较，根据比较结果返回一个 true 或 false 值，有6个比较运算符：

＜（小于）、＞（大于）、＜＝（小于等于）、＞＝（大于等于）、＝＝（等于）、!＝（不等于）。

```
a = 3;
b = 5;
c = a < b;    //结果等于 true
d = a > b;    //结果等于 false
e = a < = b;  //结果等于 true
f = a > = b;  //结果等于 false
g = a! = b;   //结果等于 true
```

3. 布尔逻辑运算符

在 JavaScript 中增加了几个布尔逻辑运算符：

!（取反）、&（逻辑与）、&＝（与之后赋值）、|＝（或之后赋值）、|（逻辑或）、^＝（异或之后赋值）、^（逻辑异或）、?:（三目操作符）、&&（逻辑与，第一个 false 则第二个不判断）、||（逻辑或，第一个 true 则第二个不判断）、＝＝（等于）、|＝（不等于）等。

其中三目操作符主要格式如下：操作数? 结果1：结果2

若操作数的结果为真，则表达式的结果为结果1，否则为结果2。

假设 a、b 分别用二进制表示，a = 01001011，b = 11111010，则

```
! a;    //结果等于 10110100
a&b;   //结果等于 01001010
a|b;   //结果等于 11111011
```

a^b; //结果等于 10110001
c = a > b? a:b; //结果等于 11111010

4. 位运算符

>>——将左边的操作数在内存中的二进制数据右移右边操作数指定的位数，左边移空的部分，补上左边操作数原来的最高位的二进制位值。

<<——将右边操作数在内存中的二进制数据左移右边操作数指定的位数，右边移空的部分补 0。

>>>——将左边操作数在内存中的二进制数据右移右边操作数指定的位数，左边移空的部分补 0。

a = 11111010;
a > >2; //结果等于 11111110
b = 11111010;
b < <2; //结果等于 11101000
c = 11111010;
c > > >2; //结果等于 00111110

注意：不同运算符之间存在先后次序，即优先级高的运算符先执行，而使用"（ ）"可以改变运算符执行的顺序。

顺序一般是逻辑运算符 > 算术运算符，算术运算符内，累加递减 > 乘除 > 加减。

二、表达式

表达式是由数字、括号、变量和常量等以运算符、赋值号等连接起来，为能求得数值，所构成的有意义排列组合，见表 5—3。

表 5—3　　　　　　　　　　　　表达式

JavaScript 算术运算符与算术表达式列表				
运算符	+	−	×	/	%
名称	加法运算符	减法运算符	乘法运算符	除法运算符	模运算符（求余运算符）
表达式	6 + 5	6 − 5	6 × 5	6/5	6 % 5
示例	var i = 6 + 5	var i = 6 − 5	var i = 6 × 5	var i = 6/5	var i = 6 % 5
运算结果	11	1	30	1.2	1
说明					要求两个操作数均为整数

续表

JavaScript 赋值运算符与赋值表达式

运算符	=	+ =	- =	× =	/ =	% =
名称	赋值运算符	加法赋值运算符	减法赋值运算符	乘法赋值运算符	除法赋值运算符	模赋值运算符（求余赋值运算符）
表达式	i = 6	i + = 5	i - = 5	i × = 5	i/ = 5	i% = 5
示例	var i = 6	i + = 5	i - = 5	i × = 5	i/ = 5	i% = 5
i 的结果	6	11	1	30	1. 2	1
等价于		i = i + 5	i = i - 5	i = i × 5	i = i/5	i = i%5

 学习单元 3 JavaScript 语句

 学习目标

- 熟练掌握 JavaScript 的 if 语句
- 熟练掌握 JavaScript 的四种迭代语句
- 熟悉 JavaScript 的标签语句
- 熟练掌握 JavaScript 的 break 和 continue 语句
- 熟练掌握 JavaScript 的 with 语句
- 熟练掌握 JavaScript 的 switch 语句

 知识要求

一、if 条件判断语句

1. if 条件语句

```
if(条件语句)
{
        执行语句;
}
```

注意：if(x = = null)或 if（typeof（x） = = "undefined"）可以简写成 if（!x）。

2. if...else 语句

```
if(条件语句)
{
        执行语句1;
    }
else
{
        执行语句2;
}
```

例如，y = x > 0? x:-x;

3. if 语句的嵌套

```
if(条件语句1)
{
        执行语句1;
}
else if(条件语句2)
    {
        执行语句2;
    }
...
else if(条件语句n)
    {
        执行语句n;
    }
else
    {
        执行语句n+1;
    }
```

if 语句的嵌套示例：

```
< script type = "text/JavaScript" >
x = 11;
y = 1;
```

```
if( x < 1 )
{
        if( y = = 1 )
                alert("x < 1 , y = =1");
        else
                alert("x < 1,  y ! =  1");
}
else if( x > 10 )
{
                if( y = = 1 )
                        alert(" x > 10, y = = 1");
                else
                        alert(" x > 10, y ! =1");
}
</script >
```

效果如下：

二、switch 选择语句

```
switch(表达式)
{
        case 取值 1：
                语句块 1；
                break；
        case 取值 2：
                语句块 2；
                break；
```

```
…
    case 取值 n：
            语句块 n；
            break；
    default：
            语句块 n + 1；
            break；
}
```

switch 语句示例：

```
< script type = "text/JavaScript" >
var x = 2；
switch( x )
{
    case 1：
        alert( "Monday" )；
        break；
    case 2：
        alert( "Tuesday" )；
            break；
    case 3：
            alert( "Wendnesday" )；
            break；
    default：
            alert( "Sorry, I don't know" )；
}
</script >
```

效果如下：

若想连续的 case 执行同一语句，可以在连续 case 之后，再加入一个语句，例如：

```
< script type = "text/JavaScript" >
var x = 2;
switch( x )
{
case 1:
case 2:
case 3:
case 4:
case 5:
        alert( "working day" );
        break;
default:
        alert( "off day" );
    break;
}
</script >
```

效果如下：

三、while 循环语句

```
while(条件表达式语句)
{
    执行语句块;
}
```

此 while 循环语句先判断正确，再执行，并且一直执行到判断条件不成立为止。

while 循环语句示例：

```
< script type = "text/JavaScript" >
var x = 1;
while(x < 3)// 如果加上分号会怎样呢?
{
    alert("x = " + x);
    x + +;
}
< /script >
```

效果如下:

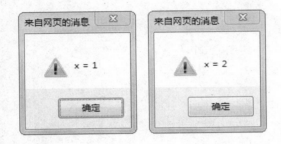

添加分号以后效果如下:

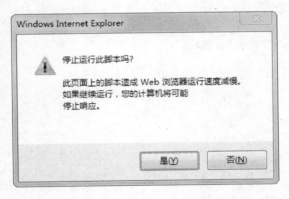

因为添加分号以后,while(x < 3);为死循环,会造成大量 CPU 资源占用,严重者可造成死机或崩溃。

do...while 语句:

```
do
{
    执行语句块;
```

```
} while(条件表达式语句);
```

do...while 循环语句示例：

```
< script type = "text/JavaScript" >
var x = 1;
do {
    alert("x = " + x);
    x + +;
} while(x  <3);  //这里要加分号
</script >
```

执行结果依然为：

四、for 循环语句

```
for（初始化表达式；循环条件表达式；循环后的操作表达式）
{
    执行语句块；
}
```

for 循环语句示例：

```
< script type = "text/JavaScript" >
var output = "";
for( var x = 1;x  <10;x + + )
{
  output = output  +  " x = "  + x;
}
alert( output);
</script >
```

效果如下：

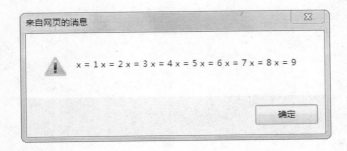

五、break 与 continue 语句

break 可以跳出 switch...case 语句，继续执行 switch 语句后面的内容。break 语句还可以跳出循环，也就是结束循环语句的执行。

continue 语句的作用为结束本次循环，接着进行下一次是否执行循环的判断。

break 与 continue 的本质区别：

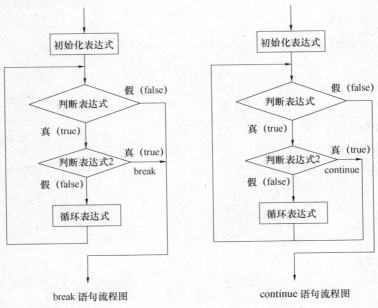

break 语句流程图   continue 语句流程图

break 语句示例：

```
< script type = " text/JavaScript" >
var output = " " ;
for( var x = 1 ; x < 10 ; x + + )
{
```

```
    if(x%2 = =0)
        break;
output = output + " x = " + x;
}
alert(output);
</script>
```

运行结果如下：

continue 语句示例：

```
<script type = "text/JavaScript" >
var output = "";
for(var x = 1;x < 10;x + +)
{
    if(x%2 = =0)
            continue;
output = output  + " x = " + x;
}
alert(output);
</script>
```

运行结果如下：

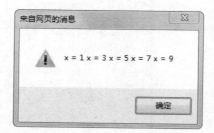

六、with 语句

```
with(object)
{
    代码块;
}
```

有时候在一个程序代码中，需要多次使用某对象的属性或方法，照以前的写法，都是通过"对象. 属性"或者"对象. 方法"这样的方式来分别获得该对象的属性和方法，确实有点麻烦，学习了 with 语句后，可以通过类似如下的方式来实现：

```
with(objInstance)
{
var str = 属性1;
…
}
```

with 语句示例：

```
< script type = "text/JavaScript" >
function Lakers( ) {
this. name = "kobe bryant" ;
this. age = "28" ;
this. gender = "boy" ;
}
var people = new Lakers( ) ;
with(people)
{
var str = "姓名:" + name + "\n" ;
str + = "年龄:" + age + "\n" ;
str + = "性别:" + gender;
alert(str) ;
}
</script >
```

效果如下：

七、try catch 语句

在 JavaScript 中，通常包括两类主要的错误：语法错误和运行时错误。语法错误也称为解析错误，是由代码中的意外字符直接造成的，然后不能被完全编译/解析。发生错误时，不能执行代码。运行时错误也称为异常，这种错误不是由于语法问题造成的，而是尝试完成某个操作，在某些情况下是非法的。这种错误只会影响一个线程，其他 JavaScript 线程正常执行。

```
try {
{
//可能发生错误的语句
throw 错误类型;//
} catch(exception)//错误类型
{
//异常处理语句,可忽略
} finally {//可省略
//无条件执行语句
}
```

try catch 语句示例：

```
a = 5;
b = 0;
c = 0;
try {
{
c = a % b;
throw "除数不能为零";//
} catch(e)//错误类型
```

```
{
c = 0;
document.write(e);
}finally{//可省略
document.write(c);
}
```

学习单元4　JavaScript 函数

学习目标

- 熟练掌握 JavaScript 的 arguments 对象
- 熟练掌握 JavaScript 的 function 对象的属性和方法
- 熟练掌握 JavaScript 的 function 的声明和调用方法

知识要求

函数为设计师提供了一个非常方便的功能。通常在进行一个复杂的程序设计时，总是根据所要完成的功能，将程序划分为一些相对独立的部分，每部分编写一个函数。从而，使各部分充分独立，任务单一，程序清晰，易懂、易读、易维护。JavaScript 函数可以封装那些在程序中可能要多次用到的模块，并可作为事件驱动的结果而调用的程序，从而实现一个函数把它与事件驱动相关联。

一、JavaScript 函数定义

```
function 函数名(参数,变元)
{
  函数体;
  return 表达式;
}
```

说明：当调用函数时，所用变量均可作为变元传递。函数由关键字 function 定义。函数名：定义自己函数的名字。参数表，是传递给函数使用或操作的值，其值可以是常量、

变量或其他表达式。通过指定函数名（实参）来调用一个函数。必须使用 return 将值返回。函数名对大小写是敏感的。

函数中的形式参数

在函数的定义中，函数名后有参数表，这些参数变量可能是一个或几个。在 JavaScript 中可通过 arguments. length 来检查参数的个数。

形式参数示例：

```
< script type = "text/JavaScript" >
function fun1 ( exp1 , exp2 , exp3 , exp4 )
{
number = fun1. arguments. length;
switch( number)
{
    case 1：
        alert("最后一个参数为:" + exp1);
        break;
    case 2：
        alert("最后一个参数为:" + exp2);
        break;
    case 3：
        alert("最后一个参数为:" + exp3);
        break;
    case 4：
        alert("最后一个参数为:" + exp4);
        break;
    default：
        alert("最后一个参数错误");
        break;
}
}
</script>
< button onclick = "fun1(1,2,3,4)" >单击查看最后一个参数</button>
```

执行结果如下：

二、事件驱动及事件处理

JavaScript 是基于对象的语言。基于对象的基本特征，就是采用事件驱动（Event-Driven）。它是在图形界面环境下，使得一切输入变化简单化。通常鼠标或热键的动作称之为事件（Event），而由鼠标或热键引发的一连串程序的动作，称为事件驱动（Event Driver）。而对事件进行处理程序或函数，称为事件处理程序（Event Handler）。

事件处理程序在 JavaScript 中对象事件的处理通常由函数（function）担任。其基本格式与函数全部一样，可以将前面所介绍的所有函数作为事件处理程序。

格式如下：

```
function 事件处理名(参数1, 参数2, 参数3...){
    事件处理语句
}
```

Java Script 的事件见表 5—4。

表 5—4　　　　　　　　　　　JavaScript 的事件

属性	当以下情况发生时，出现此事件	属性	当以下情况发生时，出现此事件
onabort	图像加载被中断	onmousedown	某个鼠标按键被按下
onblur	元素失去焦点	onmousemove	鼠标被移动
onchange	访问者改变域的内容	onmouseout	鼠标从某元素移开
onclick	鼠标单击某个对象	onmouseover	鼠标被移到某元素之上
ondblclick	鼠标双击某个对象	onmouseup	某个鼠标按键被松开
onerror	当加载文档或图像时发生某个错误	onreset	重置按钮被单击
onfocus	元素获得焦点	onresize	窗口或框架被调整尺寸
onkeydown	某个键盘的键被按下	onselect	文本被选定
onkeypress	某个键盘的键被按下或按住	onsubmit	提交按钮被单击
onkeyup	某个键盘的键被松开	onunload	访问者退出页面
onload	某个页面或图像被完成加载		

```
< script type = "text/JavaScript"  >
function fun1( )
{
    alert（"你单击了一个按钮"）;
}
</script >
< button onclick = "fun1( )"  >单击</button >
```

运行结果如下：

三、JavaScript 中的系统函数

JavaScript 中的系统函数又称内部方法。它提供了与任何对象无关的系统函数，使用这些函数不需创建任何实例，可直接用。例如：

1. 返回字符串表达式中的值：

```
test = eval( "8 +9 +5/2" );
```

运行结果为：

2. 返回字符串 ASC II 码:

unEscape(string)

3. 返回字符的编码:

escape(character)

4. 返回实数:

parseFloat(floustring) ;

5. 返回不同进制的数:

parseInt(string , radix)

其中 radix 是数的进制, sting 是字符串。

在 JavaScript 中创建新对象, 使用 JavaScript 可以创建自己的对象。虽然 JavaScript 内部和浏览器本身的功能已十分强大, 但 JavaScript 还是提供了创建一个新对象的方法。使其简单定义就可以完成许多复杂的工作。

在 JavaScript 中创建一个新的对象是十分简单的。首先它必须定义一个对象, 而后再为该对象创建一个实例。这个实例就是一个新对象, 它具有对象定义中的基本特征。

JavaScript 对象的定义, 其基本格式如下:

```
< script type = " text/JavaScript" >
function object( 属性表 ) {
this. 属性 1 = 属性 1
this. 属性 2 = 属性 2
. . .
this. meth = FunctionName1 ;
this. meth = FunctionName2 ;
. . .
}
</ script >
```

在一个对象的定义中, 可以为该对象指明属性和方法。通过属性和方法构成了一个对象的实例。一个关于 person 对象的定义如下:

```
< script type = " text/JavaScript" >
function person( name , age , height )
{
```

```
this. name = name;
this. age = age;
this. height = height;
}
</script>
```

其基本含义如下：

name——人的名字

age ——人的年龄

height ——人的身高

创建对象实例

一旦对象定义完成后，就可以为该对象创建一个实例了：

```
NewObject = new Object( );
```

其中 New Object 是新的对象名称，Object 是已经定义好的对象。例如：

```
< script type = "text/JavaScript" >
function person( name,age,height)
{
this. name = name;
this. age = age;
this. height = height;
}
myFather = new person( "John" ,45 ,"178" );
document. write( myFather. name + " is " + myFather. age + " years old. " );
</script >
```

效果如下：

```
John is 45 years old.
```

对象方法的使用，在对象中除了使用属性外，有时还需要使用方法。

```
< script type = "text/JavaScript" >
function person( name,age,height)
{
this. name = name;
this. age = age;
this. height = height;
```

```
this. changeName = changeName;
function changeName( name )
{
this. name = name;
}
}
myFather = new person( "John" ,45 ,"178" );
myFather. changeName( "Bill" );
alert( myFather. name );
</script>
```

执行效果如下：

 学习单元 5   JavaScript 对象

 学习目标

- 熟练掌握 JavaScript 的字符串、日期、数组、逻辑、算术对象
- 熟练掌握字符串、日期、数组、逻辑、算术对象的声明和调用方法
- 掌握正则表达式对象以及其简单应用

 知识要求

JavaScript 语言是基于对象的（Object-Based），而不是面向对象的（object-oriented）。之所以说它是一门基于对象的语言，主要是因为它没有提供如抽象、继承、重载等有关面向对象语言的许多功能。而是把其他语言所创建的复杂对象统一起来，从而形成一个非常强大的对象系统。

虽然 JavaScript 语言是一门基于对象的，但它还是具有一些面向对象的基本特征。它可以根据需要创建自己的对象，从而进一步扩大 JavaScript 的应用范围，增强编写功能强大的 Web 文档。

一、常用对象的属性和方法

JavaScript 为设计师提供了一些非常有用的常用内部对象和方法。访问者不需要用脚本来实现这些功能。这正是基于对象编程的真正目的。JavaScript 提供了 String（字符串）、Math（数值计算）、Array（数组）和 Date（日期）四种对象和其他一些相关的方法，从而为设计师快速开发强大的脚本程序提供了非常有利的条件。

二、String 字符串对象

String 对象的属性：String 对象只有一个属性，即 length。它表明了字符串中的字符个数，包括所有符号。

```
< script type = "text/JavaScript" >
mystring = "This is a JavaScript"
strlen = mystring. length
alert("This is a JavaScript 长度为:" + strlen);
</script >
```

运行结果如下：

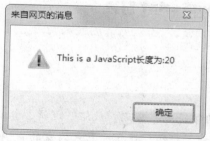

String 对象方法见表 5—5。

表 5—5   **String 对象方法**

方法	作用
anchor( )	创建 HTML 锚
big( )	用大号字体显示字符串
blink( )	显示闪动字符串
bold( )	使用粗体显示字符串

方法	作用
charAt( )	返回在指定位置的字符
charCodeAt( )	返回在指定的位置的字符的 Unicode 编码
concat( )	连接字符串
fixed( )	以打字机文本显示字符串
fontcolor( )	使用指定的颜色来显示字符串
fontsize( )	使用指定的尺寸来显示字符串
fromCharCode( )	从字符编码创建一个字符串
indexOf( )	检索字符串
italics( )	使用斜体显示字符串
lastIndexOf( )	从后向前搜索字符串
link( )	将字符串显示为链接
localeCompare( )	用本地特定的顺序来比较两个字符串
match( )	找到一个或多个正则表达式的匹配
replace( )	替换与正则表达式匹配的子串
search( )	检索与正则表达式相匹配的值
slice( )	提取字符串的片断，并在新的字符串中返回被提取的部分
small( )	使用小字号来显示字符串
split( )	把字符串分割为字符串数组
strike( )	使用删除线来显示字符串
sub( )	把字符串显示为下标
substr( )	从起始索引号提取字符串中指定数目的字符
substring( )	提取字符串中两个指定的索引号之间的字符
sup( )	把字符串显示为上标
toLocaleLowerCase( )	把字符串转换为小写
toLocaleUpperCase( )	把字符串转换为大写
toLowerCase( )	把字符串转换为小写
toUpperCase( )	把字符串转换为大写
toSource( )	代表对象的源代码
toString( )	返回字符串
valueOf( )	返回某个字符串对象的原始值

字符串样式方法示例：

```
< script type = "text/JavaScript" >
var txt = "This is JavaScript" ;
document. write( " < p > Big:" + txt. big( ) + " </p>");
```

```
document. write(" < p > Small:"  +  txt. small( ) + " </p > ");
document. write(" < p > Bold:"  +  txt. bold( ) + " </p > ");
document. write(" < p > Italic:"  +  txt. italics( ) + " </p > ");
document. write(" < p > Blink:"  +  txt. blink( ) + " (does not work in IE) </p > ");
document. write(" < p > Fixed:"  +  txt. fixed( ) + " </p > ");
document. write(" < p > Strike:"  +  txt. strike( ) + " </p > ");
document. write(" < p > Fontcolor:"  +  txt. fontcolor("Red") + " </p > ");
document. write(" < p > Fontsize:"  +  txt. fontsize(16) + " </p > ");
document. write(" < p > Lowercase:"  +  txt. toLowerCase( ) + " </p > ");
document. write(" < p > Uppercase:"  +  txt. toUpperCase( ) + " </p > ");
document. write(" < p > Subscript:"  +  txt. sub( ) + " </p > ");
document. write(" < p > Superscript:"  +  txt. sup( ) + " </p > ");
document. write(" < p > Link:"  +  txt. link("http://www. baidu. com") + " </p > ");
</script >
```

运行结果如下：

Big： **This is Javascript**

Small： This is Javascript

Bold： **This is Javascript**

Italic： *This is Javascript*

Blink： This is Javascript (does not supported by IE)

Fixed： `This is Javascript`

Strike： ~~This is Javascript~~

Fontcolor： This is Javascript

Fontsize： # This is Javascript

Lowercase： this is javascript

Uppercase： THIS IS JAVASCRIPT

Subscript： This is Javascript

Superscript： This is Javascript

Link： This is Javascript

三、Math 算术函数对象

JavaScript 提供了一个全局的数学处理对象 Math，其功能提供除加、减、乘、除以外的一些自述运算，如对数、平方根等。

Math 的属性和方法的语法：

```
var pi_value = Math. PI；
var sqrt_value = Math. sqrt(15)；
```

Math 对象属性见表5—6，Math 对象方法见表5—7。

表 5—6 　　　　　　　　　Math 对象属性

属性	作用
E	返回算术常量 e，即自然对数的底数（约等于2.718）
LN2	返回 2 的自然对数（约等于0.693）
LN10	返回 10 的自然对数（约等于2.302）
LOG2E	返回以 2 为底的 e 的对数（约等于1.414）
LOG10E	返回以 10 为底的 e 的对数（约等于0.434）
PI	返回圆周率（约等于3.141 59）
SQRT1_ 2	返回 2 的平方根的倒数（约等于0.707）
SQRT2	返回 2 的平方根（约等于1.414）

表 5—7 　　　　　　　　　Math 对象方法

方法	作用
abs(x)	返回数的绝对值
acos(x)	返回数的反余弦值
asin(x)	返回数的反正弦值
atan(x)	以介于 – PI/2 与 PI/2 弧度之间的数值来返回 x 的反正切值
atan2(y, x)	返回从 x 轴到点（x, y）的角度（介于 – PI/2 与 PI/2 弧度之间）
ceil(x)	对数进行上舍入
cos(x)	返回数的余弦
exp(x)	返回 e 的指数
floor(x)	对数进行下舍入
log(x)	返回数的自然对数（底为 e）
max(x, y)	返回 x 和 y 中的最高值
min(x, y)	返回 x 和 y 中的最低值

方法	作用
pow(x, y)	返回 x 的 y 次幂
random( )	返回 0～1 之间的随机数
round(x)	把数四舍五入为最接近的整数
sin(x)	返回数的正弦
sqrt(x)	返回数的平方根
tan(x)	返回角的正切
toSource( )	返回该对象的源代码
valueOf( )	返回 Math 对象的原始值

Math 对象示例：

```
< script type = "text/JavaScript" >
//Math 属性部分示例
document. write("Math. E = " +  Math. E + " < br / > ");
document. write("Math. LOG2E = " + Math. LOG2E + " < br / > ");
document. write("Math. SQRT2 = " +  Math. SQRT2 + " < br / > ");
//Math 方法部分示例
document. write("Math. abs(8) = " + Math. abs(8) + " < br / > ");
document. write("Math. asin(0. 5) = " + Math. asin(0. 5) + " < br / > ");
document. write("Math. atan2(8,4) = " + Math. atan2(8,4) + " < br / > ");
document. write("Math. max(8,10) = " + Math. max(8,10) + " < br / > ");
</ script >
```

执行效果如下：

```
Math. E = 2. 7182818459045
Math. LOG2E = 1. 4426950408889633
Math. SQRT2 = 1. 4142135623730951
Math. abs(8) = 8
Math. asin(0. 5) = 0. 5235987755982989
Math. atan2(8,4) = 1. 1071487177940904
Math. max(8,10) = 10
```

注：在 Dreamweaver 中写 Math 的属性与方法时，在写完"Math."时，会弹出 Math 对象的方法与属性，可以单击选择。

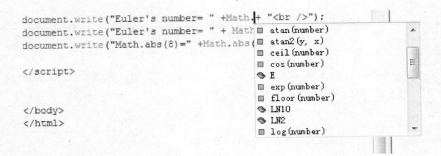

```
document.write("Euler's number= " +Math.| + "<br />");
document.write("Euler's number= " + Math
document.write("Math.abs(8)=" +Math.abs(

</script>


</body>
</html>
```

四、Date 日期及时间对象

Date 对象用于处理有关日期和时间。它必须使用 new 运算符创建一个实例。例如：

var mydate = new Date( ) ;

Date 对象没有提供直接访问的属性，只具有获取和设置日期和时间的方法。

日期起始值：1770 年 1 月 1 日 00：00：00。

日期与时间对象方法见表 5—8。

表 5—8   日期与时间对象方法

方法	作用
Date( )	返回当日的日期和时间
getDate( )	从 Date 对象返回一个月中的某一天（1～31）
getDay( )	从 Date 对象返回一周中的某一天（0～6）
getMonth( )	从 Date 对象返回月份（0～11）
getFullYear( )	从 Date 对象以四位数字返回年份
getYear( )	请使用 getFullYear（）方法代替
getHours( )	返回 Date 对象的小时（0～23）
getMinutes( )	返回 Date 对象的分钟（0～59）
getSeconds( )	返回 Date 对象的秒数（0～59）
getMilliseconds( )	返回 Date 对象的毫秒（0～999）
getTime( )	返回 1970 年 1 月 1 日至今的毫秒数
setDate( )	设置 Date 对象中月的某一天（1～31）
setMonth( )	设置 Date 对象中月份（0～11）
setFullYear( )	设置 Date 对象中的年份（四位数字）
setYear( )	请使用 setFullYear（）方法代替

方法	作用
setHours( )	设置 Date 对象中的小时（0～23）
setMinutes( )	设置 Date 对象中的分钟（0～59）
setSeconds( )	设置 Date 对象中的秒钟（0～59）
setMilliseconds( )	设置 Date 对象中的毫秒（0～999）
setTime( )	以毫秒设置 Date 对象
toString( )	把 Date 对象转换为字符串
toTimeString( )	把 Date 对象的时间部分转换为字符串
toDateString( )	把 Date 对象的日期部分转换为字符串

日期及时间对象方法示例：

```
< script type = "text/JavaScript" >
var mydate = new Date( ) ;
document. write( "mydate = " + mydate + " < br / > " ) ;
document. write( "mydate. getDate( ) = " + mydate. getDate( ) + " < br / > " ) ;
document. write( "mydate. getMilliseconds( ) = " + mydate. getMilliseconds( ) + " < br / > " ) ;
document. write( "mydate. getTime( ) = " + mydate. getTime( ) + " < br / > " ) ;
mydate. setDate( 20 ) ;
document. write( "mydate. setDate( 20 ) = " + mydate + " < br / > " ) ;
mydate. setFullYear( 1989 ,3 ,22 ) ;
document. write( "mydate. setFullYear( 1989 ,3 ,22 ) = " + mydate + " < br / > " ) ;
document. write( "mydate. toString( ) = " + mydate. toString( ) + " < br / > " ) ;
< /script >
```

运行结果如下：

```
mydate=Sun Jul 28 14:40:05 UTC+0800 2013
mydate.getDate()=28
mydate.getMilliseconds()=639
mydate.getTime()=1374993605639
mydate.setDate(20)=Sat Jul 20 14:40:05 UTC+0800 2013
mydate.setFullYear(1989,3,22)=Sat Apr 22 14:40:05 UTC+0800 1989
mydate.toString()=Sat Apr 22 14:40:05 UTC+0800 1989
```

注：在填写时间日期对象方法时，在 Dreamweaver 中依然可以弹出方法选择项：

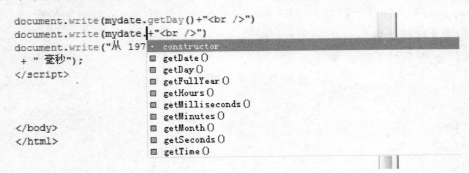

```
document.write(mydate.getDay()+"<br />")
document.write(mydate.+"<br />")
document.write("从 197    constructor
 + " 毫秒");                getDate()
                            getDay()
</script>                   getFullYear()
                            getHours()
                            getMilliseconds()
                            getMinutes()
</body>                     getMonth()
</html>                     getSeconds()
                            getTime()
```

五、Array 数组对象

数组就是相同类型的若干变量按照有序的形式组织起来的一种形式，使用独立的变量名来存储一系列的值。数据类型可以是整型、字符串，甚至是对象。JavaScript 不支持多维数组，但是因为数组里面可以包含对象（数组也是一个对象），所以数组可以通过相互嵌套实现类似多维数组的功能。

1. 创建 Array 对象

```
new Array();
new Array(size);
new Array(element0, element1, ..., elementn);
```

（1）参数。参数 size 是期望的数组元素个数。生成的数组 length 字段将被设为 size 的值。参数 element0，...，elementn 是参数列表。当使用这些参数来调用构造函数 Array（）时，新创建的数组的元素就会被初始化为这些值。它的 length 字段也会被设置为参数的个数。

（2）返回值。返回新创建并被初始化了的数组。

如果调用构造函数 Array（）时没有使用参数，那么返回的数组为空，length 字段为 0。

当调用构造函数时只传递给它一个数字参数，该构造函数将返回具有指定个数、元素为 undefined 的数组。

当其他参数调用 Array（）时，该构造函数将用参数指定的值初始化数组。

当把构造函数作为函数调用，不使用 new 运算符时，它的行为与使用 new 运算符调用它时的行为完全一样。

2. Array 对象属性

Array 只有一个属性，就是 length，length 表示的是数组所占内存空间的数目，而不仅仅是数组中元素的个数。

数组 length 属性示例：

```
< script type = " text/JavaScript" >
var arr = new Array(3);
arr[0] = " John";
arr[1] = " Andy";
arr[2] = " Wendy";
document. write("新定义的数组长度为:" + arr. length);
document. write(" < br / > ");
arr. length = 5;
document. write("新的数组长度为:" + arr. length);
</script >
```

运行效果如下：

新定义的数组长度为:3
新的数组长度为:5

3. Array 对象方法（见表 5—9）

表 5—9 　　　　　　　　　　　　　Array 对象方法

方法	作用
concat( )	连接两个或更多的数组，并返回结果
join( )	把数组的所有元素放入一个字符串。元素通过指定的分隔符进行分隔
pop( )	删除并返回数组的最后一个元素
push( )	向数组的末尾添加一个或更多元素，并返回新的长度
reverse( )	颠倒数组中元素的顺序
shift( )	删除并返回数组的第一个元素
slice( )	从某个已有的数组返回选定的元素
sort( )	对数组的元素进行排序
splice( )	删除元素，并向数组添加新元素
toSource( )	返回该对象的源代码
toString( )	把数组转换为字符串，并返回结果
toLocaleString( )	把数组转换为本地数组，并返回结果

方法	作用
unshift( )	向数组的开头添加一个或更多元素，并返回新的长度
valueOf( )	返回数组对象的原始值

其中最常用的方法为 concat，以 concat 为例，做一个简单示例：

```
< script type = "text/JavaScript" >
var arr = new Array(3);
arr[0] = "George";
arr[1] = "John";
arr[2] = "Thomas";
var arr2 = new Array(3);
arr2[0] = "James";
arr2[1] = "Adrew";
arr2[2] = "Martin";
alert("新数组为:" + arr. concat(arr2));
</script >
```

运行结果如下：

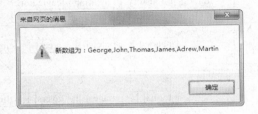

 学习单元6   BOM 模型

 **学习目标**

● 熟练掌握 BOM 模型
● 熟练掌握 window 对象及它所派生的 Navigator、Screen、History、Location 对象的声

明和调用方法

 **知识要求**

一、BOM 的概念

1. BOM 是 browser object model 的缩写，简称浏览器对象模型。

2. BOM 提供了独立于内容而与浏览器窗口进行交互的对象。

3. 由于 BOM 主要用于管理窗口与窗口之间的通信，因此其核心对象是 window。

4. BOM 由一系列相关的对象构成，并且每个对象都提供了很多方法与属性。

5. BOM 缺乏标准，JavaScript 语法的标准化组织是 ECMA，DOM 的标准化组织是 W3C。

6. BOM 最初是 Netscape 浏览器标准的一部分。

二、基本的 BOM 结构图

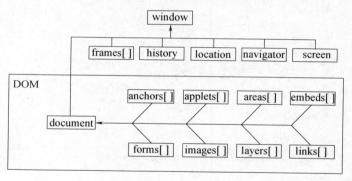

Browser Object Model (BOM)

window 对象是 BOM 的顶层（核心）对象，所有对象都是通过它延伸出来的，也可以称为 window 的子对象。

三、BOM 对象

1. screen 对象

作用：与屏幕有关的操作，如调整窗体的大小，将窗体填充屏幕。

经典用法：将窗体填充屏幕。

```
< script type = "text/JavaScript" >
```

```
    window. moveTo(0,0);
    window. resizeTo( screen. availWidth, screen. availHeight);
</script>
```

2. navigator 对象

作用：获取浏览器相关的信息，如获取浏览器版本。

一般用法：获取浏览器版本。

```
< script type = "text/JavaScript" >
    var myAppMinorVersion = navigator. appMinorVersion;
    if( myAppMinorVersion !  = undefined) {
        alert( myAppMinorVersion);
    }
</script>
```

3. location 对象

作用：获取与设置 URL 的相关信息，获取网址、端口号、域名等信息。

一般用法：

（1）获取 href 属性并重新设置

```
< script type = "text/JavaScript" >
    var myHref = location. href ;   //获取 href 属性
    window. setTimeout( function( ) {    //两秒后重定向百度页面
    location. href = "http://www. baidu. com" ;
    },2000);
</script>
```

（2）重新加载

location. road （false）；false 表示从缓存中加载，true 表示从服务器加载。

（3）重定向

location. replace （"URL"）；//这样就使前进和后退失效。

4. history 对象

作用：与访问历史相关的操作，如前进、后退、刷新等。

一般用法：

window. history. go （-1）；   //后退

window. history. go （0）；   //刷新

window. history. go（1）；   //前进

5. window 对象

作用：与窗体相关的应用。

一般应用：

（1）调整窗体

window. moveTo（0，0）；

window. resizeTo（screen. availWidth，screen. availHeight）；

（2）操作确定和提示框

if（window. comformed（"确定要删除?"））

window. alert（"删除进行中..."）；

else

window. alert（"没有删除"）；

（3）关闭窗体

window. close（）；

 学习单元7 DOM 模型

 学习目标

- 熟练掌握 DOM 模型
- 了解 HTML DOM 对象的作用和使用方法

 知识要求

要改变页面的某个东西，JavaScript 就需要获得对 HTML 文档中所有元素进行访问的入口。DOM（Document Object Model，文档对象模型）就是 HTML 页面的模型，将每个标签都作为一个对象，JavaScript 通过调用 DOM 中的属性、方法就可以对网页中的文本框、层等元素进行编程控制。可以添加、移除、改变或重排页面上的项目。比如通过操作文本框的 DOM 对象，就可以读取文本框中的值、设置文本框中的值。

JavaScript 将浏览器本身、网页文档以及网页文档中的 HTML 元素等都用相应的内置对象来表示，这些对象及对象之间的层次关系称为 DOM。

一、DOM 节点

DOM 操作的最小单位是元素节点（element node）。在 Web 文档中，可以使用诸如 <body>、<p> 和 <ul> 之类的元素。这些元素在文档中的布局形成了文档的结构，各种标签提供了元素的名字。文本段落元素的名字是"p"，无序清单元素的名字是"ul"，列表项元素的名字是"li"。元素可以包含其他的元素。在 Web 文档里，所有的列表项元素都包含在一个无序清单元素的内部。事实上，没有被包含在其他元素里的唯一元素是 <html> 元素。它是节点树的根元素。

根据 DHTML 文档中的每个成分都是一个节点，DOM 是这样规定的：

● 整个文档是一个文档节点
● 每个 HTML 标签是一个元素节点
● 包含在 HTML 元素中的文本是文本节点
● 每一个 HTML 属性是一个属性节点
● 注释属于注释节点

二、节点层次

节点彼此都有等级关系。HTML 文档中的所有节点组成了一个文档树（或节点树）。HTML 文档中的每个元素、属性、文本等都代表着树中的一个节点。树起始于文档节点，并由此继续伸出枝条，直到处于这棵树最低级别的所有文本节点为止。

下面这个图片表示一个文档树（节点树）：

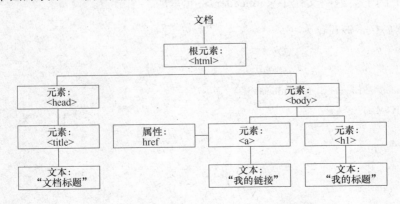

如下面的示例：

```
<! DOCTYPE html PUBLIC "-//W3C//DTD XHTML 1.0 Transitional//EN" " http://www. w3. org/TR/xht-
ml1/DTD/xhtml1-transitional. dtd" >
< html xmlns = " http://www. w3. org/1999/xhtml" >
< head >
< meta http-equiv = " Content-Type"  content = " text/html; charset = utf-8" / >
< title > DOM Tutorial </title >
</head >
< body >
    < h1 > DOM Lesson one </h1 >
    < p > Hello world！ </p >
</body >
</html >
```

三、节点访问

通过 DOM，可访问 HTML 文档中的每个节点。可通过若干种方法来查找希望操作的元素，如 getElementById（）和 getElementsByTagName（）等方法。

1. getElementById 方法

getElementById（）可通过指定的 ID 来返回元素。

getElementById（）语法：

```
document. getElementById( "ID" ) ;
```

getElementById 示例：

下面这个例子会返回文档中 < idheader > 元素的一个节点：

```
< script type = " text/JavaScript" >
function getValue( )
  {
  var x = document. getElementById( "idheader" )
  alert( x. innerHTML)
  }
</script >
</head >
< body >
< h1 id = "idheader" onclick = " getValue( )" >单击此处弹出 </h1 >
```

运行效果如下：

点击此处弹出

2. getElementsByTagName 方法

getElementsByTagName（）方法会使用指定的标签名返回所有的元素（作为一个节点列表），这些元素是在使用此方法时所处的元素的后代。

getElementsByTagName（）语法：

document. getElementsByTagName("标签名称");

或者：

document. getElementById("ID"). getElementsByTagName("标签名称");

getElementByTagName 示例：

下面这个例子会返回所有 <input> 元素的一个节点列表：

```
<! DOCTYPE html PUBLIC "-//W3C//DTD XHTML 1.0 Transitional//EN" " http://www. w3. org/TR/xht-
ml1/DTD/xhtml1-transitional. dtd" >
< html xmlns = " http://www. w3. org/1999/xhtml" >
< head >
< meta http-equiv = " Content-Type" content = " text/html; charset = utf-8" / >
< title >无标题文档</title >
< script type = " text/JavaScript" >
function getElemLen( )
    {
    var x = document. getElementsByTagName("input");
    alert( x. length );
    }
</script >
</head >
< body >
< input name = " myInput" type = " text" size = "20" / > < br / >
```

```
< input name = "myInput" type = "text" size = "20" / > < br / >
< input name = "myInput" type = "text" size = "20" / > < br / >
< br / >
< input type = "button" onclick = "getElemLen( )" value = "How many input elements?" / >
</body >
</html >
```

运行结果如下：

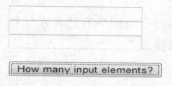

四、节点列表（nodeList）

当使用节点列表时，通常要把此列表保存在一个变量中，例如：

```
var x = document. getElementsByTagName( "input" ) ;
```

现在，变量 x 包含着页面中所有 <input> 元素的一个列表，并且可以通过它们的索引号来访问这些 <input> 元素。

注释：索引号从 0 开始。

可以通过使用 length 属性来循环遍历节点列表：

```
var x = document. getElementsByTagName( "input" ) ;
for( var i = 0 ; i < x. length ; i + + )
  {
  // 代码块
  }
```

也可以通过索引号来访问某个具体的元素。要访问第三个 <input> 元素，可以这么写：

```
var y = x[2] ;
```

示例如下：

```
<! DOCTYPE html PUBLIC "-//W3C//DTD XHTML 1.0 Transitional//EN" " http://www. w3. org/TR/xht-
ml1/DTD/xhtml1-transitional. dtd" >
< html xmlns = " http://www. w3. org/1999/xhtml" >
< head >
< meta http-equiv = " Content-Type" content = " text/html;charset = utf-8" / >
< title > 无标题文档 </title >
< script type = " text/JavaScript" >
function getElem( )
  {
  var x = document. getElementsByTagName( "input" ) ;
  alert( x[2]. name) ;
  }
</script >
</head >
< body >
< input name = " myInput1" type = " text" size = "20" / > < br / >
< input name = " myInput2" type = " text" size = "20" / > < br / >
< input name = " myInput3" type = " text" size = "20" / > < br / >
< br / >
< input type = " button" onclick = " getElem( )" value = " 查看第三个 input 内容" / >
</body >
</html >
```

运行结果如下：

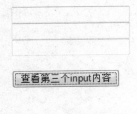

通过使用一个元素节点的 parentNode、firstChild 以及 lastChild 属性，这三个属性 parentNode、firstChild 以及 lastChild 可遵循文档的结构，在文档中进行"短距离的定位"。

```
< table >
  < tr >
    < td > first </td >
    < td > second </td >
    < td > third </td >
  </tr >
</table >
```

在上面的 HTML 代码中，第一个 < td > 是 < tr > 元素的首个子元素（firstChild），而最后一个 < td > 是 < tr >元素的最后一个子元素（lastChild）。

此外，< tr > 是每个 < td >元素的父节点（parentNode）。

对 firstChild 最普遍的用法是访问某个元素的文本：

```
var x = [ a paragraph ] ;
var text = x. firstChild. nodeValue ;
```

parentNode 属性常被用来改变文档的结构。假设设计师希望从文档中删除带有 id 为 "div1的节点：

```
var x = document. getElementById( "div1" ) ;
x. parentNode. removeChild( x ) ;
```

首先，需要找到带有指定 id 的节点，然后移至其父节点并执行 removeChild（ ）方法。
示例如下：

```
<! DOCTYPE html PUBLIC "-//W3C//DTD XHTML 1.0 Transitional//EN" "http://www. w3. org/TR/xhtml1/DTD/xhtml1-transitional. dtd" >
< html xmlns = "http://www. w3. org/1999/xhtml" >
< head >
< meta http-equiv = "Content-Type" content = "text/html;charset = utf-8" / >
< title >无标题文档 </title >
</head >
< body >
< div id = "div1" >
< p id = "p1" >这是一个段落。 </p >
< p id = "p2" >这是另一个段落。 </p >
</div >
< script type = "text/JavaScript" >
```

```
var parent = document. getElementById("div1");
var child = document. getElementById("p1");
child. parentNode. removeChild(child);
</script>
</body>
</html>
```

运行结果如下：

这是另一个段落。

第一个段落没有了

五、节点信息

nodeName、nodeValue 以及 nodeType 包含有关于节点的信息。每个节点都拥有包含着关于节点某些信息的属性。这些属性是：

- nodeName（节点名称）
- nodeValue（节点值）
- nodeType（节点类型）

nodeName

nodeName 属性含有某个节点的名称。

- 元素节点的 nodeName 是标签名称
- 属性节点的 nodeName 是属性名称
- 文本节点的 nodeName 永远是 #text
- 文档节点的 nodeName 永远是 #document

nodeValue

- 对于文本节点，nodeValue 属性包含文本。
- 对于属性节点，nodeValue 属性包含属性值。

nodeValue 属性对于文档节点和元素节点是不可用的。

nodeType

nodeType 属性可返回节点的类型。

最重要的节点类型是：

元素类型	节点类型
元素	1
属性	2
文本	3
注释	8
文档	9

六、DOM 对象

DOM 中包含了许多种对象，其中，document 是根节点，也是唯一的根结点。所以这里着重介绍 Document 对象。

document 对象既是 HTML Document 类的一个示例，也是 DHTML 的一个对象。因此，document 既可以作为 HTML Document 使用，又可以作为 DHTML 的 document 使用。每个载入浏览器的 HTML 文档都会成为 Document 对象。

document 对象使设计师可以从脚本中对 HTML 页面中的所有元素进行访问。

以下是 document 对象的几个常用方法：

```
document. write( )                    //动态向页面写入内容
document. createElement( Tag )        //创建一个 html 标签对象
document. getElementById( ID )        //获得指定 ID 值的对象
document. getElementsByName( Name )   //获得指定 Name 值的对象
```

document 对象属性见表 5—10，document 对象方法见表 5—11。

表 5—10   **document 对象属性**

属性	描述
body	提供对 <body> 元素的直接访问
	对于定义了框架集的文档，该属性引用最外层的 <frameset>
cookie	设置或返回与当前文档有关的所有 cookie
domain	返回当前文档的域名
lastModified	返回文档被最后修改的日期和时间
referrer	返回载入当前文档的 URL
title	返回当前文档的标题
URL	返回当前文档的 URL

表 5—11   **document 对象方法**

方法	描述
close（）	关闭用 document. open（）方法打开的输出流，并显示选定的数据
getElementById（）	返回对拥有指定 id 的第一个对象的引用
getElementsByName（）	返回带有指定名称的对象集合
getElementsByTagName（）	返回带有指定标签名的对象集合
open（）	打开一个流，以收集来自任何 document. write（）或 document. writeln（）方法的输出
write（）	向文档写 HTML 表达式或 JavaScript 代码
writeln（）	等同于 write（）方法，不同的是在每个表达式之后写一个换行符

由于在前面一些实例中，document 对象属性与方法已经多次重复介绍，这里只写 document 对象部分属性与方法的示例：

```
<! DOCTYPE html PUBLIC "-//W3C//DTD XHTML 1.0 Transitional//EN" "http://www.w3.org/TR/xhtml1/DTD/xhtml1-transitional.dtd">
<html xmlns = "http://www.w3.org/1999/xhtml">
<head>
<meta http-equiv = "Content-Type" content = "text/html;charset = utf-8" />
<title>无标题文档</title>
</head>
<body>
<a name = "first">第一个锚节点</a> <br />
<a name = "second">第二个锚节点</a> <br />
<a name = "third">第三个锚节点</a> <br />
<br />
第一个锚节点的 InnerHTML 是：
<script type = "text/JavaScript">
document.write(document.anchors[0].innerHTML)
</script>
</body>
</html>
```

运行效果如下：

第一个锚节点
第二个锚节点
第三个锚节点

第一个锚节点的 InnerHTML 是：第一个锚节点

七、DOM 操作

1. 新建节点

根据节点的类型不同，采用不同的方法新建节点。

```
< div id = "div1" > < /div >
< input type = "button" onClick = "create( )" value = "单击新建节点" / >
< script language = "JavaScript" >
    function create( ) {
        var div = document. getElementById( "div1" ) ;
        for ( var i = 0 ; i < 3 ; i + + ) {
            var input = document. createElement( "input" ) ;
            input. value = "文本" + Math. random( ) ;
            div1. appendChild( input ) ;
            var text = document. createTextNode( "文本" + Math. random( ) ) ;
            div1. appendChild( text ) ;
        }
    }
< /script >
```

运行效果如下：

单击按钮前：

单击新建节点

单击按钮后：

文本0.7321508017612806 文本0.528827859264155 文本0.428322093283848 文本0.9419441187064875
文本0.2339185352999593 文本0.695819316365333
单击新建节点

上述示例分别创建了 input 节点和文本节点，分别使用了 createElement 和 createText-

Node 方法。节点创建完以后，为了使节点可见，使用 appendChild 方法附加到 div 内部。

2. 插入节点

上一个 appendChild 方法只能顺序添加节点，如果想在指定位置添加节点，需要用 in-sertBefore 方法。

```
< ul id = "my" >
    < li >默认节点 </li >
</ul >
< input type = "button" onClick = "create( )" value = "单击插入节点" />
< script type = "text/JavaScript" >
    var num = 0;
    function create( ) {
        var ul = document. getElementById( "my" );
        var li = document. createElement( "li" );
        var text = document. createTextNode( "文本" + num);
        li. appendChild( text);
        ul. insertBefore( li,ul. firstChild);
        num + +;
    }
</script >
```

运行效果如下：

单击按钮前：

- 默认节点

单击插入节点

单击按钮后：

- 文本0
- 默认节点

单击插入节点

3. 删除节点

可以使用 removeChild 方法删除节点。

```
<ul id = "my" >
    <li>默认节点 1 </li>
    <li>默认节点 2 </li>
    <li>默认节点 3 </li>
</ul>
<input type = "button" onClick = "del( )" value = "单击删除节点" />
<script type = "text/JavaScript" >
    function del( ) {
        var ul = document. getElementById("my") ;
        var li = ul. firstChild;
        ul. removeChild(li) ;
    }
</script>
```

运行效果如下：

单击按钮前：

- 默认节点1
- 默认节点2
- 默认节点3

<button>单击删除节点</button>

单击按钮后：

- 默认节点2
- 默认节点3

<button>单击删除节点</button>

八、DOM 操作 HTML

设计师经常用 DOM 模型来操作 HTML 标签和属性，从而实现 HTML 网页的动态变化。

1. 操作 HTML 标签内容

（1）遍历 HTML 标签

```
<html>
<head>
```

```
</head >
< body >
    < h1 > This is JAVASCRIPT </h1 >
    < h2 > This is DOM </h2 >
    < ul >
        < li > hello JAVASCRIPT </li >
    </ul >
</body >
</html >
< script type = "text/JavaScript" >
    var len = document. all. length;
    for ( var i = 0;i  <  len;i + + ) {
        var element = document. all[ i ] ;
        document. write( "document. all[ " + i + " ] = " + element. tagName + " </br >") ;
    }
</script >
```

运行效果如下：

This is JAVASCRIPT

This is DOM

- hello JAVASCRIPT

document.all[0]=HTML
document.all[1]=HEAD
document.all[2]=TITLE
document.all[3]=BODY
document.all[4]=H1
document.all[5]=H2
document.all[6]=UL
document.all[7]=LI
document.all[8]=SCRIPT

（2）获得和失去焦点

```
< script type = "text/JavaScript" >
    function cancellFocus( ) {
        document. getElementById( "testHref" ). blur( ) ;
    }
```

```
function setFocus() {
    document. getElementById("testHref"). focus();
}
</script>
<a href="href" id="testHref">这是一个链接</a>
<input type="button" onClick="setFocus()" value="单击获得焦点" />
<input type="button" onClick="cancellFocus()" value="单击失去焦点" />
```

运行效果如下：

单击前：

<u>这是一个链接</u>　单击获得焦点　单击失去焦点

单击获取焦点：

<u>这是一个链接</u>　单击获得焦点　单击失去焦点

单击失去焦点：

<u>这是一个链接</u>　单击获得焦点　单击失去焦点

（3）修改 HTML 内容

```
<script type="text/JavaScript">
    function change() {
        document. getElementById("div1"). innerHTML = "修改后内容";
    }
</script>
<div id="div1">未修改时内容</div>
<input type="button" onClick="change()" value="修改内容" />
```

运行效果如下：

单击按钮前：

未修改时内容

修改内容

单击按钮后：

修改后内容

[修改内容]

2. 操作 table 标签

（1）访问表格中指定的行

```
< script type = " text/JavaScript" >
    function getrow( num) {
        alert( document. getElementById( "mytable" ). rows[ num]. innerHTML) ;
    }
</script >
< table id = "mytable" >
  < tr >
      < td >姓名 </td >
      < td >张三 </td >
  </tr >
  < tr >
      < td >年龄 </td >
      < td >25 </td >
  </tr >
  < tr >
      < td >成绩 </td >
      < td >89 </td >
  </tr >
</table >
< input type = "button" onClick = "getrow('0')" value = "第一行内容" / >
```

运行效果如下：

单击按钮前：

姓名 张三
年龄 25
成绩 89
[第一行内容]

单击按钮后：

（2）删除表格中一行

```
< script type = "text/JavaScript" >
    function delrow( obj ) {
        var r = obj. parentNode. parentNode. rowIndex;
        document. getElementById( "mytable" ). deleteRow( r );
    }
</script >
< table id = "mytable" >
  < tr >
    < td > 姓名 </td >
    < td > 张三 </td >
    < td > < input type = "button" onClick = "delrow( this )" value = "删除" / > </td >
  </tr >
  < tr >
    < td > 年龄 </td >
    < td > 25 </td >
    < td > < input type = "button" onClick = "delrow( this )" value = "删除" / > </td >
  </tr >
  < tr >
    < td > 成绩 </td >
    < td > 89 </td >
    < td > < input type = "button" onClick = "delrow( this )" value = "删除" / > </td >
  </tr >
</table >
```

运行效果如下:

单击按钮前:

姓名 张三 删除
年龄 25 删除
成绩 89 删除

单击按钮后:

年龄 25 删除
成绩 89 删除

(3) 在表格中插入一行

```
< script type = "text/JavaScript" >
    function addrow( obj) {
        var line = document. getElementById( "mytable") . insertRow(0) ;
        var c0 = line. insertCell(0) ;
        var c1 = line. insertCell(1) ;
        c0. innerHTML = "第一列";
        c1. innerHTML = "第二列";
    }
</ script >
< table id = "mytable" >
  < tr >
    < td > 姓名 </td >
    < td > 张三 </td >
    </tr >
  < tr >
    < td > 年龄 </td >
    < td > 25 </td >
  </tr >
  < tr >
    < td > 成绩 </td >
    < td > 89 </td >
```

```
    </tr>
</table>
<div> <input type = "button" onClick = "addrow()" value = "插入第一行" /> </div>
```

运行效果如下：

单击按钮前：

姓名 张三
年龄 25
成绩 89

插入第一行

单击按钮后：

第一列 第二列
姓名 张三
年龄 25
成绩 89

插入第一行

3. 操作 form 标签

（1）遍历 form 中所有元素

```
<script type = "text/JavaScript">
    function visitAll() {
        var result = "";
        for (var i = 0; i < document.forms["myClass"].elements.length; i++) {
            var element = document.forms["myClass"].elements[i];
            result += element.tagName + "/" + element.type + " ";
        }
        alert(result);
    }
</script>
<form name = "myClass">
<table>
  <tr>
    <td>姓名</td>
```

```
    < td > < input type = "text" / > </td >
    </tr >
  < tr >
    < td >性别 </td >
    < td > < input type = "radio"  value = "r1"  name = "sex" / >男
        < input type = "radio"  value = "r2"  name = "sex" / >女
    </td >
  </tr >
  < tr >
    < td >成绩 </td >
    < td >89 </td >
  </tr >
</table >
</form >
< input type = "button"  onClick = "visitAll( )"  value = "遍历所有 form" / >
```

运行效果如下：

单击按钮前：

单击按钮后：

（2）修改下拉列表中的内容

下面示例提供了下拉列表增加、删除、修改的方法，可以通过 selectIndex 属性定位当前选中的下拉列表内容。

```
< script type = "text/JavaScript" >
    //显示当前项目
    function showValue( ) {
        var loc = document. getElementById("mysel"). selectedIndex;
        var value = document. getElementById("mysel"). options[loc]. text;
        alert(value);
    }
    //增加一项
    function addValue( ) {
        var op = new Option( );
        op. value = "4";
        op. text = "赵六";
        document. getElementById("mysel"). add(op);
    }
    //删除一项
    function delValue( ) {
        document. getElementById("mysel"). remove(0);
    }
</script>
<form>
<select id = "mysel">
    <option value = "1">张三</option>
    <option value = "2">李四</option>
    <option value = "3">王五</option>
</select>
</form>
<input type = "button" onClick = "showValue()" value = "显示当前值" />
<input type = "button" onClick = "addValue()" value = "增加一项" />
<input type = "button" onClick = "delValue()" value = "删除一项" />
```

运行效果如下：

单击按钮前：

单击第一个按钮：

单击第二个按钮：

单击第三个按钮：

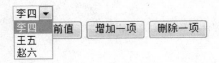

（3）获取单选按钮或复选框的值

```
< script type = " text/JavaScript" >
    function showResult( ) {
        var level = " " ;
        var study = " " ;
        for ( var i = 0 ; i < document. forms[ " myClass" ]. elements. length ; i + + ) {
            var element = document. forms[ " myClass" ]. elements[ i ] ;
            if( element. type = = " radio" ) {
            if( element. checked = = true) {
                level = element. value ;
                }
```

```
                    }
            if( element. type = = "checkbox" ) {
                if( element. checked = = true) {
                    study + = element. value;
                }
            }
        }
        alert( level + study) ;
    }
</script >
< form name = "myClass" >
```

你的级别：

```
< input type = "radio" value = "初学者" name = "level" / >初学者
< input type = "radio" value = "有基础" name = "level" / >有基础
< br/ >
```

请选择你要学习的科目：

```
< input type = "checkbox" value = "HTML" name = "HTML" / > HTML
< input type = "checkbox" value = "CSS" name = "CSS" / > CSS
< input type = "checkbox" value = "JAVASCRIPT" name = "JAVASCRIPT" / > JAVASCRIPT
</form >
< input type = "button" onClick = "showResult( )" value = "选择" / >
```

运行效果如下：

单击按钮前：

你的级别： ◎初学者 ◎有基础
请选择你要学习的科目： □HTML □CSS □JAVASCRIPT
选择

单击按钮后：

你的级别：　○初学者 ● 有基础
请选择你要学习的科目：　☑HTML ☑CSS ☑JAVASCRIPT

（4）模拟鼠标单击

```
< script type = " text/JavaScript" >
    function clickButton( ) {
        document. getElementById('mybutton'). click( );
    }
</script >
< input type = " button" id = " mybutton" onClick = " JavaScript:alert('yes')" value = " 按钮 1" / >
< input type = " button" onClick = " clickButton( )" value = " 按钮 2" / >
```

运行效果如下：

单击按钮前：

　　　　　　　　　按钮1　按钮2

单击按钮 1：

单击按钮 2：

4. 动态修改样式

通过修改 DOM 对象的 style 属性，可以实现样式的动态修改。

```
< script type = "text/JavaScript" >
    function changeColor( color ) {
        document. getElementById( "text" ). style. color = color;
    }
</script >
< span id = "text" >要变化颜色的文本 </span >
< input type = "button" value = "蓝色" onClick = "changeColor('blue')" >
< input type = "button" value = "红色" onClick = "changeColor('red')" >
```

运行效果如下：

单击按钮前：

要变化颜色的文本 蓝色 红色

单击【蓝色】按钮：

要变化颜色的文本 蓝色 红色

单击【红色】按钮：

要变化颜色的文本 蓝色 红色

第3节 表 单 验 证

 学习单元 1　表单验证的意义

•◦•

 学习目标

● 了解表单的作用

● 了解表单验证的重要性和意义

● 了解常见的几种验证种类

 知识要求

　　表单验证是 JavaScript 中的高级选项之一。JavaScript 可用来在数据被送往服务器前对 HTML 表单中的这些输入数据进行验证。

　　被 JavaScript 验证的这些典型的表单数据有：

　　访问者是否已填写表单中的必填项目？

　　访问者输入的邮件地址是否合法？

　　访问者是否已输入合法的日期？

　　访问者是否在数据域（numeric field）中输入了文本？

　　无论是动态网站，还是其他 B/S 结构的系统，都离不开表单。为了保证提交的表单的数据合法，需要进行表单验证。表单验证主要表现在以下两个方面：

　　1. 避免信息无法更新或出现新错误

　　错误的数据提交到后台，有可能会出现无法更新或莫名其妙的错误，为了避免这种错误出现，所以需要在前台进行表单验证。

　　2. 减轻服务器端的压力

　　有时在访问者填写表单时，设计师希望所填入的资料必须是某特定类型信息，或是填入的值必须在某个特定的范围之内，在正式提交表单之前必须检查这些值是否有效。

一、表单验证的形式

验证 Web 页面中的表单有如下几种形式：

1. 服务端批量验证

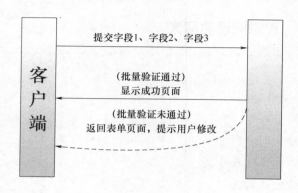

服务端批量验证是最传统验证形式，它将所有表单字段一次性提交给服务器来验证。服务器对所有表单进行批量的验证后，根据验证的结果跳转到不同的结果页面。

2. 客户端验证

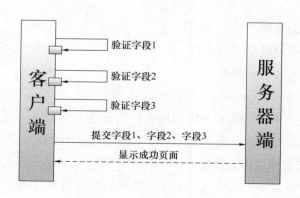

客户端验证是利用 JavaScript 对访问者输入的数据进行逐个验证。

3. 服务端异步验证

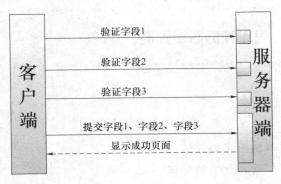

服务器异步验证是利用 JavaScript 发出异步 AJAX 请求，来要求服务器验证单个或多个字段。如果网络延迟不明显，那么服务器异步验证给访问者的体验类似于客户端验证。

4. 混合式验证

以上几种验证手段各有优缺点，没有一种验证方法是完美的。但把它们结合起来就可以克服各自的缺点，达到较完美的境地。

对所有字段做服务器端批量验证，即便 JavaScript 失效，服务器验证可作为最后的防线。

只要有可能，就对字段做客户端验证，确保最迅速的响应和较好的访问体验。

对于必须访问服务器资源的验证逻辑，例如，检查验证码、确认注册账户 ID 未被占用等，采用服务器异步验证，提高访问体验。

以上混合形式的验证无疑是好的，但是它的实现也比较复杂。

二、一个基本的表单验证流程

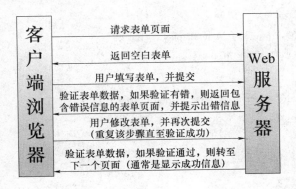

学习单元 2　表单项的简单验证

 学习目标

- 熟练掌握表单项不能为空的验证
- 熟练掌握表单项必须为数字的验证
- 熟练掌握表单项必须为字符的验证
- 熟练掌握表单项内容长度限定的验证
- 熟练掌握日期的验证

 技能要求

一、表单项不能为空的验证

```
<! DOCTYPE html PUBLIC "-//W3C//DTD XHTML 1.0 Transitional//EN" " http://www. w3. org/TR/xht-ml1/DTD/xhtml1-transitional. dtd" >
<html xmlns = "http://www. w3. org/1999/xhtml" >
<head >
< meta http-equiv = "Content-Type"  content = "text/html;charset = utf-8" / >
< script type = "text/JavaScript" >
function isblank(obj) {
if( obj. value = = null||obj. value = = "" ) {
document. getElementById("errorinfo"). style. display = "block" ;
document. getElementById("submit"). disabled = true;
} else {
  document. getElementById("errorinfo"). style. display = "none" ;
  document. getElementById("submit"). disabled = false;
  }
}
</ script >
</ head >
```

```
< body >
< form name = "form1" method = "post" action = "www. baidu. com" >
  < table >
    < tr >
      < td >账号：</td >
      < td > < input name = "username" type = "text" id = "username" onblur = "isblank(this)"/ >
    < div style = "display:none" id = "errorinfo" > < font color = "red" >账号不能为空 </font > </div > </td >
    </tr >
    < tr >
      < td >
        < input type = "submit" value = "提交" id = "submit" style = "width:50px" disabled = "disabled"/ >
  
      </td >
    </tr >
  </table >
</form >
</body >
</html >
```

运行效果如下：

未填写前：

账号： [   ]

[提交]

填空后：

账号： [   ]
账号不能为空

[提交]

正确填写时：

账号： [123   ]

[提交]

二、表单项必须为数字的验证

```
<! DOCTYPE html PUBLIC "-//W3C//DTD XHTML 1.0 Transitional//EN" "http://www.w3.org/TR/xht-
ml1/DTD/xhtml1-transitional.dtd">
<html xmlns = "http://www.w3.org/1999/xhtml">
<head>
<meta http-equiv = "Content-Type" content = "text/html;charset = utf-8" />
<script type = "text/JavaScript">
function check(obj)
        {
            var len = obj.value.length;
            var flag = 1;
            if(obj.value = = "")
              {
                 alert("内容不能为空");
                 return;
              }
            for(i = 0;i < len;i + +)
                {
                     if(obj.value.charAt(i) < "0" || obj.value.charAt(i) > "9")
                     flag = 0;   //只要一个字符不为数字,则标志位为零
                }
            if(flag = = 0)
            {
            document.getElementById("userInf").innerHTML = "您输入的不是纯数字!";
            document.getElementById("userInf").style.color = "red";
            }
            else
            {
            document.getElementById("userInf").innerHTML = "纯数字验证通过!";
            document.getElementById("userInf").style.color = "green";
            }
            }
</script>
```

```
</head >
< body >
< form name = "form1" method = "post" action = "www. baidu. com" >
  < table >
    < tr >
        < td >
        </td >
         < td >
        < p > 请输入纯数字 </p >
        </td >
    </tr >
    < tr >
      < td > 纯数字: </td >
      < td > < input name = "username" type = "text" id = "username" onblur = "check( this)"/ > </td >
 < td > < div id = "userInf" > </div > </td >

    </tr >
    < tr >
      < td >
      < input type = "submit" value = "提交"   id = "submit" style = "width:50px" disabled = "disabled"/ >
      
      </td >
    </tr >
  </table >
</form >
</body >
</html >
```

运行效果如下:

未填写前:

请输入纯数字

纯数字: _____

提交

填入非纯数字后：

请输入纯数字

纯数字： asd   您输入的不是纯数字！

提交

正确填写时：

请输入纯数字

纯数字： 123   纯数字验证通过！

提交

三、表单项必须为英文字符的验证

```
<! DOCTYPE html PUBLIC "-//W3C//DTD XHTML 1.0 Transitional//EN" "http://www.w3.org/TR/xht-
ml1/DTD/xhtml1-transitional.dtd">
<html xmlns="http://www.w3.org/1999/xhtml">
<head>
<meta http-equiv="Content-Type" content="text/html;charset=utf-8" />
<script type="text/JavaScript">
function check(obj)//判断是否是英文
    {
        var len=obj.value.length;
        var flag=1;
        if(obj.value=="")
        {
        alert("内容不能为空");
        return;
        }
        for(i=0;i<len;i++)
        {
            if(!((obj.value.charAt(i)>="a" && obj.value.charAt(i)<="z")||
(obj.value.charAt(i)>="A" && obj.value.charAt(i)<="Z")))
            flag=0;  //只要一个字符不为英文,则标志位为零
        }
```

```
        if( flag = = 0)
        {
        document. getElementById( "userInf" ). innerHTML = "您输入的不是纯英文!";
        document. getElementById( "userInf" ). style. color = "red";
        }
        else
        {
        document. getElementById( "userInf" ). innerHTML = "纯英文验证通过!";
        document. getElementById( "userInf" ). style. color = "green";
        }
        }
</script >
</head >
<body >
<form name = "form1" method = "post" action = "www. baidu. com" >
  <table >
    <tr >
        <td >
        </td >
        <td >
        <p >请输入纯英文</p >
        </td >
    </tr >
    <tr >
      <td >纯英文:</td >
      <td > <input name = "username" type = "text" id = "username" onblur = "check( this)"/ > </td >
  <td > <div id = "userInf" > </div > </td >

    </tr >
    <tr >
      <td >
      <input type = "submit" value = "提交"  id = "submit" style = "width;50px" disabled = "disabled"/ >
  
      </td >
```

```
      </tr>
    </table>
  </form>
</body>
</html>
```

运行效果如下：

未填写前：

请输入纯英文

纯英文：_____

提交

填入非纯英文后：

请输入纯英文

纯英文：12ab_____ 您输入的不是纯英文！

提交

正确填写时：

请输入纯英文

纯英文：abcABC_____ 纯英文验证通过！

提交

四、表单项内容长度限定的验证

```
<! DOCTYPE html PUBLIC "-//W3C//DTD XHTML 1.0 Transitional//EN" " http://www. w3. org/TR/xht-
ml1/DTD/xhtml1-transitional. dtd" >
<html xmlns = " http://www. w3. org/1999/xhtml" >
<head >
<meta http-equiv = "Content-Type" content = "text/html;charset = utf-8" / >
<script type = "text/JavaScript" >
function check(obj)
{
if( obj. value. length > 10 )
```

```
{
alert("不能超过 10 个字符!");
return false;
}
}
</script>
</head>
<body>
<form name="form1" method="post" action="www. baidu. com" >
    <table>
      <tr>
          <td>
          </td>
          <td>
          <p>请输入少于十个字符</p>
          </td>
      </tr>
      <tr>
        <td >请输入字符:</td>
        <td > <input name="username" type="text" id="username" onblur="check(this)"/> </td>
      <td > <div id="userInf"> </div> </td>
      </tr>
    </table>
</form>
</body>
</html>
```

运行效果如下：

未填写前：

请输入少于十个字符

请输入字符：

填入字符少于十个后：

请输入少于十个字符

请输入字符：　0123456789

填入字符大于十个后：

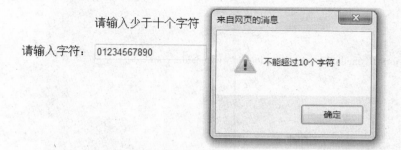

五、日期的验证

```
<! DOCTYPE html PUBLIC "-//W3C//DTD XHTML 1.0 Transitional//EN" " http://www. w3. org/TR/xht-
ml1/DTD/xhtml1-transitional. dtd" >
< html xmlns = "http://www. w3. org/1999/xhtml" >
< head >
< meta http-equiv = "Content-Type" content = "text/html;charset = utf-8" / >
< script type = "text/JavaScript" >
function check( obj )
        {
        var flag = 1;
         if( obj. value = = "" )
          {
            alert( "内容不能为空" );
            return;
          }
        //检测内容格式是否正确
        for( i = 0;i < 10;i + + )
            {
              if( i = = 4 || i ==7)
```

```
                    {
                        if( obj. value. charAt( i ) ! = "-" )
                        flag = 0;
                    }
                else
                    {
if( obj. value. charAt( i ) <  "0"  | | obj. value. charAt( i ) >  "9" )
                        flag = 0;
            }
}


            if( flag = = 0 )
            {
            document. getElementById( "userInf" ). innerHTML = "日期格式不正确!";
            document. getElementById( "userInf" ). style. color = "red" ;
            }
            else
            {
            document. getElementById( "userInf" ). innerHTML = "日期格式正确!";
            document. getElementById( "userInf" ). style. color = "green" ;
            }
            }
</ script >
</ head >
< body >
< form name = "form1"  method = "post"  action = "www. baidu. com"  >
  < table >
    < tr >
        < td > </ td >
            < td >
        < p > 请输入日期,格式 2012-11-21 </ p >
        </ td >
    </ tr >
    < tr >
```

```
    <td >请输入日期: </td >
    <td > <input name = "username" type = "text" id = "username" onblur = "check( this )"/ > </td >
  <td > <div id = "userInf" > </div > </td >
   </tr >
  </table >
</form >
</body >
</html >
```

运行效果如下:

未填写前:

请输入日期，格式2012-11-21

请输入日期：

填入不正确的日期格式后:

请输入日期，格式2012-11-21

请输入日期：　2012/11/21　　　　　日期格式不正确!

正确填写时:

请输入日期，格式2012-11-21

请输入日期：　2013-12-21　　　　　日期格式正确!

六、复选框选择验证

```
<! DOCTYPE html PUBLIC "-//W3C//DTD XHTML 1.0 Transitional//EN" " http://www. w3. org/TR/xht-
ml1/DTD/xhtml1-transitional. dtd" >
< html xmlns = "http://www. w3. org/1999/xhtml" >
< head >
< meta http-equiv = "Content-Type" content = "text/html; charset = utf-8" / >
</head >
< body >
< script type = "text/JavaScript" >
```

```
function checkquestion(obj)
        {
           var flag = 1;
           if( obj. options. selectedIndex = =0)
           {
              flag = 0;
           }
           if( flag = =0)
              alert("提示问题必须选择");
           return flag;
        }
</script>
<label> 密码问题:</label>
        < select class = "box_rightp_input2" name = "question" id = "question" size = "1" onBlur = "check-
question( this)">
        < option >请选择提示问题</option>
        < option >你父亲姓名</option>
        < option >你母亲姓名</option>
        < option >你的母校名称</option>
        </select>
        < span >   < font color = "#f580b9" >  *  </font>忘记密码的提示问题    </span>
< br >
</body>
</html>
```

运行效果如下:

未选择前:

密码问题: 请选择提示问题 ▼ * 忘记密码的提示问题

选择后:

密码问题: 你父亲姓名 ▼ * 忘记密码的提示问题

单击但未选择时：

密码问题： 请选择提示问题 ▼ * 忘记密码的提示问题

七、单选选择验证

```
<! DOCTYPE html PUBLIC "-//W3C//DTD XHTML 1.0 Transitional//EN" " http://www. w3. org/TR/xht-
ml1/DTD/xhtml1-transitional. dtd" >
< html xmlns = "http://www. w3. org/1999/xhtml" >
< head >
< meta http-equiv = "Content-Type" content = "text/html;charset = utf-8" / >
</head >
< body >
< script type = "text/JavaScript" >
function checksex( ) {
    var sel = document. getElementsByName("sex") ;
    for( var i = 0;i < sel. length;i + + ) {
    if( sel[i]. checked)
            return true;
    }
    alert('您还没有选中其中的一项') ;
    return false;
     }
</script >
< label > 您的性别：</label >
< input type = "radio" name = "sex" id = "radio" value = "radio" / >男
< input type = "radio" name = "sex" id = "radio2" value = "radio2" / >女
```

```
        < span >   < font color = "#f580b9" >   *  </font >性别必须选择
</span > < br >
        < input type = "button"  value = "验证"  onClick = "checksex( )" / >
</body >
</html >
```

运行效果如下：

未选择前：

您的性别：　◎男 ◎女　*性别必须选择
　验证

选择后，单击验证：

您的性别：　◉男 ◎女　*性别必须选择
　验证

未选择，单击验证：

您的性别：　◎男 ◎女　*性别必须选择
　验证

来自网页的消息　　　　　　　　　 ✕

⚠　您还没有选中其中的一项

确定

学习单元3　常见表单项的验证

学习目标

● 熟练掌握 E-mail 表单项的验证
● 熟练掌握电话号码和手机号码的验证

● 熟练掌握身份证号码的验证

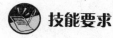

技能要求

一、E-mail 验证

```
<! DOCTYPE html PUBLIC "-//W3C//DTD XHTML 1.0 Transitional//EN"  " http://www. w3. org/TR/xht-
ml1/DTD/xhtml1-transitional. dtd" >
<html xmlns = "http://www. w3. org/1999/xhtml" >
<head >
 < meta http-equiv = "Content-Type"  content = "text/html;charset = utf-8" / >
<script type = "text/JavaScript" >
function check(obj)
      {
          var len = obj. value. length;
            var flag = 0;
            var atpos = obj. value. indexOf('@ ');
            var dotpos = obj. value. indexOf('. ');
            if(atpos > 0)
              {
              if((dotpos-atpos) > 1)
              {
                if((len-dotpos) >2)
                {
                   flag = 1;
                }
                else flag = 0;
              }
              else flag = 0;
            }
            else flag = 0;
            if(flag = =0)
            {
            document. getElementById("userInf"). innerHTML ="邮箱格式不正确!";
            document. getElementById("userInf"). style. color = "red";
```

```
        }
        else
        {
        document. getElementById("userInf"). innerHTML ="邮箱格式正确!";
        document. getElementById("userInf"). style. color ="green";
        }
    }
</script>
</head>
<body>
<form name ="form1" method ="post" action ="www. baidu. com" >
  <table >
    <tr >
        <td > </td >
         <td >
        <p >请输入正确邮箱,格式 abc@ 126. com </p >
        </td >
    </tr >
    <tr >
      <td >请输入邮箱:</td >
      <td > <input name ="username" type ="text" id ="username" onblur ="check(this)"/ > </td >
  <td > <div id ="userInf" > </div > </td >
    </tr >
  </table >
</form >
</body >
</html >
```

运行效果如下:

未填写前:

请输入正确邮箱,格式abc@126.com

请输入邮箱:

填入不正确的邮箱格式后：

请输入正确邮箱，格式abc@126.com

请输入邮箱: abcde　　　　　　　　　　　　邮箱格式不正确!

正确填写时：

请输入正确邮箱，格式abc@126.com

请输入邮箱: abcde@abc.net　　　　　　　邮箱格式正确!

二、手机号码的验证

```
<! DOCTYPE html PUBLIC "-//W3C//DTD XHTML 1.0 Transitional//EN" "http://www. w3. org/TR/xht-
ml1/DTD/xhtml1-transitional. dtd" >
< html xmlns = "http://www. w3. org/1999/xhtml" >
< head >
< meta http-equiv = "Content-Type" content = "text/html;charset = utf-8" / >
< script type = "text/JavaScript" >
function isnum( obj)
        {
                var len = obj. value. length;
                var temp = 1;
                for( i = 0;i < len;i + + )
                {
                        if( obj. value. charAt( i) < "0" || obj. value. charAt( i) > "9" )
                        temp = 0;
                }
                return temp;
        }
function check( obj)
        {
        var flag = 1;
        if( obj. value = = "" )
                {
```

```
                    alert("内容不能为空");
                    return;
                }
        if(obj.value.length = =11)
            {
                flag = isnum(obj);
            }
        else
            {
                flag = 0;
            }
        if(flag = =0)
        {
        document.getElementById("userInf").innerHTML = "不是正确的手机号码!";
        document.getElementById("userInf").style.color = "red";
        }
        else
        {
        document.getElementById("userInf").innerHTML = "手机号码正确!";
        document.getElementById("userInf").style.color = "green";
        }
        }
</script>
</head>
<body>
<form name = "form1" method = "post" action = "www.baidu.com">
  <table>
    <tr>
        <td> </td>
        <td>
        <p>请输入正确的手机号码</p>
        </td>
    </tr>
    <tr>
```

```
    <td >请输入号码：</td >
    <td > <input name = "username" type = "text" id = "username" onblur = "check(this)"/ > </td >
  <td > <div id = "userInf" > </div > </td >
    </tr >
  </table >
</form >
</body >
</html >
```

运行效果如下：

未填写前：

请输入正确的手机号码

请输入号码：

填入不正确的手机号码后：

请输入正确的手机号码

请输入号码： 123456789   不是正确的手机号码！

正确填写时：

请输入正确的手机号码

请输入号码： 18817999999   手机号码正确！

三、身份证号码的验证

```
<! DOCTYPE html PUBLIC "-//W3C//DTD XHTML 1.0 Transitional//EN" " http://www.w3.org/TR/xht-
ml1/DTD/xhtml1-transitional.dtd" >
<html xmlns = "http://www.w3.org/1999/xhtml" >
<head >
<meta http-equiv = "Content-Type" content = "text/html;charset = utf-8" / >
<script type = "text/JavaScript" >
function isnum(obj)
```

```
                              {
                    var len = obj. value. length;
                    var temp = 1;
                    for( i = 0; i < len; i + + )
                                  {
                                        if( obj. value. charAt( i ) <  "0"  || obj. value. charAt( i ) >  "9" )
                                        temp = 0;
                        }

                      return temp;

                    }
function check( obj )
    {
      var flag = 1;
      if( obj. value. length < 18 )
            {
                flag = 0;
            }
      if( flag = = 0 )
                  {
                          document. getElementById( "userInf" ). innerHTML = " 身份证号码不正确,需要 18 位!";
                          document. getElementById( "userInf" ). style. color = "red";

                      }
              else
                  {
                          document. getElementById( "userInf" ). innerHTML = " 身份证号码位数正确!";
                          document. getElementById( "userInf" ). style. color = "green";

                      }

    }
</ script >
</ head >
< body >
< form name = "form1"  method = "post"  action = "www. baidu. com"  >
    < table >
      < tr >
```

```
        < td >
        </ td >
        < td >
        < p > 请输入 18 位身份证号码 </p>
        </ td >
      </ tr >
      < tr >
       < td  > 请输入号码：</ td >
       < td  > < input name = " username"  type = " text"  id = " username"  onblur = " check( this )" /  > </ td >
     < td > < div id = " userInf" > </ div > </ td >
      </ tr >
    </ table >
  </ form >
 </ body >
 </ html >
```

运行效果如下：

未填写前：

请输入18位身份证号码

请输入号码：

填入不正确的身份证号码后：

请输入18位身份证号码

请输入号码：　370708190808　　身份证号码不正确，需要18位！

正确填写时：

请输入18位身份证号码

请输入号码：　370708190808080808　　身份证号码位数正确！

注：另外，还可以使用更方便的正则验证法则来进行验证，这里不多做介绍，有兴趣可以自行学习。

学习单元4　电子商务类网站公司注册信息的验证实例

 学习目标

● 综合运用本章内容完成复杂表单的验证

 技能要求

为了维持网站的访问黏性，方便对访问者分级管理，几乎每一个网站都有注册选项。其中，表单验证环节更是对访者体验有着莫大的影响。一个好的访问验证体系，可以给访问者提供更好的体验，从而让网站更积极地获得访问者更多的信息。

下面，以一个电子商务网站为例，来说明一个网站的表单验证的制作。

其中主程序为：

```
<! DOCTYPE HTML PUBLIC "-//W3C//DTD HTML 4.01 Transitional//EN"  "/www.w3.org/TR/html4/
loose.dtd">
<html>
<head>
<meta http-equiv = "Content-Type"  content = "text/html;charset = UTF8">
<title>×××电子商务网站注册页</title>
<link href = "text.css"  rel = "stylesheet"  type = "text/css" />
<script language = "JavaScript">
window.status = "欢迎来到×××购物商城"
var f_user = 0;
var f_secret = 0;
var f_secret_again = 0;
var f_phone = 0;
var f_sex = 0;
var f_mail = 0;
var f_question = 0;
var f_answer = 0;
function checkblank(obj)
```

```
        {
            if( obj. value = = " " )
                {
                    alert( " 内容不能为空" );
                    return 0;
                }
            else
                    return 1;
        }
function isnum( str )
            {
                var flag = 1;
                if( str < "0" || str > "9" )
                    flag = 0;
                return flag;
            }
function ischar( str )
            {
                var flag = 1;
                if( ! ( ( obj. value. charAt( i ) > = " a" && obj. value. charAt( i ) < = " z" ) || ( obj. value. charAt( i )
> = " A" && obj. value. charAt( i ) < = " Z" ) ) )
                    flag = 0;
                return flag;
            }
function checksex( )
            {
                    return 1;
            }
function checkphone( obj )
            {
                var flag = 1;
                if( obj. value. length < 11 )
                    flag = 0;
                else
```

```
                    }
            for( i = 0 ; i < obj. value. length ; i + + )
              {
                   flag = isnum( obj. value. charAt( i ) ) ;
              }
            }
        if( flag = = 0 )
            {
              alert( "输入是 11 位号码,如 18817988888" ) ;
            }
          return flag ;
        }
function checkusername( obj )
        {
          var flag = 1 ;
          if( obj. value. length  <  5 | |  obj. value. length  >  16 )
              flag = 0 ;
            else
              {
              for( i = 0 ; i < obj. value. length ; i + + )
                {
                    flag = isnum( obj. value. charAt( i ) ) | | ischar( obj. value. charAt( i ) ) | | obj. value. charAt( i )
                    = = "_"
                }
              }
          if( flag = = 0 )
            alert( "允许 5-16 字符,允许字母、数字、下划线" ) ;
          return flag ;
            }
function checkquestion( obj )
            {
          var flag = 1 ;
          if( obj. options. selectedIndex = = 0 )
            {
```

```
                    flag = 0;
                }
            if( flag = = 0)
                alert("提示问题必须选择");
            return flag;
        }
function checkpwd( obj)
        {
            var flag = 1;
            if( obj. value. length < = 6)
            {
                alert("密码必须大于6位数");
                flag = 0;
            }
            return flag;
        }
function checkpwdagain( )
        {
            with( document. all) {
            if( userpassword. value!   = pwdagain. value)
                alert('密码必须相同!');
            }
        }
function checkmail( obj)
        {
        var len = obj. value. length;
        var flag = 0;
        var atpos = obj. value. indexOf( '@ ');
        var dotpos = obj. value. indexOf( '. ');
        if( atpos > 0)
            {
            if( ( dotpos-atpos) > 1)
            {
                if( ( len-dotpos) >2)
```

```
                {
                    flag = 1;
                }
                else flag = 0;
            }
            else flag = 0;
        }
        else
        {
            flag = 0;

        }
        if( flag = = 0 )
        {
            alert( "请输入正确邮箱,例如:abc@126.com" ) ;
        }
        return flag;
    }
function checkuserinfo( )
    {
        var temp = " " ;
        if( f_user = = 0 ) {
            temp = temp + "访问者名:允许5-16字符,允许字母、数字、下划线\n" ;
        }
        if( f_secret = = 0 ) {
            temp = temp + "密码:密码必须大于6位数\n" ;
        }
        if( f_secret_again = = 0 ) {
            temp = temp + "重复密码:密码必须相同\n" ;
        }
        if( f_phone = = 0 ) {
            temp = temp + "手机号码:必须是11位号码,如18817988888\n" ;
        }
        if( f_sex = = 0 ) {
```

```
                    temp = temp + "性别:性别必须选择\n";
                }
            if(f_mail = = 0){
                temp = temp + "邮箱:请输入正确邮箱,例如:abc@ 126. com\n";
                }
            if(f_question = = 0){
                temp = temp + "密码提示问题:必须选择";
                }
            if(f_answer = = 0){
                temp = temp + "密码问题答案:不能为空";
                }
            if(temp! = "")
                alert(temp);
        }
</script>
<style type = "text/css">

</style>
</head>

<body bgcolor = "#ebfaff">
<div id = "container">
    <div id = "header">
        …
        </div>
    <div class = "tips_bar">
        <div class = "tips_bar_wz" id = "myhead">您好,欢迎来到×××网上商城! 请先[ <a href = "#">登录</a> ],新访问者? [ <a href = "#">免费注册</a> ] </div>
    </div>
    <div class = "search_ps">
        <div class = "search">
            <div class = "search_barmargin">
                <div class = "search_bar_bg">
                <form name = "queryform" method = "post" action = "#">
```

```
< div style = "width:140px;float:left;" >
    < input name = "searchkey" class = "input1" type = "text" value = "" / >
</div >
< div style = "width:49px;float:left;" >
    < input name = "btn_headss" class = "input2" type = "submit" value = "搜  索"/ >
</div >
</form >
</div >
< div style = "clear:both;" > </div >
< div class = "search_bar_p" > < img src = "search.gif" / >
< a href = '#' > 笔记本 </a > | < a href ='#' >电脑 </a > | < a href = '#' > 手机 </a >
| </div >
</div >
</div >
< div class = "ps" > < a href = "#" onclick = this.style.behavior = 'url ( # default # homepage )';
this.setHomePage('#') >设为首页 </a > | < a href = "#" > ×××官网 </a > | < a href = "#" onClick =
"window.external.addFavorite('#','×××购物中心网上商城')" >加为收藏 </a > </div >
</div >
</div >
< div style = "clear;both;" > </div >
< div class = "box_title" > </div >
< div class = "box_sm" > < img src = "bdx_logo.gif" > < span >欢迎注册成为×××网上商城会
员! < br >
    请您详细填写您的注册信息,我们会妥善保管您的个人信息。(带 < font color = "#f580b9" >   *
</font >号为必填项) </span > </div >
< form name = "userinfo" method = "post" action = "#" >
< div id = "box" >
    < div >
        < div class = "box_rightp" >
        < label >用  户  名: </label >
        < input class = "box_rightp_input1" type = "text" name = "username" id = "username" maxLength =
"16" onBlur = "checkusername(this)" >
            < span > < font color = "#f580b9" >   * </font >允许 5-16 字符,允许字母、数字、下划线
</span >
```

< span id = "checkInfo" style = "display:none;font-size:12px;" > </span > < br >

< label > 密   码：</label >

< input class = "box_rightp_input1" name = "userpassword" type = "password" id = "userpassword" maxLength = "20" onBlur = "checkpwd(this)" >

< span > < font color = "#f580b9" > * </font > 长度必须大于 6 个字符 </span > < br >

< label >确认密码：</label >

< input class = "box_rightp_input1" name = "pwdagain" type = "password" id = "pwdagain" max-Length = "20" onBlur = "checkpwdagain()" >

< span > < font color = "#f580b9" > * </font > 重复输入密码信息 </span > < br >

< label >手机号码：</label >

< input class = "box_rightp_input1" name = "phonenum" type = "text" id = "phonenum" maxLength = "20" onBlur = "checkphone(this)" >

< span > < font color = "#f580b9" > * </font > 请输入 11 位手机号码 </span > < br >

< label >您的性别：</label >

< input type = "radio" name = "sex" value = "male" id = "sex_0" onBlur = "checksex()" > 男

< input type = "radio" name = "sex" value = "female" id = "sex_1" onBlur = "checksex()" > 女

< span > < font color = "#f580b9" > * </font >请选择性别信息 </span > < br >

< label > 电子邮箱：</label >

< div id = "login_box" >

< div class = "clearfix" > < input type = "text" id = "useremail" name = "useremail" maxlength = "25" autocomplete = "off" onBlur = "checkmail(this)" /> < span style = "float:left;" > < font color = "#f580b9" > * </font >请输入您的邮箱 </span > </div >

</div >

< label > 密码问题：</label >

< select class = "box_rightp_input2" name = "question" id = "question" size = "1" onBlur = "check-question(this)" >

< option > 请选择提示问题 </option >

< option >你父亲姓名 </option >

< option >你母亲姓名 </option >

< option >你的母校名称 </option >

</select >

< span >   < font color = "#f580b9" > * </font >忘记密码的提示问题 </span > < br >

```
        <label>   问题答案:</label>
        <input class="box_rightp_input2" type="text" name="answer" id="answer" maxlength="20"
onBlur="checkblank(this)">
        <span> <font color="#f580b9">  * </font>忘记密码的问题答案   </span><br>
    </div>
    </div>
  <div style="clear:both"></div>
  <div><input class="box_btnzc" type="submit" value="" onClick="return checkuserinfo();"></div>
  <div style="clear:both;"></div>
  <div class="box_xy">
  <div style='border:0px;PADDING:0px;width:560px;height:133px;LINE-HEIGHT:20px;OVERFLOW:
auto;padding:10px;font-size:12px;color:#666666;text-align:left;'>
<DIV>亲爱的顾客: <BR>   在您注册成为×××网上商城访问者前,必须仔
细阅读本访问者协议和隐私声明,一旦您注册成为×××网上商城访问者即表示您已经阅读、同意并接受
本访问者协议和隐私声明中所含的所有条款和条件。<BR>访问者不得在×××网上商城发表包含以下
内容的言论: <BR>   (一)煽动、抗拒、破坏宪法和法律、行政法规实施的;……
(十)其他违反宪法和法律行政法规的。 <BR>
<DIV> </DIV></DIV>
    </div>
    </div>
  </div>
</form>
<BR></div>
<div id="footer">
  …
  </div>
</body>
</html>
```

这个网站的核心程序有:

```
function checkusername(obj)
    {
    var flag=1;
    if(obj.value.length < 5 || obj.value.length > 16)
```

```
            flag = 0 ;
        else
        {
            for( i = 0 ; i < obj. value. length ; i + + )
            {
                flag = isnum( obj. value. charAt( i ) ) || ischar( obj. value. charAt( i ) ) || obj. value. charAt( i )
= = "_"
            }
        }
    if( flag = = 0 )
        alert( "允许 5-16 字符，允许字母、数字、下划线" );
    return flag ;
    }
```

这个函数是为了验证访问者名，验证访问者名字符个数，5~16 个字符。运行效果为：

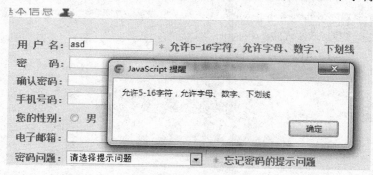

```
function checkmail( obj )
    {
    var len = obj. value. length ;
     var flag = 0 ;
     var atpos = obj. value. indexOf( '@' ) ;
     var dotpos = obj. value. indexOf( '.' ) ;
    if( atpos > 0 )
        {
        if( ( dotpos-atpos ) > 1 )
        {
```

```
         if( (len-dotpos) >2 )
          {
             flag = 1;
          }
          else flag = 0;
       }
       else flag = 0;
    }
    else
     {
      flag = 0;

     }
     if( flag = =0 )
     {
        alert("请输入正确邮箱,例如:abc@ 126. com" );
     }
    return flag;
 }
```

这个函数是为了邮箱的正确性。参照前一个邮箱验证示例。运行效果为:

```
function checkpwdagain( ) {
    with( document. all ) {
```

```
if( userpassword. value!  = pwdagain. value)
    alert('密码必须相同!');
   }
  }
```

这个函数是为了验证两次输入密码是否相同。运行效果为：

```
function checkphone( obj)
     {
       var flag = 1;
       if( obj. value. length  <  11)
          flag = 0;
        else
        {
          for( i = 0;i < obj. value. length;i + + )
          {
               flag = isnum( obj. value. charAt( i) );
          }
        }
     if( flag = = 0)
        {
          alert( "输入是 11 位号码,如 18817988888" );
        }
       return flag;
     }
```

这个函数是为了检验手机号码长度是否符合标准。运行效果为：

```
function checkquestion( obj )
    {
        var flag = 1;
        if( obj. options. selectedIndex = = 0 )
        {
            flag = 0;
        }
        if( flag = = 0 )
            alert( "提示问题必须选择" );
        return flag;
    }
```

这个函数是为了检验有没有选择提示问题。运行效果为：

本章详细介绍了表单的组成、JavaScript 知识以及表单验证等相关知识。通过表单与 JavaScript 的结合，设计师可以很方便地在本地客户端实现对输入表单内容的简单筛选、验证。大大减少了服务端的处理时间，同时也使访问者得到更好的体验。

总之，表单验证是网站建设中的重要一环，在网站建设中，应该着重注意表单验证的实现。

第 6 章

网页动画制作

第 1 节　GIF 动画制作　　／ 392
第 2 节　Flash 动画制作　　／ 415

第 1 节　GIF 动画制作

 学习目标

- 了解网页尺寸的规格
- 了解"帧动画面板"和"时间轴面板"
- 掌握制作 GIF 动画的基本操作方法
- 了解 GIF 动画的输出和优化

 知识要求

一、动画原理

动画是利用人眼的"视觉残留"特性，来将静态画面转换为动态视频的艺术形式。"视觉残留"现象在生活中随处可见，比如风扇叶片转动时形成的圆盘，如图 6—1 所示。

图 6—1　"视觉残留"现象

在制作动画时，动画师会将需要表现的画面进行分解，然后将它们一幅一幅地绘制出来，然后快速呈现在观众面前，受"视觉残留"的影响，观众就会看到动态的画面了。

在动画中，将每一个独立的画面，称为"一帧"。在使用 Adobe Photoshop CS5 软件制作 GIF 动画时，要做的事情，就是将需要呈现的画面，按照时间上的先后顺序，分解开来，绘制成一帧一帧的画面，然后快速播放。

二、使用 Adobe Photoshop CS5 制作 GIF

下面，先简单介绍一下 Adobe Photoshop CS5 制作 GIF 动画的基本操作界面。

打开 Adobe Photoshop CS5 软件后，新建一个空白文档，然后从窗口菜单栏下找到"动画"选项，单击勾选后，就可以看到帧动画菜单。如图 6—2 所示为 Adobe Photoshop CS5 制作 GIF 动画的基本操作界面。

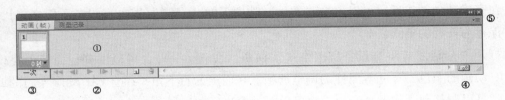

图 6—2 基本操作界面

图 6—2 对应的功能分布（数字对应图片中的标注）如下：

①——帧动画显示区：在这里可以观察和调整每一帧动画的具体内容，可以把它想象成一列电影胶卷，每一帧都是胶卷上的一格画面。

②——帧动画操作区：在这里可以控制帧动画的播放、复制和删除，还可以快速添加过渡动画帧。

③——播放次数控制：可以控制 GIF 动画重复播放的次数。

④——单击按钮，可以进入帧动画菜单。

⑤——单击按钮，可以进入"时间轴"菜单模式，如图 6—3 所示。

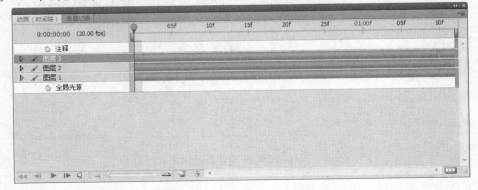

图 6—3 "时间轴"菜单模式

相较于简洁的帧动画菜单，"时间轴"模式则更为接近一般的视频剪辑软件，如 Adobe Premiere，它们都是基于"时间轴"这一基本设定来进行修改的。"时间轴"模式相较而言，可以更好地把握动画的时间精度，还可以单独设置每一个图层的动作，可以制作出一些比较复杂的动画效果。后面有专门的小节来讲解"时间轴"面板，这里就不多作介绍了。

三、基于网页应用的 GIF 优化

1. GIF 动画的输出

在完成动画制作后，可以单击"文件"选项下的【存储为 Web 和设备所用格式】，将文件保存为需要的格式。

打开"存储为 Web 和设备所用格式"面板（见图 6—4），可以看到，面板中提供了对 GIF 动画的颜色、尺寸等属性的调整选项。在面板的右下角，还有 GIF 动画专门的调整选区，可以调整动画的循环选项，也可以对动画进行预览播放。

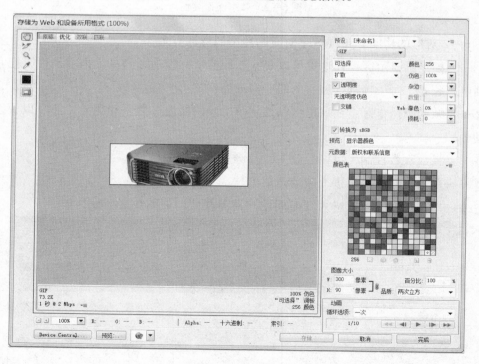

图 6—4 "存储为 Web 和设备所用格式"面板

在完成各项调整后，单击【存储】，就可以将 GIF 动画进行保存了。

2. GIF 动画的优化

GIF 动画的优化，主要从两个方面进行着手：一个是"瘦身"，也就是减小 GIF 动画的文件体积，从而加快其在网页中的加载速度；二是调整动画的"帧率"，这主要是针对 IE 浏览器进行的优化，因为在 IE 中无法对 GIF 动画的帧率进行自动调整，所以，需要在制作时就进行相应的设置，从而保证播放的流畅性。

（1）GIF 动画瘦身。主要从颜色方面着手，在 PSD 优化章节中，曾经提到，对于颜色较单一的 GIF 图像，可以通过减少颜色数量、关闭仿色等方式，来减小文件体积。这一方法，在 GIF 动画中同样适用。保存为 32 位颜色模式的 GIF 动画，比 256 位颜色模式的 GIF 动画，体积要小近一半。

设计师可以尝试着将本节技能要求案例 1 中的 GIF 动画，分别保存为 256 位和 32 位颜色模式，然后进行播放，看看它们的效果，是不是十分相似，几乎难以辨别。

（2）帧率调整。打开"时间轴"面板后，单击面板右上角的菜单选项，其中"文档设置"选项，就是调整动画帧率的功能选项。

单击【文档选项】，从打开的界面中（见图 6—5）可以看到，默认的"帧速率"为 30，即 30 帧每秒。单击"帧速率"后方的下拉菜单，或者直接在文字框中输入数字，即可修改帧速率。

图 6—5　默认的帧速率

一般来说，IE 中默认的 GIF 动画帧速率为 12，所以，一般将动画帧率调整为 12fps，即 12 帧每秒。调整完成后，单击【确定】即可，如图 6—6 所示。

图 6—6　设置帧速率

需要注意的是，帧速率的调整，会影响到动画中每一帧的延迟时间，所以，建议设计师首先设置好 GIF 动画的帧速率，然后再进行动画编辑。

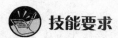 **技能要求**

投影仪广告动画

Step 1：新建动画

1. 新建空白文档，尺寸为 300 像素×90 像素，分辨率为 72，命名为"文字闪动特效"。

2. 制作动画元素

首先，将需要使用的图像元素都制作出来。导入教材中提供的素材图片 1，图层命名为"投影仪"；制作一个蓝色径向渐变，两种蓝色分别为#3d78ff 和#005dba，命名为"文字背景"；输入文字"BENVY 投影仪·品质卓越"，大小为 20，字体为黑体。最终效果如图 6—7 所示。

图 6—7　图像元素效果

接下来，按住【Ctrl】键并单击文字图层，图片显示如图 6—8 所示。

图 6—8　选中文字

选中"文字背景"图层，单击【Delete】键，在背景图层上将文字区域挖空，然后将文字图层隐藏。在"文字背景"图层下方，添加一个完全覆盖第一行文字部分的矩形，颜色设为#f0ff00，图层命名为"矩形"，效果如图6—9所示。

图6—9 对"矩形"图层设置

3. 设置动作

打开动画面板，选中第一帧，然后单击下方的【复制帧】按钮，复制第一帧画面，如图6—10所示。

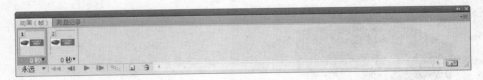

图6—10 复制第一帧

选中第二帧，然后使用移动工具，将"矩形"移动到下排文字，效果如图6—11所示。

图6—11 将"矩形"移动到下排文字后的效果

此时，反复单击第一帧和第二帧画面，会发现画布上的矩形，已经在反复地上下跳动了。接下来，只要将这一操作自动化，便可以实现简单的动画效果。单击第一帧和第二帧下方的"0 秒"，均设置为"1.0"秒，确定重复播放选项为"永远"，然后单击【播放】按钮，如图6—12 所示。

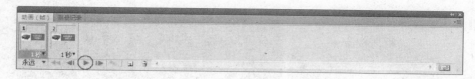

图6—12　设置动画自动化

可以看到，矩形已经在上下跳动，此时可以通过单击"1 秒"，来修改每一帧的持续时间，来实现跳转速率的改变。将其设置为"0.5 秒"，查看有什么不同。

Step 2：过渡帧的使用

1. 添加关键帧

首先，对"矩形"的方向进行调整，使用"自由变换"工具，旋转90°，并贴左侧图片摆放，注意不要从文字镂空中出现，如图6—13 所示。

图6—13　调整"矩形方向"

图6—13 中的第一幅便是第一帧，选中第一帧后，单击动画面板中的【复制所选帧】，复制该帧。单击选中复制好的第二帧，然后使用移动工具，将黄色矩形移动到画面右侧，如图6—14 所示。

图6—14　调整第二帧

2. 添加过渡动画帧

按住【Shift】键，选中第一帧和第二帧，然后单击"动画"面板下方的【过渡动画帧】按钮，如图6—15所示。

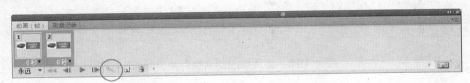

图6—15　单击【过渡动画帧】按钮

在弹出的"过渡"动画菜单（见图6—16）中，可以看到一些选项，对这些选项进行简单介绍：

①——过渡方式：这里是选择过渡帧的创建方向，由于已经选择需要过渡的前后动画帧，因此它默认的是"选区"。如果只选中一帧，那么，该选项就可以选择"上一帧"和"下一帧"（该帧前后都有其他动画帧），分别表示"从上一帧开始过渡"和"过渡到下一帧"。

②——添加帧数：可以设置在两帧之间添加的过渡帧数，过渡帧数越多，过渡效果越自然，当然，时长也会增加。

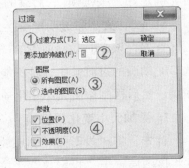

图6—16　过渡动画菜单

③——图层：用于选择过渡范围，是过渡动画帧的全部图层都参与过渡，还是选中的图层参与过渡。

④——参数：用于选择过渡时哪些参数会进行变化，例如，选择了"不透明度"，那么需要过渡的两个动画帧间如果有不透明度的变化，过渡帧中就会体现出来。

在这一节中，使用默认参数即可，单击【确定】后，可以看到"动画"面板中添加了 5 个过渡帧，如图 6—17 所示。

图 6—17 添加了 5 个过渡帧

试着播放该动画，可以看到，黄色矩形快速从文字底部移过，形成了类似 LED 灯带的闪烁效果。如果觉得闪烁速度有些快，可以按住【Shift】键，依次选中所有动画帧，然后单击下方的【0 秒】，将延迟设置为 0.2 秒。

图 6—18 修改动画帧时间

这样，一个简单的文字横向光效就完成了。可以通过调整矩形的粗细、移动速度，甚至移动方向，来实现不同的动画效果。

在制作时，对"关键帧"（即动作开始和完成的两个动画帧）的把握是最为重要的，首先确定好"关键帧"，后续的操作才能有序地进行。

Step 3：大小和透明度变换

首先，该 GIF 动画简单的"分镜头脚本"如下：需要注意的是，Adobe Photoshop CS5 的 GIF 动画的过渡帧中，是不能实现单一图层大小变化过渡的，因此，需要自行设置两个图层，然后再制作出大小变化动画。

1. 添加大小变化关键帧

首先，将"投影仪"图层放置到画面中央，然后复制该图层，命名为"投影仪 2"，并将该图层置于"投影仪"上方。隐藏"文字背景"和"矩形"两个图层，最终效果如图 6—19 所示。

打开"动画"面板后，选中第一帧，然后复制它，在第二帧中，将"投影仪 2"图层隐藏。

2. 添加大小变化过渡帧

接下来在两个动画帧之间创建过渡帧。可以选中第一帧，然后单击【过渡动画帧】按

图6—19 复制图层并调整的最终效果

钮，然后在过渡方式中选择【下一帧】，过渡帧数量为默认的5，然后单击【确定】，如图6—20所示。

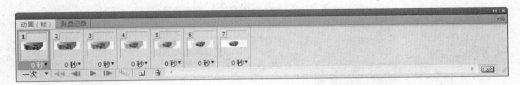

图6—20 创建过渡帧

尝试播放动画，可以看到"投影仪2"渐隐消失，然后出现了底部的"投影仪"图层，实现了"由大变小"的动画效果。

3. 添加位移关键帧和过渡帧

接下来，复制第7帧（最后一帧），然后将复制的第8帧中的"投影仪"图层，移动到左端，如图6—21所示。

然后在第7帧和第8帧间添加5个过渡帧动画。

4. 添加不透明度变化关键帧与过渡帧

最后，复制第13帧，在复制的第14帧中，显示"文字背景"图层，将"图层不透明度"调整为10%。复制第14帧，在第15帧中，将"文字背景""图层不透明度"调整为100%，如图6—22所示。

在第14帧和第15帧间，添加3个过渡帧动画，完成全部动作的编辑。尝试播放，可以看到，投影仪由大变小，然后向左移动，最后文字出现的完整动画。

最后一步，调整动画的停顿节奏和重复次数，将第7帧的延迟调整为0.5秒，将最后一帧延迟调整为3秒，将动画重播次数调整为"永远"，完成动画的制作。

图 6—21　添加位移关键帧

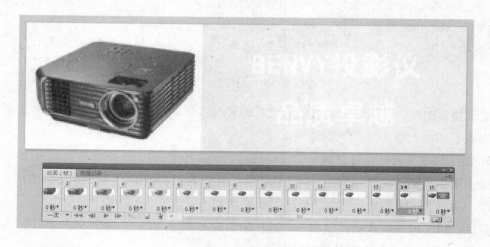

图 6—22　添加不透明度变化关键帧

绿色出行广告

操作准备

　　在本案例中，将重点介绍 Adobe Photoshop CS5 中 GIF 动画的另一个操作面板——"时间轴"面板。首先，加载本教材提供的 PSD 素材文档"绿色出行 . psd"，如图 6—23 所示。

　　从"窗口"菜单中，打开"动画"面板。一般来说，Adobe Photoshop CS5 中默认的"动画"面板就是"时间轴"面板，但若打开后，显示为帧动画面板，可以单击右下角的

图 6—23　PSD 素材文档

【快速转换】按钮（见图 6—24），转换到"时间轴"面板。

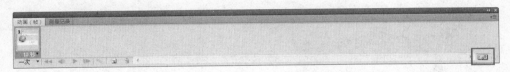

图 6—24　帧动画面板

然后可以看到如图 6—25 所示的"时间轴"功能面板。

对图 6—25 中的"时间轴"面板的功能区域进行简单的讲解：

①——标示了播放指针所处的时间节点，括号中的数字代表了动画的帧率。

②——这一区域显示了动画中包含的所有图层，单击图层名称左侧的三角箭头，可以展开关键帧控制面板，添加"位置""不透明度""样式"三种关键帧，效果和自动过渡帧类似。

③——在这里，可以通过调整每一个图层的显示时间和关键帧的插入位置，来制作出不同的 GIF 动画。

④——用来控制 GIF 动画的播放。

⑤——时间轴显示比例调整。

⑥——切换到帧动画面板的快捷键。

可以通过实例制作，进一步了解面板的操作。首先，简单介绍一下该案例中动画的动

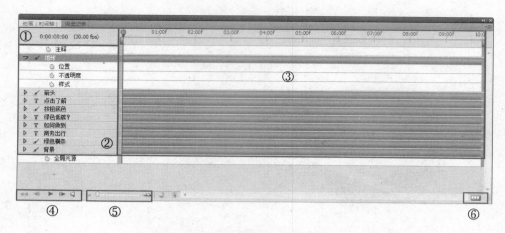

图 6—25　"时间轴"面板的功能区域

作方式，如图 6—26 所示。

图 6—26　本案例动画的动作方式

可以发现，在该案例中会遇到一种之前使用帧动画面板时没有遇到过的情况，即多个动作并发。当然，可以通过一帧一帧制作的方式，在帧动画面板中完成制作，但是相较于时间轴面板（见图 6—27）的操作而言，比较费时费力。

①——播放指针：单击并拉动蓝色顶端，左右移动，来定位不同的时间点。

②——图层播放长度指示条：将鼠标移动到深绿色长条两端，指针变成左右移动符号后，左右拉动，对单一图层的播放长度进行调整。

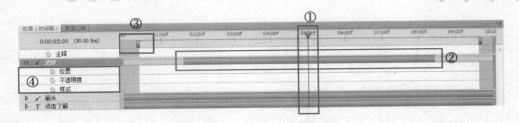

图 6—27　时间轴面板的常用功能

③——总播放长度控制手柄：拉动蓝色曲柄，左右拉动，可以对整个动画的播放长度进行调整。

④——关键帧功能区：单击"秒表"按钮后，会在播放指针所在位置，添加关键帧，在两个关键帧之间，会自动添加过渡帧动画。

操作步骤

Step 1：位置变化动画制作

1. 设置帧率

单击"时间轴"面板右上角的菜单按钮，单击【文档设置】选项，将动画长度设定为 3s，帧率设置为 12fps，如图 6—28 所示。

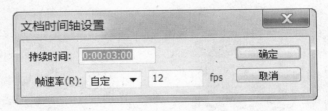

图 6—28　文档时间轴设置

2. 移动文字

使用快捷键【Ctrl + R】，打开"标尺"工具，单击左侧标尺并向右侧拉动，创建一条参考线，放置在三行文字的左侧，如图 6—29 所示。

使用快捷键【V】，调用"移动"工具，然后在"图层"面板中，同时选中三个文字图层，按住【Shift】拉动，将它们平行向右移出画布，在靠近边缘时，使用方向键进行微调，留下一点边缘即可，如图 6—30 所示。

3. 添加第一行文字关键帧

接下来，在"时间轴"面板中，展开"商务出行"文字图层的折叠菜单，并确认"播放指针"处于 0 帧位置，然后单击"商务出行"图层的位置变化"秒表"，为它添加一个起始关键帧，如图 6—31 所示。

图 6—29   创建移动文字的参考线

图 6—30   调整文字图层

拉动左下方的调整阀，放大时间轴显示比例。将"播放指针"拉动到第 8 帧，然后将"商务出行"文字，平行移动到原来所在的位置，紧靠参考线。这时可以看到，"播放指针"所在位置自动添加了一个灰色的菱形标记，如图 6—32 所示。尝试在两个标记间拉动"播放指针"，可以看到，"商务出行"文字同步进行左右移动。

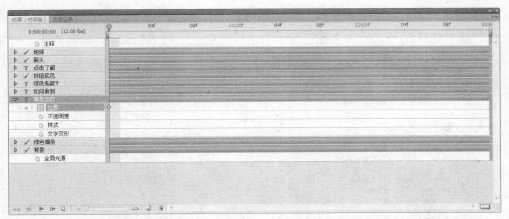

图6—31　为"商务出行"图层添加起始关键帧

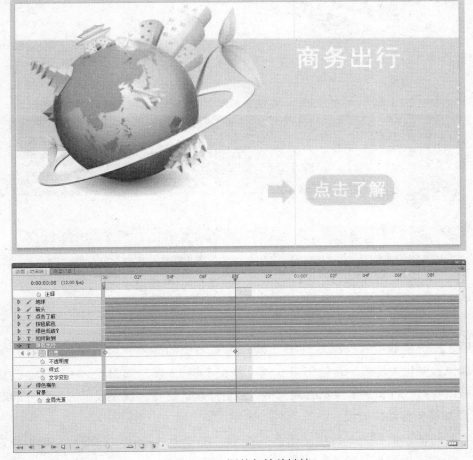

图6—32　调整起始关键帧

4. 添加第二、三行文字关键帧

将"播放指针"移动到第2帧位置，单击位置变化"秒表"，为"如何做到"文字图层，添加位置变化关键帧。然后，"播放指针"放置于第10帧处，同样也将"文字图层"平行移动到原来所在的位置，添加第二个关键帧，如图6—33所示。

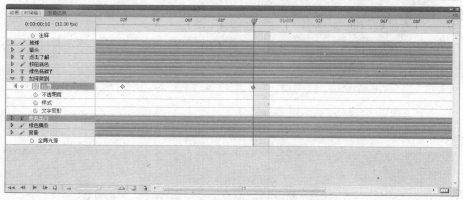

图6—33　调整第二行文字关键帧

最后，将"播放指针"放置到第6帧，重复之前的操作，为"绿色低碳?"文字图层，添加位置变化关键帧，起始于第6帧，停止于第12帧，如图6—34所示。尝试播放动画，可以看到三行文字依次从右侧飞出，然后停止。这样，就完成了第一部分的动画。

5. 添加箭头移动关键帧

在"时间轴"面板中，选中"箭头"图层，将"播放指针"归零后，单击位置变化"秒表"，为它添加一个起始关键帧，如图6—35所示。

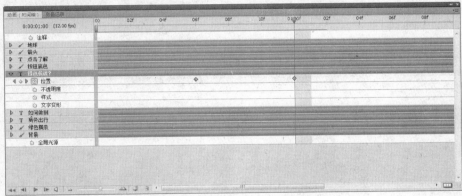

图6—34 调整第三行文字关键帧

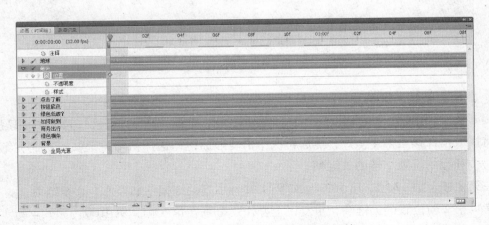

图6—35 添加"箭头"图层起始关键帧

指针移至第 2 帧位置，然后在场景中，使用【移动工具（V）】，向右平行移动箭头，让它刚好接触到绿色矩形的边缘，时间轴面板中，会自动在当前位置添加第二个关键帧，如图 6—36 所示。

图 6—36　调整帧

6. 复制、粘贴关键帧

接下来，右击起始位置变化"秒表"的菱形标记，选择【拷贝关键帧】，如图 6—37 所示。

将播放指针移至第 4 帧处，然后再次单击菱形标记，选择粘贴关键帧，从而在第 4 帧添加一个和起始位置一样的关键帧。

在第 8 帧、第 12 帧、第 16 帧，每隔 4 帧，重复关键帧粘贴操作，直至结束。

拷贝第 2 帧位置的关键帧，重复以上操作，分别在第 6 帧、第 10 帧、第 14 帧，每隔 4 帧，复制关键帧，直至结束。

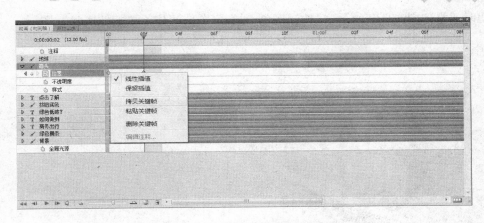

图6—37　选择【拷贝关键帧】

尝试播放动画，可以看到，文字依次飞出并停止，箭头快速持续左右移动，直至结束。

Tips：左键单击并拖动关键帧标记，可以改变其位置。

Step 2：不透明度和样式变化

通过为按钮添加一些动作变化，来学习如何添加"不透明度""样式"关键帧。

1. 设置关键帧画面

首先，选中"按钮底色"图层，按【Ctrl + J】来复制该图层。右击图层面板中的"按钮底色 副本"，打开"混合选项"面板，为该图层添加"颜色叠加"效果，颜色为#ffffff白色；再添加"描边效果"，颜色为#a1ff2f（同背景绿色横条，可以用吸管工具快速选取），大小为2像素，位置为内部，如图6—38所示。

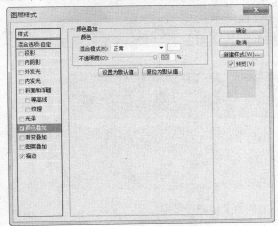
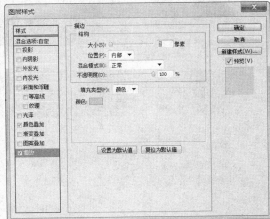

图6—38　对关键帧画面进行设置

此时效果如图6—39所示，"按钮底色 副本"图层遮住了"按钮底色"图层。

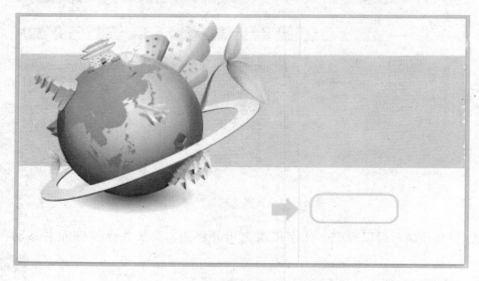

图6—39　效果图

2. 添加不透明度关键帧

在完成图形编辑后，打开"时间轴"面板，开始进行动画编辑。在图层面板中，将"按钮底色 副本"图层不透明度设置为0%，然后在"时间轴"面板中，单击【不透明度秒表】，在第0帧位置，添加起始秒表。将"播放指针"移动到第2帧位置，然后把"按钮底色 副本"图层不透明度设置为100%，如图6—40所示。

图6—40　添加不透明度关键帧

3. 复制关键帧，完成动画效果

参考上一小节中，关于"箭头"重复动画的操作，为"按钮底色 副本"图层添加多个关键帧，如图6—41所示，制作出闪动效果。

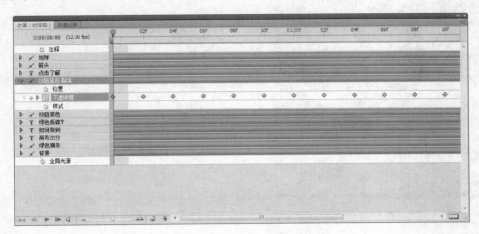

图6—41　复制关键帧

4. 制作样式变化动画

在时间轴面板中，打开"单击了解"文字图层，将"播放指针"归位到0帧，然后单击【样式变化秒表】，为"单击了解"文字图层添加起始秒表。将播放指针移至第2帧，打开"单击了解"文字图层的"混合选项"，为它添加一个"颜色叠加"样式，颜色为#a1ff2f绿色，效果如图6—42所示。

图6—42　制作样式变化动画

　　参考上一小节中关于"箭头"重复动画的操作，为"单击了解"文字图层添加多个关键帧，制作出闪动效果。

第 2 节 Flash 动画制作

 学习单元 1 Flash 动画设计原则

 学习目标

● 了解 Flash 在 Banner 制作中的一些技巧和思考方式

 知识要求

Flash 动画一般作为广告出现在网页中，也就是网页中的 Banner，因此，在制作 Flash 动画的时候，设计师需要考虑 Banner 的特点进行设计和制作。

一、主题明确

作为 Banner，主题明确、直观明了是基本的原则，在使用动画表现的时候，需要在最短的时间表达最关键的信息。因此，在制作之前，设计师需要和其他部门充分沟通，确保对关键信息理解无误。对于产品宣传，要提炼产品的特点和卖点；对于活动，要突出主题，必要的时候，还要结合活动文案；对于事件，则要突出事件的即时信息，如目前的死亡人数、事件发展现状等。

二、文字使用技巧

在"第 3 章 | 第 4 节 Banner 设计原则"中，讲到过文字的设计技巧，这里不再赘述。需要额外注意的是：

● 最好不要使用过细的字体，因为这样可能会给用户的阅读造成困难。
● 选用小字体时要适当地扩大字体间距，方便用户快速浏览。
● 选用大字体时要适当地减小字体间距。

三、视线符合阅读习惯

一般阅读的习惯是从左到右、从上到下的。这些内容同样也在"第3章 | 第4节 Banner 设计原则"中提到，这里不再赘述。

四、动画运动轨迹

与静态的 Banner 不同，良好的版式设计还不是优质 Banner 的全部，作为 Flash 动画，流畅的运动轨迹同样重要。

一般情况下，物体在进入和离开场景时，要尽量选择较短的路线。特别是物体离开场景时，不要占用太多时间和空间，要干净迅速。

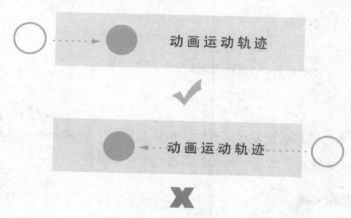

同时，运动进入和离开场景时的运动风格应该是一致的，尽量避免使用不同的动画方式完成同一个元素的进入和退出。

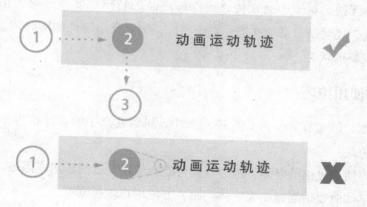

五、动画创意

好的创意能吸引用户的注意力。Banner 广告除了在广告内容上发挥创意之外，作为 Flash 动画，在动画形式上也有很多吸引用户的方法。

1. 弹出式动画 Banner

弹出式动画 Banner 能在打开窗口或者单击后从固有尺寸框中"弹"出来，悬浮在页面之上，因此能不受动画空间的局限性，创意的空间也比较大。

但也正是因为其动画方式相对复杂，所以制作成本高，周期也比较长，同时对设计师的设计能力和创意的要求也更高。

2. 交互式动画 Banner

顾名思义，交互式动画 Banner 就是需要用户参与互动的 Banner，因为添加了互动的成分，所以趣味性更强。另外，为了让用户意识到其交互的特性，此类 Banner 一般会有相应的提示信息，比如提示单击、提示拉动等。

六、动画时间

一些广告客户可能会希望其广告越长越好，但作为网页设计师，应该清楚地知道，这只会适得其反。Flash 动画的时间不宜过长，能够保证用户快速浏览完所有信息即可。一般总时间不能超过 5 s，如果是弹出式动画 Banner，有时候会因为创意需要而超过 5 s，但也不要太长。

七、压缩

国内主流媒体对 Flash 动画广告的限制一般在 20 ~ 30 K 之间，这意味着设计师需要在制作时就 Flash 动画尽可能的压缩其体积，可以从如下几个方面来着手：

1. 文字打散

将动画中的所有文字打散处理（选中文字，连续按【Ctrl + B】两次），不仅能减少文件体积，而且可以防止在其他计算机上特殊字体被替换成系统缺省字体（原因参见"第 2 章 | 第 1 节 | 学习单元 1 字体"）。

2. 关键帧处理

动画完成后，可删除多余的关键帧，包括空白关键帧。

3. 位图处理

在 Flash 动画中，位图往往是最占用文件体积的，因此，在将位图导入到 Adobe Flash 前，先在 Adobe Photoshop 中处理成动画需要的大小，不要直接在 Adobe Flash 中放大或缩小。如果图片需要在 Flash 做放大或缩小的动画效果，那么选取的尺寸，应该是需要展示时间最长的图片尺寸。

另外，记得切除超出舞台范围的部分位图，这也有助于减小文件的体积。

4. 矢量图处理

矢量图的大小往往取决于锚点的数量，一个形状复杂的矢量图有时候比位图更占用文件体积。有时候设计师需要从 Adobe Illustrator 中直接导入矢量图形，那么，应记得在导入后简化一些不必要的细节，以减少锚点的数量。

 学习单元 2　初识 Adobe Flash CS5　（针对 Banner 制作）

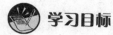 **学习目标**

- 了解 Adobe Flash 的基本知识及界面组成
- 掌握 Adobe Flash 的基本操作方法

 知识要求

Adobe Flash 是动画 Banner 的主要制作工具，功能非常强大，下面通过循序渐进的案例和介绍，来一步步地了解它。

一、新建窗口

打开 Adobe Flash 后首先看到的是新建窗口，如图 6—43 所示。

在这里可以轻松从模板或者直接创建空白 Flash 文档、ActionScript 文件等。

二、基本界面

单击"新建"中的 ActionScript 3.0 选项，创建一个新的 Flash 文档，会看到 Flash 的基本界面，如图 6—44 所示。

基本界面由以下几个模块构成：①菜单栏；②动画编辑面板；③时间轴；④工具栏；⑤浮动面板；⑥面板集成窗口，后文将做具体介绍。

图 6—43　Flash 新建窗口

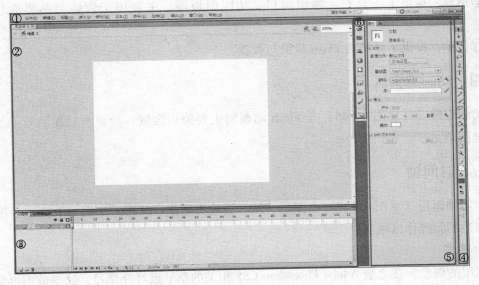

图 6—44　Flash 的基本界面

三、菜单栏

菜单栏如图 6—45 所示，其中各项按钮功能如下：

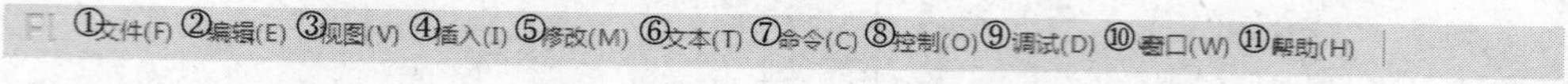

①文件(F) ②编辑(E) ③视图(V) ④插入(I) ⑤修改(M) ⑥文本(T) ⑦命令(C) ⑧控制(O) ⑨调试(D) ⑩窗口(W) ⑪帮助(H)

图 6—45　菜单栏

①文件：基本的文件管理功能，如新建、保存、输出等最常用和基本的功能。

②编辑：基本的文件编辑功能，如选择、复制、粘贴及其他相关操作。

③视图：用于屏幕显示控制的一些功能，如缩放、标尺、网格、各区域的显示与隐藏等。

④插入：提供各种 Flash 中常用插入命令，如向库中添加元件、在动画中添加场景、在场景中添加图层、在图层中添加帧等。

⑤修改：用于修改各种动画属性。

⑥文本：提供处理文本的命令，如字体、字号、段落等。

⑦命令：提供各种命令功能集成。

⑧控制：提供类似动画控制器的功能，包括播放、控制动画的进程等。

⑨调试：提供影片的调试功能，如跳出、跳入、断点等，主要用于代码调试。

⑩窗口：提供了工具栏、编辑窗口、功能面板等，主要用于调整当前界面形式与状态。

⑪帮助：提供了详细的 Flash 帮助与教程。

四、动画编辑区

动画编辑区（见图 6—46）是 Flash 动画的主要编辑区域，动画将呈现的效果都可以在这里预览。

五、时间轴

时间轴面板（见图 6—47）由图层、帧、播放头组成。从形式上可分为左边的图层区域和右边的帧操作区域。

1. 图层

图层的概念，在之前 Adobe Photoshop CS5 相关的章节已经介绍过，这里就不再赘述。

2. 帧

帧是 Flash 动画中最重要的概念之一，一帧可以理解为一个独立画面，而 Flash 动画就

图 6—46　动画编辑区

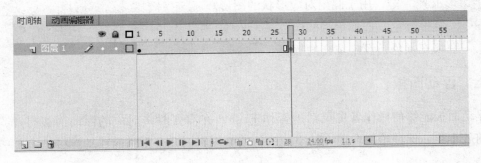

图 6—47　时间轴面板

是由多个独立画面/帧组成的。

（1）普通帧：一般用于过渡画面和延长关键帧的播放时间，又称为静帧。

（2）关键帧：关键帧是动画中角色或者物体运动或变化中，关键动作所处的那一帧，是控制动画节奏的关键一环。

（3）空白关键帧：不包含任何对象的关键帧，主要用于物体的出现和消失。

3. 帧率

通常将帧动画的播放速度称为帧率，它是指每一秒动画所包含的动画帧的数量，通常网页中使用的 Flash 动画，有 12 帧/s 和 24 帧/s 两种帧率。

4. 播放头

播放头相当于一个指针，在编辑动画时，播放头所在的位置就是当前所编辑的帧，而在预览动画效果时，播放头所在位置是表示当前播放的帧。

六、工具栏

工具栏（见图 6—48）是 Flash 非常重要的面板之一，做动画的过程中会经常用到，在这里，先简单介绍几个常用工具：

①——选择工具：选择舞台中的文字、元件或图像对象。

②——部分选取工具：锚点与曲线的选择工具。

③——变形工具：包括"任意变形工具"与"渐变变形工具"，分别对对象与填充的颜色进行编辑。

④——文本工具：常用文本形式分为"静态文本""动态文本"和"输入文本"三种。

⑤——形状工具：包括"矩形工具""椭圆工具"和"多边形工具"等，用于画出对应形状的图形。

⑥——笔触颜色：选择笔触的颜色。

⑦——填充颜色：设定填充的颜色。

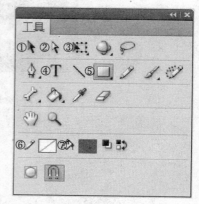

图 6—48　工具栏

七、浮动面板

浮动面板能够使操作者更灵活地操作 Flash，在需要时将对应的浮动面板打开，不需要时则最小化，保证给舞台更大的空间进行动画编辑。几个常用的浮动面板见表 6—1。

表 6—1　　　　　　　　　　　　　　　　常用浮动面板

图片	说明
	变形工具面板 具有调节比例、缩放、旋转等功能

图片	说明
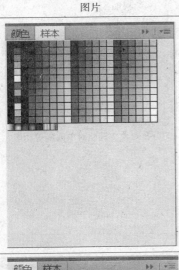	颜色面板 设定笔触与填充颜色
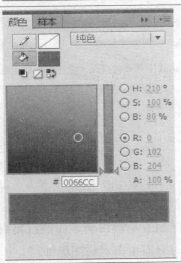	样本面板 用于选取一些预设的颜色库
	库面板 Flash 中使用的动画"元件"都存放在库中，通过"库"面板，对元件进行管理。Flash 会遇到许多需要重复使用素材，这时就可以把这些素材转换成"元件"，或者干脆新建"元件"，以方便重复使用或编辑修改

图片	说明
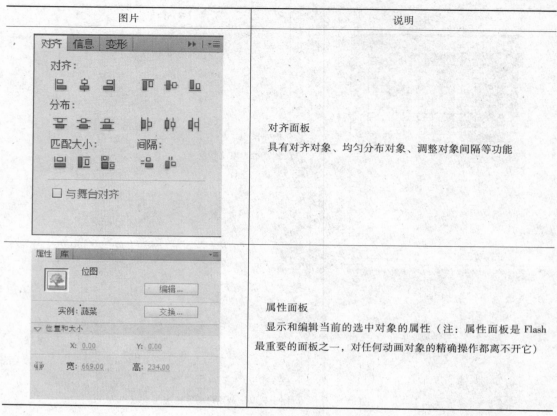	对齐面板 具有对齐对象、均匀分布对象、调整对象间隔等功能
	属性面板 显示和编辑当前的选中对象的属性（注：属性面板是 Flash 最重要的面板之一，对任何动画对象的精确操作都离不开它）

八、面板集成窗口

如果将常用的面板都直接放于工作区域之上，工作区很容易被占满，而面板集成功能将常用面板最小化集成在窗口之内，需要使用功能面板时只需单击对应图标即可。

 学习单元 3　Adobe Flash CS5 基本动画　（基本元件动画）

 学习目标

● 掌握 Adobe Flash CS5 一些基本元件动画的制作方法

知识要求

在动画 Banner 中，常常能够看到下面四种基本动画技巧的体现：移入移出、淡入淡出、引导层动画和遮罩动画。大部分复杂的动画效果都是由这四类基本动画技巧组合来完成的。

一、移入移出

经常在动画 Banner 中看到元件从舞台之外进入，再移出舞台之外的效果，通过下面的学习，就能掌握这个效果（见图 6—49）是如何完成的。

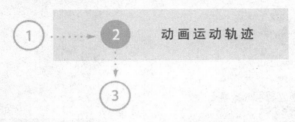

图 6—49 移入移出效果

1. 建立 Flash 文档（见图 6—50）

图 6—50 建立 Flash 文档

2. 设置舞台尺寸

如图6—51所示，在属性面板中，设置舞台尺寸为600像素×150像素，帧率调整为12帧/s（单击图6—51中FPS旁边的数组，输入12即可）。

Tips：在网页中，Flash动画的尺寸一般由网页的设计决定，但为了兼容各种尺寸的计算机屏幕，宽度最好小于1000，高度则不要超过600。

3. 新建一个蓝色的圆形

选择椭圆工具，在"填充和笔触"中设置填充颜色为选定的蓝色，笔触颜色为"无"，如图6—52所示。

图6—51　设置舞台尺寸

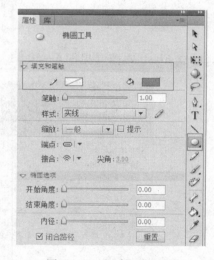

图6—52　新建蓝色椭圆

现在，要用椭圆工具，在舞台上画出一个正圆。先按住鼠标左键不放，然后在舞台上拖动鼠标，可以看到出现了一个椭圆形，若按住【Shift】并拖动，即可得到正圆形。

4. 创建图形元件

（1）Flash中的元件

在Flash中，为了方便图形重复使用、方便局部动画单独编辑等原因，引入了元件的概念。在Flash中元件主要有3类：图形、影片剪辑和按钮。

1）图形元件。图形元件适用于静态图像的重复使用，或者创建与主时间轴相关联的动画。它不能提供实例名称，也不能在动作脚本中被引用。

2）影片剪辑元件。影片剪辑相当于包含在 Flash 文件中的动画片段，它有自己独立的时间轴和属性。具有交互性，是功能最多、用途最广的元件。

3）按钮元件。按钮元件是 Flash 影片中创建互动功能的重要组成部分。使用按钮元件可以在影片中响应鼠标单击、滑过或其他动作，然后将响应的事件结果传递给互动程序进行处理，即按钮元件实际上是四帧的交互影片剪辑，它只对鼠标动作做出反应，用于建立交互按钮。

（2）创建元件

要创建一个元件，一般有 3 种方式：

● 在菜单中选择【插入】>【元件】。

● 选中要创建元件的元素，按【F8】转换为元件。

● 选中要创建元件的元素，在上面右击鼠标，选择【创建新元件】。

选中圆形，然后按【F8】将圆形转换为图形元件，如图 6—53 所示。

在元件面板，可在类型下拉菜单中选择图形、影片剪辑或按钮，输入元件名称，如图 6—54 所示。元件名称没有特别的规范，方便制作者查询和记忆即可。

图 6—53　将圆形转换为图形元件

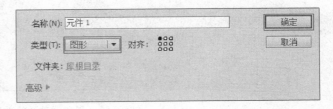

图 6—54　输入元件名称

5. 创建运动轨迹关键帧

将播放指针移动到时间轴第 15 和第 30 帧的位置，然后按【F6】键创建两个关键帧，并在第 1、15、30 帧将圆形元件分别移到舞台左边、舞台中、舞台下方，如图 6—55 所示。

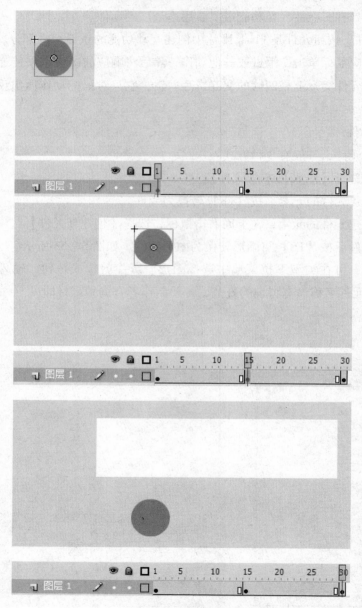

图 6—55　创建运动轨迹关键帧

除了使用鼠标拖移舞台元件之外，还有两种方法可以移动元件的位置：选中要拖动的元件，使用方向键进行微调；选中舞台元件，在属性面板中设置 x 轴和 y 轴坐标，进行精确移动。

相关链接

　　清除关键帧：如果想要把关键帧变成普通帧，只需在关键帧上右击鼠标，选择【清除关键帧】即可。

　　删除帧：选中任意想要删除的帧（按住鼠标左键拖动可选多帧），右击鼠标，选择【删除帧】即可，但是在实际制作中，应注意所删除帧是否会影响到动画的连续性。

6. 创建补间动画

　　在两个关键帧之间点鼠标右键，然后单击【创建补间动画】，如图 6—56 所示。这样元件就会按照两个关键帧的内容，自动创建之间的补间动画了。

　　创建补间动画后的时间轴如图 6—57 所示。

图 6—56　创建补间动画　　　　　图 6—57　创建补间动画后的时间轴

7. 预览动画效果

　　在时间轴上按键盘【Enter】键即可预览动画运动效果，在动画制作完成后，如果觉得播放速度过快或过慢，可以通过调整关键帧的位置来控制小球运动的时间。调整关键帧的方法是，在需要移动位置的关键帧上按住鼠标左键，即可左右拖动，进行调整。

二、淡入淡出

淡入淡出也是 Banner 中常用基本动画之一，通过下面的文字闪烁动画来了解以下这个技巧。

1. 创建 Flash 文档，并设置舞台尺寸为 600 像素 ×150 像素。

2. 新建文本

Flash 中，文本可分为 3 个基本类型：静态文本、动态文本和输入文本。在动画的制作中，一般使用静态文本。动态文本和输入文本大多用于交互的内容，会在以后的学习中逐一讲解。

选择静态文本工具，并设置字体、样式、大小及颜色，如图 6—58 所示。

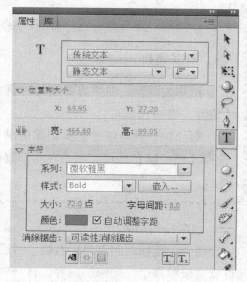

图 6—58　设置字体、样式、大小及颜色

在舞台上单击鼠标左键并拖动，建立文本框，字体大小设置为 72，在文本框中输入"闪烁 banner"，如图 6—59 所示。

图 6—59　输入文本

 相关链接

消 除 锯 齿

在使用文字并发布动画时，会涉及文字的锯齿消除问题，这里就有必要引入一下消除锯齿的功能。

消除锯齿功能：Flash 为文本工具提供了多种消除锯齿的方式，最常用的有两种，动画消除锯齿和使用设备字体。

A. 动画消除锯齿：一般在动画制作中常用的消除锯齿方式，它可以将输入的字体转化为动画元素，即使在播放者计算机上没有安装的字体也能够清晰显示。

B. 使用设备字体：一般用于交互制作中，需要根据不同的需求显示不同的文字时，如果 Flash 使用了计算机上没有安装的字体，文本字体将自动替换成系统默认字体。动画消除锯齿则将无法显示内容。

3. 转换文本为图形元件

选中文本，右击鼠标，并选择转换为元件，如图 6—60 所示。

设置元件类型及名称，如图 6—61 所示。

图 6—60　转换文本为图形元件

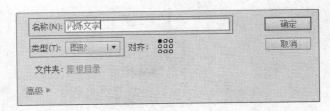

图 6—61　设置元件类型及名称

4. 设置动画关键帧

在第 15 帧和第 30 帧设置动画关键帧，并在第 1 帧与第 30 帧将图形属性中的 Alpha 值设置为 0，如图 6—62 所示。

5. 创建补间动画

在两关键帧之间右击鼠标，创建传统补间。

在时间轴上按回车键预览动画，可以看出在关键帧之间自动生成了半透明的过渡动画，如图 6—63 所示。

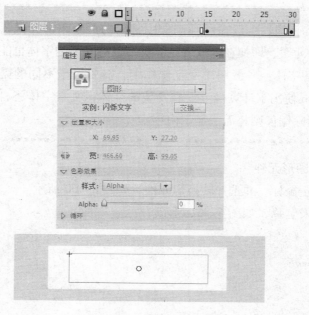

图 6—62　设置动画关键帧

图 6—63　创建补间动画

三、引导层动画

在广告 Banner 中经常可以看到物体沿不规则的曲线运动，比如下面这个案例，线条跟随小球的曲线运动而逐渐显现，如图 6—64 所示。

如果使用传统补间动画，小球是很难实现平滑的曲线运动。在接下来的内容中，将讲解如何使用引导层动画和遮罩动画来实现这一效果。

引导层是 Flash 引导层动画中绘路径的图层，引导层中的图案可以为绘制的图形或对象定位，主要用来设置对象的运动轨迹。另外，引导层不从影片中输出，所以它不会增加

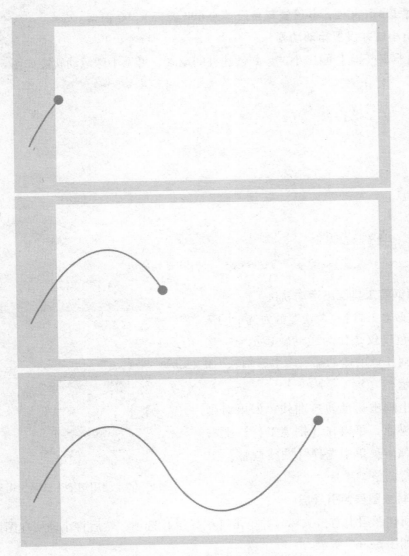

图6—64 线条跟随小球的曲线运动动画

文件的大小，而且它可以多次使用。

　　创建引导层的方法有两种：一种是直接选择一个图层，执行【添加传统运动引导层】命令；另一种是先执行【引导层】命令，使其自身变成引导层，再将其他图层拖曳到引导层中，使其归属于引导层。

　　任何图层都可以使用引导层，当一个图层为引导层后，图层名称左侧的辅助线图标表明该层是引导层。下面通过实例制作，来进一步了解引导层的使用。

1. 创建 Flash 文档，并设置舞台尺寸为 600 像素 ×300 像素。

2. 画出小球并设置运动动画

使用【椭圆工具】画出小球，并创建补间动画，可见小球运动轨迹如图 6—65 所示。

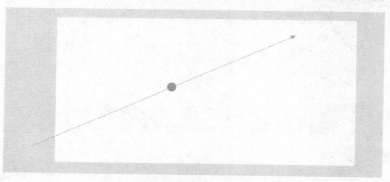

图 6—65　小球运动轨迹

3. 使用钢笔工具画出运动轨迹

选择【钢笔工具】，设置笔触为选定的灰色（此处灰色仅仅是作为运动轨迹示意，选择任何颜色对小球的运动都不产生影响），如图 6—66 所示。

在舞台上画出运动轨迹曲线，如果对画出的曲线不满意，可以在【钢笔工具】上右击鼠标，在弹出菜单中选择【曲线调整】工具对曲线进行调整。

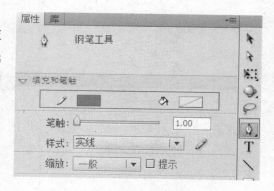

图 6—66　使用钢笔工具画出运动轨迹

4. 转换轨迹图层为引导层

在曲线所在图层上右击鼠标，并单击【引导层】选项，然后将小球所在图层拖动到引导层下方，如图 6—67 所示。

转换后效果如图 6—68 所示，小球将沿灰色曲线运动（灰色曲线播放时将不会出现），可在第 1 帧与第 30 帧处为小球设置起始位置（鼠标拖动小球位置即可）。

四、遮罩动画

在上面的案例中，学习了如何为运动的元件添加引导层，从而控制其运动轨迹。接下来，将通过深化该案例，试着让曲线随着小球的运动而出现。

遮罩层可以将与其相链接的图形中的图像遮盖起来。用户可以将多个层组合放在一个遮罩层下，以创建出多样的效果。遮罩层的工作原理是这样的：它是一个"透视"层，假

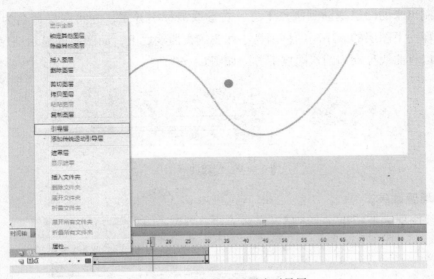

图 6—67　转换轨迹图层为引导层

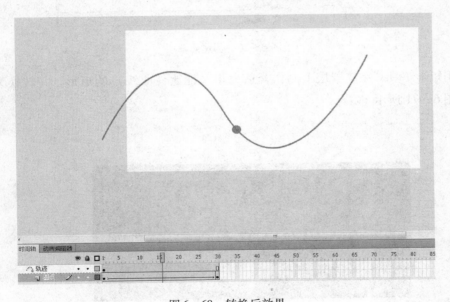

图 6—68　转换后效果

如在该层创建一个圆形，那么就可以透过这圆形，看到遮罩层下方被遮罩的图像（被遮罩层），而圆形以外的部分，将被遮罩层遮住，不予显示。

1. 创建曲线图层

在轨迹图层上单击鼠标右键，单击【复制图层】，复制该轨迹图层（复制轨迹图层作为要呈现的曲线，是为了保证曲线与小球运行轨道一致，而重新画很难达到这个效果）。

　　将复制出来的图层拖动到圆点下方，右键取消掉引导层，并将图层命名为"曲线"。这里要解释一下图层的顺序问题，因为小球要遮在曲线之上，而图层的显示顺序是自上而下的，所以将曲线移动到圆点图层下方，如图 6—69 所示。

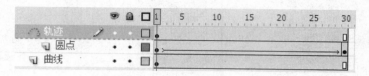

图 6—69　创建曲线图层

2. 创建遮罩层

　　在曲线图层之上新建一个图层，命名为"遮罩"，如图 6—70 所示。

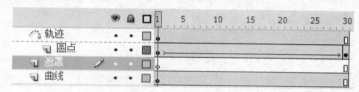

图 6—70　创建遮罩层

　　使用矩形工具，在遮罩层上制作合适大小（能遮住曲线）的矩形，并转换为图形元件，如图 6—71 所示。

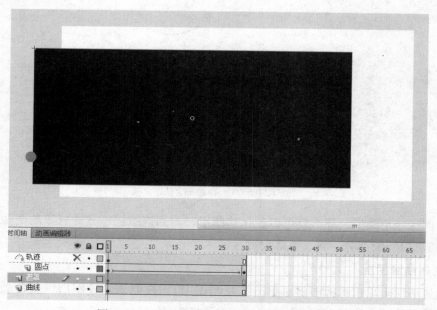

图 6—71　将制作的矩形工具转换为图形元件

在遮罩层特定的帧上（在这里为第 1、5、10、15、20、25、30 帧）创建关键帧，将矩形拖动到跟随小球的合适位置，并添加补间动画，如图 6—72 所示。

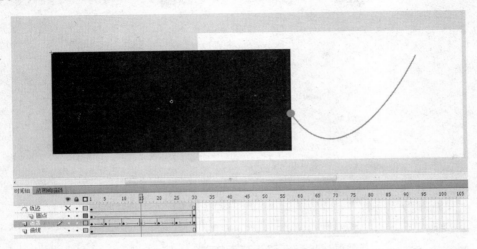

图 6—72　创建关键帧并添加补间动画

在遮罩层上点鼠标右键，并选择【遮罩层】，至此遮罩动画也制作完成了，如图6—73所示。

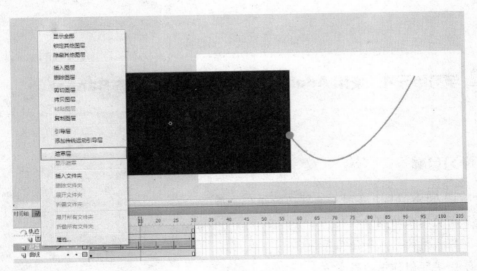

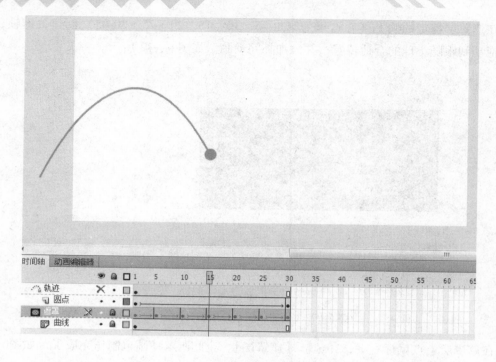

图 6—73　遮罩动画完成效果

 学习单元 4　使用 Adobe Flash CS5 制作动态 Banner

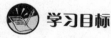 学习目标

● 掌握 Adobe Flash 各种动画技巧的组合使用
● 了解更深层的制作技巧
● 掌握素材的导入和使用等内容
● 掌握实际制作中的思考方式

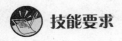 技能要求

某汽车品牌广告

下面这个案例是一个汽车广告 Banner，通过这个案例，来学习一下如何综合使用 Flash 基本动画技巧。

Step 1：准备素材

准备合适的 PNG 格式的汽车图片 2 张，如图 6—74 所示。

图 6—74　准备素材

在准备素材的时候，就需要开始考虑到 Banner 在网页中的性能问题，为了最大程度降低 Banner 占用的资源，首选可以通过效果图模拟的方式，将准备的素材图片调整至最终效果中的最大尺寸，这样既避免了位图占用更大的空间，又避免了图片放大的模糊效果。

Step 2：创建新文档

新建空白的 Flash 文档，调整舞台大小为 600 像素 ×150 像素。

Step 3：为 Banner 添加背景

使用矩形工具，在"颜色"面板将填充颜色调整至如图 6—75 所示。

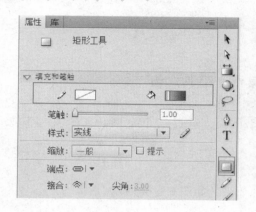

图 6—75　背景设置

　　为 Banner 添加渐变背景：为色条添加 3 个颜色锚点（鼠标单击颜色条可为色条添加颜色锚点，鼠标拖拽锚点出色条范围可删除）并将每个锚点颜色调整至图 6—75 所示，效果如图 6—76 所示。

图 6—76　为 Banner 添加渐变背景

Step 4：添加汽车图片入库

　　单击【文件】>【导入】>【导入到库】，选中准备好的两张汽车图片，并单击【打开】，如图 6—77 所示。

Step 5：添加侧视图动画

　　将库中的汽车侧视图拖动到舞台，如图 6—78 所示。

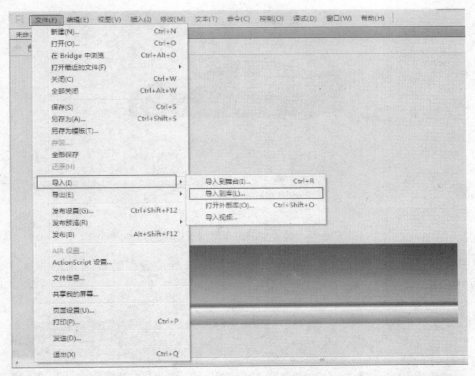

图 6—77　添加汽车图片入库

图 6—78　将库中的汽车侧视图拖动到舞台

　　使用变形工具，将侧视图水平翻转，并调整至合适位置，转换为图形元件，效果如图 6—79 所示。

图 6—79　侧视图调整效果 1

复制汽车图形，调整透明度与位置，作为倒影，效果如图 6—80 所示。

图 6—80　侧视图调整效果 2

　　使用之前学过的技巧，为汽车与倒影添加补间动画，使之从舞台右边移入，如图 6—81 所示（"改变关键帧位置"：鼠标选中并拖动关键帧，可以调整关键帧的位置，从而达到调整动画速率的效果)。

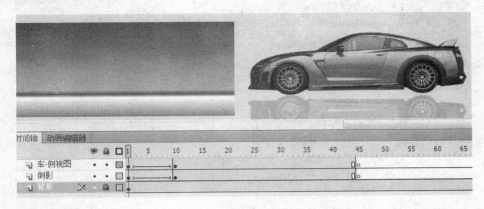

图 6—81　为汽车与倒影添加补间动画

在第 40~50 帧为汽车添加移出动画,如图 6—82 所示。

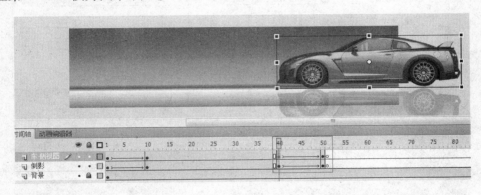

图 6—82　为汽车添加移出动画

Step 6:添加正视图动画

使用前文中"淡入淡出"章节所讲的方法,为正视图添加淡入淡出动画,效果如图 6—83 所示。

Step 7:添加文字内容

使用静态文字工具在合适的位置为 Banner 添加文字内容,并为其添加投影属性,如图 6—84 所示(在属性面板的最下方,可以为文字或元件添加属性,类似于 Photoshop 中的混合选项功能)。

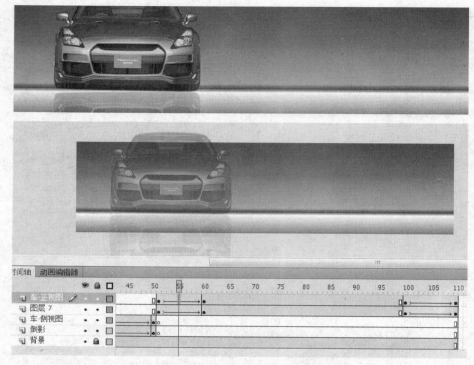

图 6—83　添加正视图动画效果

属性	值	
▼　投影		
模糊 X	5 像素	🔗
模糊 Y	5 像素	🔗
强度	100 %	
品质	低 ▼	
角度	45 °	
距离	5 像素	
挖空	☐	
内阴影	☐	
隐藏对象	☐	
颜色	■	

图 6—84　添加文字

将文字转换为图形元件，如图 6—85 所示。

图 6—85   将文字转换为图形元件

Step 8：添加文字动画

为文本图层在第 10 ~ 20 帧添加关键帧，在第 10 帧缩小文本，并添加补间动画，如图 6—86所示。

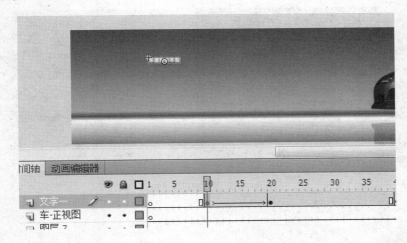

图 6—86   添加文字动画 1

同上，为文字二图层在第 20 ~ 30 帧添加出现动画，如图 6—87 所示。

在车退出时，为文字添加渐隐消失动画，如图 6—88 所示。

至此，侧视图部分的动画全部完成。

Step 9：为正视图添加文字动画

参照上面的方法，为正视图添加合适的文字动画，如图 6—89 所示，这个汽车广告 Banner 就全部完成了。

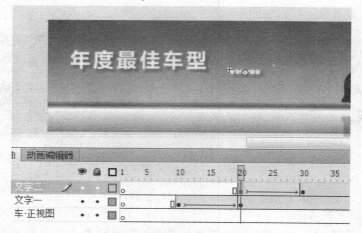

图6—87　添加文字动画2

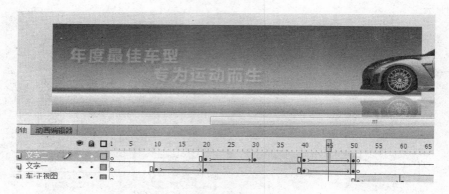

图6—88　添加文字动画3

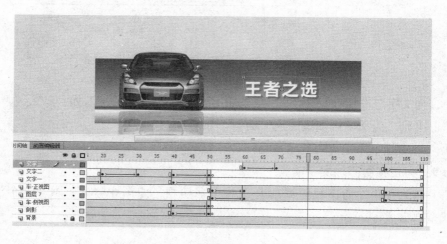

图6—89　为正视图添加合适的文字动画

该案例的动画效果如图6—90所示。

图6—90　动画效果

Step 10：裁剪图片

在这个 Banner 案例中，汽车素材的部分图像始终未出现在画面中，为了进一步优化网页性能，要再次在 Photoshop 中对图片进行编辑，具体操作如图6—91所示（这里以正面汽车为例）。

单击进入要编辑的元件，在汽车上单击右键，选择在 Photoshop 中进行编辑，然后根据汽车在 Flash 中显示的部分，在 Photoshop 中裁剪，如图6—92所示。按【Ctrl + S】键保存，会发现 Flash 中的图片已经更新，如图6—93所示。

图 6—91　正面汽车

图 6—92　裁剪图片

图 6—93　裁剪后的效果

其他的图片素材也使用上述方法进行优化处理。

LOGO 设计大赛 Banner

下面这个例子，来看一个以 Logo 为主体的 Banner 动画。

Step 1：素材准备

准备需要表现的 Logo 的 PSD 素材文件，如图 6—94 所示。

Step 2：新建 Flash 文档

新建一个 Flash 文档，舞台大小定为 600 像素×250 像素。

Step 3：导入 PSD 文档

依次单击【文件】>【导入】>【导入到库】，进入文件选择面板，选中要导入的 Logo 的 .psd 文件，单击【打开】。

图 6—94　素材

在导入选项面板中勾选所有要导入的图层，单击【确定】（右边的选项使用默认即可），如图 6—95 所示。

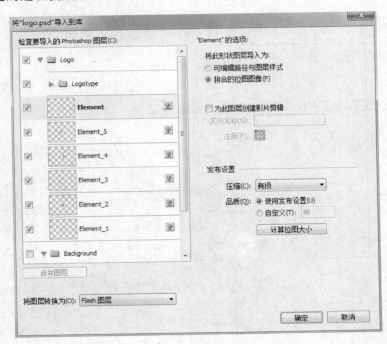

图 6—95　导入图层

此时在库面板中会得到所有导入的图层资源以及一个完整的 Logo 图形元件，如图 6—96 所示。

选中所有位图元件，右击选择属性，勾选【允许平滑】，并选择【是】，如 6—97 所

图6—96　库面板

示。这样做是为了保证位图在动画时不会出现锯齿。

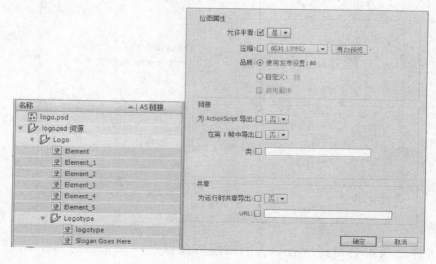

图6—97　设置图元件的属性

Step 4：添加矩形背景

这里需要使用到"颜色"面板（见图6—98），"颜色"面板是 Flash 中非常重要的面板之一，它可以用来调整笔触和填充颜色。可以选择无、纯色、线性渐变、径向渐变和位图填充5种方式。

先选择矩形工具，打开"颜色"面板，单击【窗口】>【颜色】，为填充颜色选择线性渐变，单击下方色条中部添加一个色标，3个色标颜色分别调整为#cccccc、#ffffff、#cccccc，如图6—99所示。

在舞台上画出一个矩形。

Step 5：调整矩形大小和位置

如果矩形的大小、位置和渐变方向都和想要的有出入，可以先选中矩形，然后在"属性"面板中调整其大小与位置，如图6—100所示。

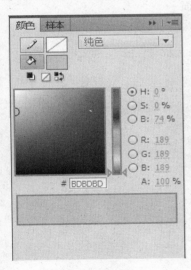
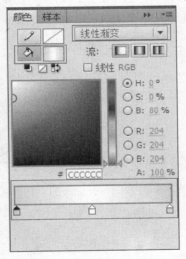

图6—98　"颜色"面板　　　　图6—99　选择渐变颜色　　　图6—100　调整矩形大小和位置

从上面的步骤中了解到，元素的大小和位置可以通过"属性"面板中的【位置和大小】栏目进行精确调整。

Step 6：调整渐变方向

要把渐变方向变成纵向，首先选中矩形，在"工具"面板中选择 渐变变形工具。画面上出现了渐变的调节线和调节点，如图6—101所示。

鼠标拖住右上角的旋转调节点，向左上方拖动，直到渐变的方向变成垂直，如图6—102所示。

图 6—101　选择渐变变形工具后的界面

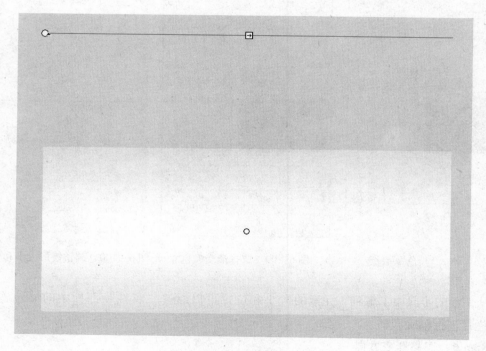

图 6—102　调整渐变方向 1

再用鼠标拖住正上方的宽度调节点，上下拖动调节渐变宽度，使之呈现如图 6—103 所示效果。

图 6—103　调整渐变方向 2

Step 7：添加 Logo 到舞台

拖动库中的 Logo. psd 元件到舞台，单击【窗口】>【对齐】调出对齐面板，将元件对齐到舞台中央，如图 6—104 所示。

效果如图 6—105 所示。

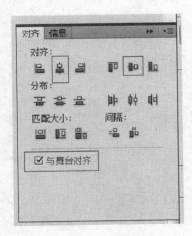

图 6—104　对齐面板　　　　　　　　图 6—105　添加 Logo 到舞台的效果

Step 8：分离 Logo 元件

分离是将一个元件或者成组的舞台元素分解成多个元素或元件的操作。这样做可以快捷方便地重新布局或使用组中的元素。

选中 Logo 元件，右击鼠标，在弹出的菜单中选择【分离】或按【Ctrl + B】键进行分离，这样会得到多张位图，如图 6—106 所示。

图6—106　分离 Logo 元件

将每张位图剪切到单个图层，重新转换成元件，并重新命名，如图6—107 所示。

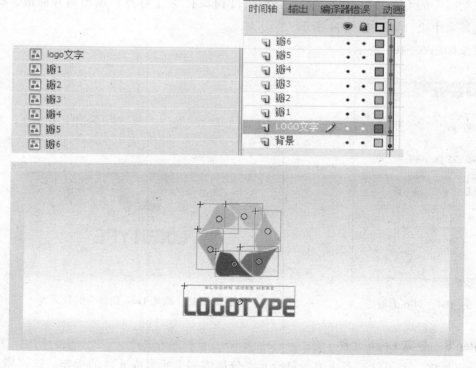

图6—107　将位图转换成元件并重新命名

Step 9：为瓣 1 制作第一部分特效

单击图层上的小眼睛图标，使 Logo 文字、瓣 2 ~ 瓣 6 的图层不可见（不可见仅仅在制作时生效，播放动画时无效），如图6—108所示。

图6—108　为瓣1制作第一部分特效

在第20帧的位置按【F6】键为瓣1层插入关键帧，按【F5】键为背景层插入帧（由于背景在整个动画过程中都不变化，故只需要插入普通帧即可，在下文中为背景插入普通帧将不再做描述）。

在1帧与10帧之间为瓣1插入传统补间，如图6—109所示。

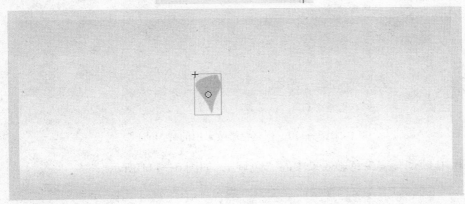

图6—109　为瓣1在1帧与10帧之间插入传统补间

在第 1 帧为瓣 1 调整色彩效果中的 "Alpha"，如图 6—110 所示。

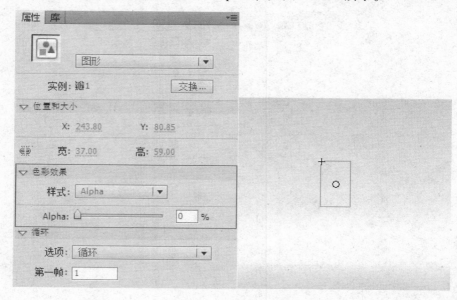

图 6—110 调整色彩效果中的 "Alpha"

在第 10 帧调整瓣 1 色彩效果中的 "色调"，如图 6—111 所示。

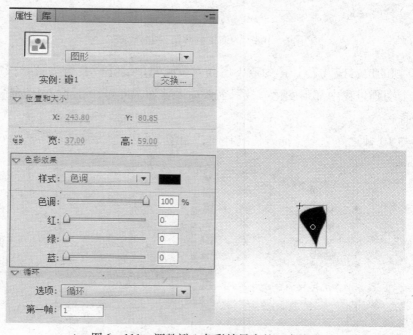

图 6—111 调整瓣 1 色彩效果中的 "色调"

按【Enter】键预览效果查看播放速度是否合适（若不合适可调整关键帧位置）。

Step10：为瓣2～瓣6制作第一部分特效

打开瓣2～瓣6的图层可见，使用同样的方法为瓣2～瓣6制作第一部分特效，并调整关键帧的位置。每一片花瓣出现的动画都较上一片滞后3帧，以达到依次出现的效果，如图6—112所示。

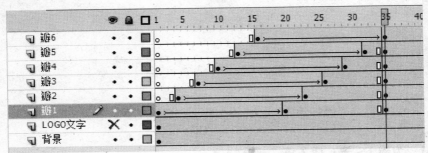

图6—112　为瓣2～瓣6制作第一部分特效

效果大致如图6—113所示。

图6—113　瓣2～瓣6第一部分特效大致效果

Step 11：为瓣1～瓣6插入第二部分特效

在第35帧、第40帧和第45帧分别创建关键帧，并添加传统补间，如图6—114所示。

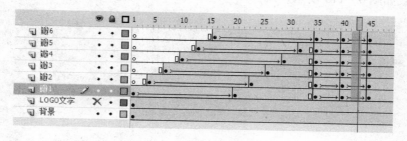

图6—114　创建关键帧，并添加传统补间

在第40帧调整瓣1～瓣6颜色效果中的"亮度"，如图6—115所示。

在第45帧将瓣1～瓣6的色彩效果设为"无"，如图6—116所示。

Step 12：添加Logo文字显示动画

打开Logo文字图层，调整关键帧位置，并添加关键帧和传统补间，如图6—117所示。

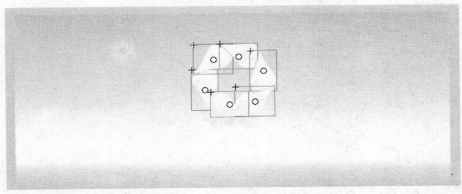

图 6—115　调整瓣 1～瓣 6 颜色效果中的"亮度"及效果

在第 40 帧设置 Logo 文字颜色效果"Alpha"为 0，在第 45 帧设置 Logo 文字颜色效果为"无"，得到效果如图 6—118 所示。

Step 13：整体移动

选中所有已经出现的元件，在第 50 帧处添加关键帧，在第 55 帧处将 Logo 整体移动至左边如图 6—119 所示位置。

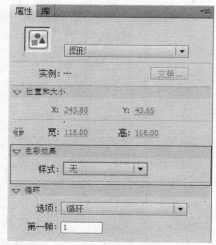

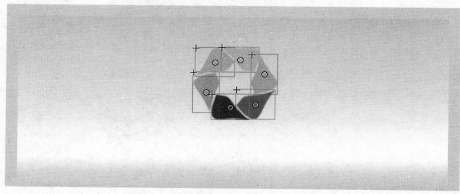

图 6—116　色彩效果设为"无"及效果

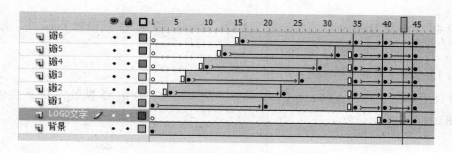

图 6—117　打开文字图层并调整

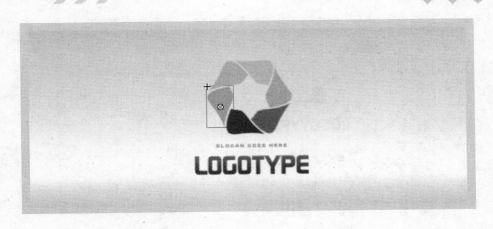

图 6—118　设置文字后效果

图 6—119　整体移动

Step 14：输入提示文字

新建一层，并在第 55 帧处输入文字 "LOGO 设计大赛，请点击查看详情"，如图 6—120所示。

Step 15：转换提示文字

使用前面提到过的方法为文字提供特效，并将其转换为图形元件，如图 6—121所示。

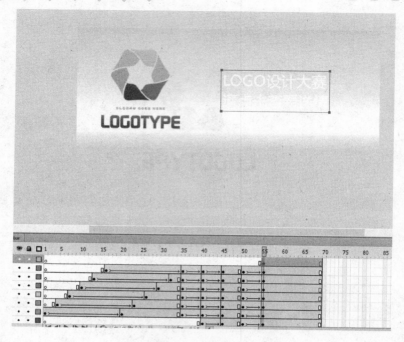

图 6—120 输入提示文字

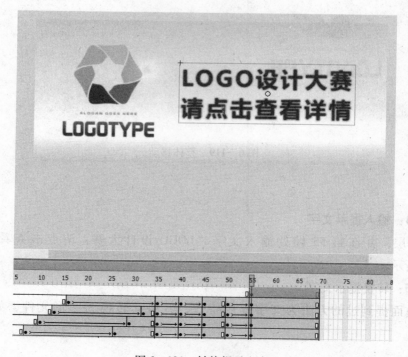

图 6—121 转换提示文字

Step 16：为文字添加动画

在第 60 帧处为文字图层添加关键帧，并创建补间动画。在第 55 帧处将文字元件的透明度调成 0，如图 6—122 所示。

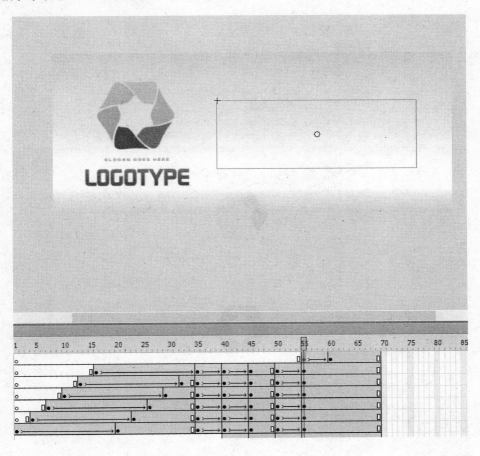

图 6—122   为文字添加动画

Step 17：预览发布

按【Ctrl + F12】键预览发布的动画，如果不再有改动，则可删除多余帧正式发布，动画效果如图 6—123 所示。

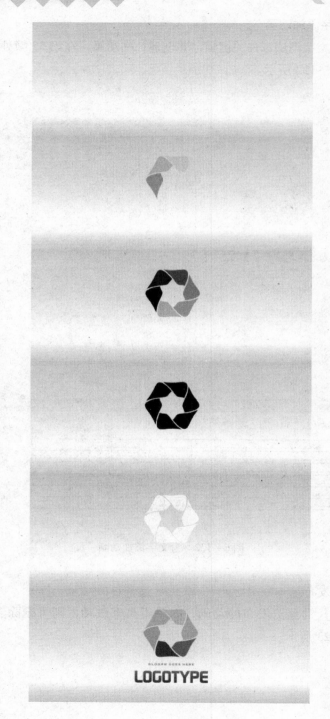

图 6—123　预览动画效果

Banner 间的切换特效

为了提高广告 Banner 窗口的利用率，通常设计师会在一个 Banner 的位置上投放多幅广告 Banner，这里就涉及 Banner 之间的切换，为了更吸引眼球，Banner 间的切换通常会使用一些特效动画来完成。以三幅静态 Banner 切换为例：

Step 1：准备素材

首先准备好事先做好的三幅广告 Banner，如图 6—124 所示。

图 6—124　素材图片

Step 2：新建 Flash 文件

新建一个 Flash 文件，调整舞台尺寸为 600 像素×150 像素。

Step 3：导入广告图片到库

单击【文件】>【导入】>【导入到库】，将图片导入到库中，并分别命名为 p1、p2、p3，如图 6—125 所示。

Step 4：将 p1、p2 加入到舞台

从库中拖动 p1、p2 分别到舞台上不同的两层，调整好关键帧，如图 6—126 所示。

如果此时按下【Enter】键预览动画，会发现在第 20 帧处 p1 生硬地切换到了 p2。

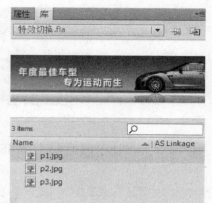

图 6—125　导入广告图片到库

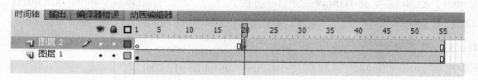

图 6—126　将 p1、p2 加入到舞台

Step 5：新建特效的最小影片剪辑

下面为两张图片间的切换添加特效，依次单击【插入】>【新建元件】，新建一个影片剪辑。命名为"正方形单元"，如图 6—127 所示。

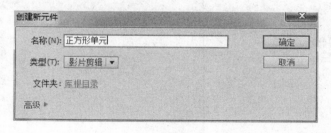

图 6—127　新建特效的最小影片剪辑

Step 6：为正方形单元添加动画

在第 1 帧，画一个 1 像素×1 像素的黑色正方形，调整其位置为（0，0）。如图 6—128 所示，这个正方形很小，但是不可忽略。

接下来，在第 11 帧处按【F7】键插入空白关键帧，在第 10 帧上画上 10 像素×10 像

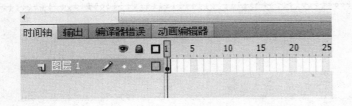

图 6—128　画正方形 1

素的黑色正方形，位置同样设为（0，0），如图 6—129 所示。

图 6—129　画正方形 2

在第 1～第 10 帧之间添加补间形状。

此时按下【Enter】键预览，会看到正方形由小变大的动画过程，在第 15 帧处按【F5】键创建帧，用于过渡。

这里要先提一下设计的切换特效，如果每个正方形单元都制作，需要重复制作 900 个正方形单元。而这里，可以重复使用同一个正方形单元 900 次，从而避免大量的重复动画工作，且大大降低了制作 900 个正方形单元所占用的资源。

Step 7：创建遮罩元件

新建一个影片剪辑，命名为"遮罩"。

从库中拖动"正方形单元"到舞台上，位置设置为（0，0）。使用复制、粘贴创建 60 个"正方形单元"到舞台，使用对齐工具将 60 个"正方形单元"横向排列，如图 6—130 所示。

图 6—130　60 个"正方形单元"横向排列

为方便操作，同时选中 60 个单元并按【Ctrl + G】键编组，如图 6—131 所示。

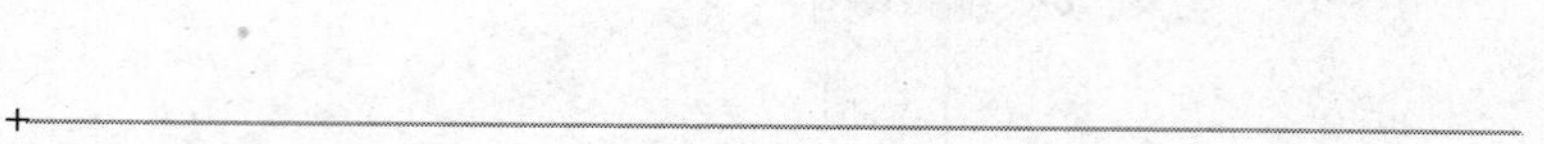

图 6—131　复制 60 个单元并编组

再使用复制、粘贴复制 15 个已编组的单位，使用对齐工具将其纵向排列，如图 6—132所示。

图 6—132　复制 15 个已编组的单位并纵向排列

这样，遮罩元件就制作完成了，下面要将它添加到舞台上，为图片的切换添加特效。

Step 8：创建遮罩层

回到场景中，在图层 2 上创建一个图层，右键转换为遮罩层并解锁，如图 6—133 所示。

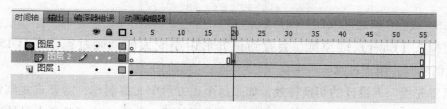

图 6—133　创建遮罩层

Step 9：创建遮罩特效

在第 20 帧处为图层 3 添加关键帧，拖动"遮罩"元件到舞台，位置调整为（0，0），如图 6—134 所示。

在第 35 帧处为图层 3 添加空白关键帧，此时已经可以按下【Ctrl + Enter】键预览过渡特效了。

预览过后会发现过渡动画有点快，打开"正方形单元"，编辑过渡动画长度到如图 6—135所示的位置。

再次预览，效果如图 6—136 所示。

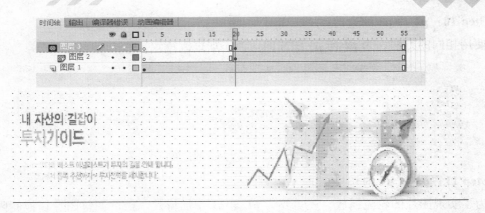

图 6—134　创建遮罩特效

图 6—135　调整过渡动画长度

图 6—136　遮罩动画效果

Step 10：p2 与 p3 的过渡

使用相同的方法，为 p2 与 p3 图片的切换添加过渡特效，如图 6—137 所示。

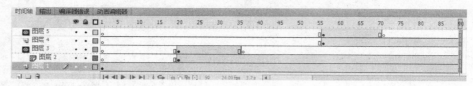

图 6—137　p2 与 p3 的过渡

Step 11：p3 与 p1 的切换

为了实现图片的轮流播放，还需要为 p3 与 p1 添加特效。最后调整图片切换间隔，就完成了整个 3 幅的广告切换 Banner，设置如图 6—138 所示。

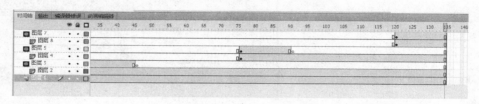

图 6—138　p3 与 p1 的切换

Step 12：预览效果（见图 6—139）

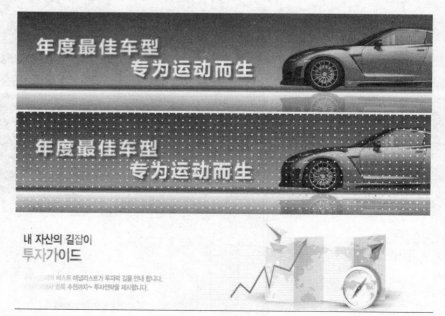

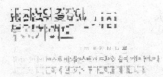

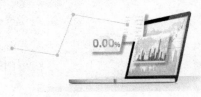

图 6—139　预览效果

第 7 章

建站与优化

第 1 节　建站　　　　　／ 474
第 2 节　网站优化　　　／ 480

第1节 建 站

 **学习目标**

● 了解建站的一般流程
● 了解建站一般流程每个环节要注意的事项

 知识要求

当设计师第一次进行网站设计与建设时，会被域名、空间、解析、网页发布、后期维护与运营等各种问题困扰，甚至都不清楚该如何下手开始做自己的第一个网站。依据行业经验和实际操作，建站的一般流程如下：

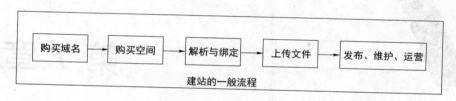

建站的一般流程

一、购买域名

域名（Domain Name）是由一串用点分隔的名字组成的 Internet 上某一台计算机或计算机组的名称，用于在数据传输时标志计算机的电子方位（有时也指地理位置）。一个域名，它定义了行政自主权、权力并控制互联网的境界。域名是在 Internet 上用于解决 IP 地址对应的一种方法。一个完整的域名由两个或两个以上部分组成，各部分之间用英文的句号"."来分隔，最后一个"."的右边部分称为顶级域名（TLD，也称为一级域名），最后一个"."的左边部分称为二级域名（SLD），二级域名的左边部分称为三级域名，以此类推，每一级的域名控制它下一级域名的分配（但最左边的是主机名，是表示提供服务的主机名称）。比如 www.baidu.com 域名中".com"为顶级域名，"baidu"为二级域名，"www"为主机名。

顶级域名分为国际域名与国家域名两类，见表7—1。

表 7—1 顶级域名

国际域名	. com	工、商、金融等企业
	. net	互联网络、接入网络的信息中心（NIC）和运行中心（NOC）
	. org	各种非盈利性的组织
	. gov	政府部门
	. edu	教育机构
	其他	……
国家域名	. cn	中国大陆
	. hk	中国香港
	. tw	中国台湾
	. us	美国
	其他	……

因此，建站的第一步就是根据自己网站所要承载的主要内容以及推广范围等因素，到专门的域名管理机构或企业查询想要注册的域名，只有没有被注册的域名才能申请和注册。

总之，从事互联网的任何事情，都必须从域名开始，一个名正言顺和易于宣传推广的域名是建站和网站运营成功的第一步。

二、购买空间

设计和编写的网站文件总要保存在一定地方——网站空间。网站空间可以采用虚拟主机、云主机或者专用服务器，网站是采用虚拟主机还是专用服务器，需要根据网站的情况和预期发展状况进行综合考虑。网站空间又分为国内空间和国外空间，国内空间对于国内的人来说速度更快，但更贵，且需要备案，国外空间速度不及国内空间，但是不需要备案，且非常便宜。

网站建成之后，要购买一个网站空间才能发布网站内容，在选择网站空间和网站空间服务商时，主要应考虑的因素包括：网站空间的大小、操作系统、对一些特殊功能如数据库的支持，网站空间的稳定性和速度，网站空间服务商的专业水平等。下面是一些通常需要考虑的内容：

1. 网站空间服务商的专业水平和服务质量。这是选择网站空间的第一要素，如果选择了质量比较低下的空间服务商，很可能会在网站运营中遇到各种问题，甚至经常出现网站无法正常访问的情况，或者遇到问题时很难得到及时的解决，这样都会严重影响网络营销工作的开展。

2. 虚拟主机的网络空间大小、操作系统、对一些特殊功能如数据库等是否支持。可根据网站程序所占用的空间，以及预计以后运营中所增加的空间来选择虚拟主机的空间大小，应该留有足够的余量，以免影响网站正常运行。一般来说，虚拟主机空间越大价格也相应越高，因此需在一定范围内权衡，也没有必要购买过大的空间。虚拟主机可能有多种不同的配置，如操作系统和数据库配置等，需要根据自己网站的功能来进行选择，如果可能，最好在网站开发之前就先了解一下虚拟主机产品的情况，以免在网站开发之后找不到合适的虚拟主机提供商。

3. 网站空间的稳定性和速度等。这些因素都影响网站的正常运作，需要有一定的了解，如果可能，在正式购买之前，先了解一下同一台服务器上其他网站的运行情况。

4. 网站空间的价格。现在提供网站空间服务的服务商很多，质量和服务也千差万别，价格同样有很大差异，一般来说，著名的大型服务商的虚拟主机产品价格要贵一些，而一些小型公司可能价格比较便宜，可根据网站的重要程度来决定选择哪种层次的虚拟主机提供商。选有《中华人民共和国增值电信业务经营许可证》的服务商更放心。

5. 如果网站是企业网站、个人网站、外贸网站或者一些拿不到备案号的网站，建议购买使用国外的空间。如果网站是地方网站，建议选择购买国内空间。

三、解析与绑定

域名解析就是域名到 IP 地址的转换过程。IP 地址是网络上标志站点的数字地址，为了简单好记，采用域名来代替 IP 地址标志站点地址。域名的解析工作由 DNS 服务器完成。

购买空间的时候，空间服务商会提供一个 IP 地址。在购买域名的时候，域名服务商会提供一个用户名和密码在其提供的"网络服务管理平台"来管理购买的域名。

域名绑定各个服务商的具体操作可能不同，但一般步骤为：通过用户名及对应密码登录"＊＊域名管理系统"；单击"域名服务"→"域名管理"→"选择需要解析的域名"→"域名解析服务"→"填写空间服务商提供的 IP 地址"→"保存"；系统自动解析→域名生效。

域名生效的所需时间根据具体情况也有所不同：域名是第一次被申请注册的，域名解析设置完成将在 30 min 左右在全球 DNS 生效；在原域名解析中新添域名解析记录，设置完成后将在 30 min 左右在全球 DNS 生效；对已存在的域名解析记录进行 IP 地址修改，变更结果在管理平台的 DNS 上是 30 min 左右生效，全球 DNS 一般 6～12 h 生效。

四、上传文件

在之前的章节当中，练习都仅限于一个 html 文件，但是对于一个网站而言，它是由许多文件构成的，这些文件又相互关联，所以要专门设一个目录把它们分门别类存放起来。因此，在制作之前，需要在 Adobe Dreamweaver CS5 中建立一个站点。

在菜单栏的【站点】>【新建站点】中打开新建站点面板，如图 7—1 所示。

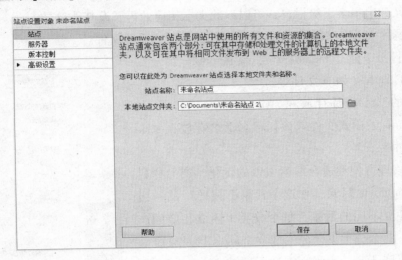

图 7—1　打开新建站点面板

将站点名称和本地站点文件夹命名好以后，一个站点就完成了，能在界面中看到如图 7—2所示的"文件"面板。

这个面板用来建立网站中的文件夹，名称全部用小写英文字母、数字、下划线的组合，其中不得包含汉字、空格和特殊字符；目录名应以英文、拼音为主（不到万不得已不要以拼音作为目录名称，经验证明，用拼音命名的目录往往在一个月后连本人都看不懂）。尽量用一些大家都能看懂的词汇。使得自己和工作组的每一个成员能够方便的理解每一个文件夹的意义。

图 7—2　"文件"面板

一般命名的规则如下：

1. 不要将所有文件都存放在根目录下。

可能大家都会有这样一个经历：当打开自己计算机一个里面放了很多文件的文件夹的时候，打开速度明显比打开文件数量很少的文件夹慢。其实打开的过程是一个索引的过程，如果是放到服务器上来说的话，无疑延长了服务器对客户端的响应时间。另外，如果直接将所有文件都放在根目录下，直接导致的一个后果是：当文件多了之后，文件管理变得又混乱又困难。

2. 根目录下建立 images 用于存放各页面都要使用的公用图片。

3. 在根目录下为每个主要栏目开设一个相应的子目录。

目录中再开设一个 images 子目录用以放置此栏目专有的图片文件，如果这个栏目的内容特别多，又分出很多下级栏目，可以以此类推相应的再开设其他目录。

4. 根目录一般只存放首页以及其他必须的页面或系统文件。

5. 在根目录下建立 include（或 inc 或 public 目录），用来存放公共脚本（如 js 文件等）。

6. 所有的 CSS 文件存放在 style（或 css）目录下，各栏目页面特有的样式文件以该栏目名命名存放在 style（或 css）文件夹下。

7. 为了管理方便和适合搜索引擎的优化，产品栏目要单独建立 products 目录，在这个目录下按照产品一级和二级分类建立不同的目录，每个分类下建立相应的产品列表页面，每个分类下，分别建立 images 目录放产品图片，images 目录下，按照小图和大图建立 small 和 big目录，放置缩略图和放大图。

8. 目录层次不要太深，最好不超过 3 层，这样维护管理更方便。

9. 目录名称不宜过长，同时尽量使目录表意明确。

建立文件夹的方法是在面板区域内单击鼠标右键，然后单击【新建文件夹】，如图 7—3 所示。

在本地 Adobe Dreamweaver CS5 站点中，编写测试完所有的文件之后，需要将这些文件上传到购买的绑定好域名的服务器网站空间中。所以需要首先连接到服务器连接，网页才能被上传到服务器，其他人才能通过浏览器浏览发布的网站。

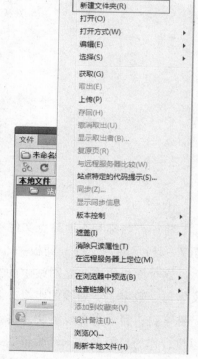

图 7—3　新建文件夹

上传文件有多种途径，根据空间提供给的服务器的地址、用户名和密码，在 Adobe Dreamweaver CS5 软件中设置，方法如图 7—4 所示。

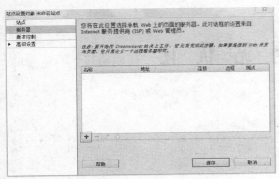

图7—4　上传文件

其中：

①——服务器地址（服务商提供）。

②——分配的用户名（服务商提供）。

③——分配的密码（服务商提供）。

④——域名。

设置保存之后，成功连接后，就能够将网站程序上传到服务器上了。

当然也可以通过其他如 CutFtp 等 FTP 软件连接服务器后，将文件上传到服务器网站空间中。这里不具体介绍，可以查看相关资料。

五、发布维护与运营

网站发布维护的主要内容包括：

1. 服务器及相关软硬件的维护，对可能出现的问题进行评估，制定响应时间。

2. 数据库维护，有效地利用数据是网站维护的重要内容，因此数据库的维护要受到重视。

3. 内容的更新、调整等。

4. 制定相关网站维护的规定，将网站维护制度化、规范化。

网站运营的主要内容为网站推广、搜索引擎登记等，这些将在下一节介绍。

第2节 网站优化

 学习单元 1　SEO

 学习目标

● 了解 SEO 的概念和一般方法

 知识要求

SEO 为搜索引擎优化，即利用搜索引擎的搜索规则来提高网站在有关搜索引擎内的排名的方式。

当建设好网站后，搜索引擎会识别网站中的关键词，当有人搜索这个关键词的时候，包含这个关键词的网站就会被搜索出来，其中也包含了客户的网站。如果拥有这个关键词的网站是海量的，那么，如果不进行 SEO，客户的网站很难在这些网站中被迅速找到，这样就失去了被单击浏览的机会。这也是 SEO 的作用。

网站 SEO 优化分为站内优化与站外推广两类。

一、站内优化

1. 网站标题（title）、关键词（keyword）和描述（description）的优化

网站的 title、keyword 和 description 是非常的重要，这也是搜索引擎判断网页内容的依据，是网站排名的关键因素：title 是表明网页主题；keyword 与网站主题相关，关键词不宜多，一般就是 3 ~ 5 个；description 是对网页内容进行简单的概述。在网站中，每一个页面的 title、keyword 和 description 都是不一样的，会有利于网站的收录。

下面来看看百度网站是如何呈现网络蜘蛛抓爬的网站网页的。当在百度网站搜索"网页设计"时，得到如图 7—5 所示的页面。

其中①内的信息就是网站的 title，②内的信息是网站的 description，这两个信息里面

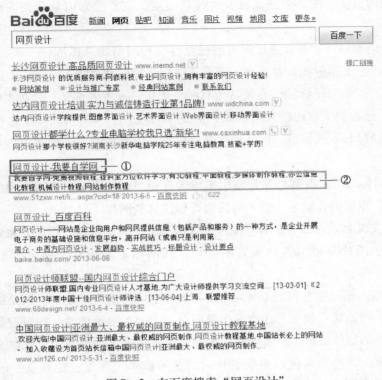

图 7—5　在百度搜索"网页设计"

包含的关键词对搜索引擎的获取非常重要。

2. 网站 URL 的优化

URL 是网站每个网页的访问网址，搜索引擎通过网址达到每个页面，然后进行内容抓取，不好的 URL 会把搜索引擎蜘蛛拒之门外，无法抓取网页的内容。URL 是搜索引擎和网页内容之间的桥梁，一个好的 URL 应该遵循的原则：（1）要根据页面主题进行命名，让搜索引擎和用户很容易根据 URL 就能明白页面是介绍什么的；（2）同一网页对应一个 URL，长度尽量短点的，更容易被大家记住，更便于进行粘贴复制；（3）一般来讲，网络蜘蛛读取网址的时候认为一些符号为空符，比较好的分隔符可以使用"_"，这样既能够便于网络蜘蛛忽略，又能够让客户明白 URL 想表达的意思，理解后肯定加深记忆。

3. 网页内容优化

网站内容要有规律地进行更新，其中最重要的是多发表一些原创的信息，信息中尽量以关键词为主题，这样会事半功倍。

（1）关键词选定。不建议选择竞争力特高的词，不要选择太多关键词，选择相关关键词 3 ~ 5 个较好。

（2）关键词密度。搜索引擎比较看重排名因素，主要搜索引擎认为关键词密度要在 3% ~ 8% 比较好。

（3）关键词布局。一般来讲根据人的视觉感受和网络蜘蛛抓取，一般都是由左至右、由上而下，所以左上角应该首要突出关键词，然后是导航和页脚。

（4）H1 的标题。H1 标签一直被认为对网页优化具有重要意义。针对主流搜索引擎的研究发现，H1 标题确实有比较大的权重，但是不可乱用。H2、H3、H4 这些标题对搜索引擎来说，已经没有多大价值，但是使用这些标签可以突出网页中的重点内容，增加客户体验。

（5）alt 属性。增加 alt 属性对搜索引擎排名有相当大的影响，在网页中的图片上加一些有针对性的、重要的关键字，便于网络蜘蛛标注这些图片。

（6）图片文件名。可以告诉客户图像的来源地址之类的信息，可以让蜘蛛提取图像的文字信息；由于图片是吸引客户很好的手段，在网站上的图片文件名可以使用关键词命名。

（7）锚链接。锚链接可以加 title，里面的地址建议使用绝对地址。网站的内部链接应当合理地把整个网站联系起来，让搜索引擎明白每个网页的重要性。同时避免死链，死链会影响整个网站的整体形象，再者搜索引擎是通过链接来进行搜索的，死链会降低网站在搜索引擎的权重。另外在对网站页面链接时，要考虑单击深度：越是重要的关键词和页面，越要能够更容易进去看到；链接数量：一般来讲指向页面链接越多的内页权重越高，如果想突出关键词或某个重要的页面可以让更多的链接指向；链接位置：可以根据用户和蜘蛛浏览网页的习惯，在首部、侧边栏、页脚添加一些重要的链接。

以上是 SEO 站内优化的大体思路，作为网页设计师，对于 SEO 优化，也有许多要注意的地方，其基本准则是：符合 Web 标准，语义化 html，结构表现行为分离，兼容性优良。页面性能方面，代码要求简洁明了有序，尽可能减小服务器负载，保证最快的解析速度。

二、站外推广

站外推广主要目的是增加网站的外部链接也称反向链接，是其他网站指向自己网站的链接。外部链接在很大程度上反映了网站的流行度，是搜索引擎排名的一个重要部分。外部链接与 PR 值有密切的关系，外部链接越多，PR 越高，网站的排名也会越靠前。目前站外推广的方法有很多，下面列举几个：

1. 友情链接

友情链接可以为网站带来外链，可以适当增加网站的权重，不过设计师在给网站寻找友情链接的时候，要注意一些问题，最好是同行业的。选择友情链接交换时，要选择那些快照不超过一个星期、收录和外链最低也要过百，最好有 PR，还有网站关键词排名靠前网站进行交换。

2. 论坛

论坛外链分为：论坛签名、灌水，还有回帖。至于论坛回帖，一般要看质量，不要一回答别人的问题就上网站链接，这样很容易被删除。要真心回复别人的问题，适当加入自己的网站链接。

3. 博客

博客是最好的外链方法之一，不用去审核，可以在博客中随意加上自己网站的链接，很少会被删除。

4. 分类信息网平台

现在的分类信息网有很多，58、赶集、列表网、生意宝等，可以在发布信息的同时里面加入自己的网站链接。

5. 分类目录网站

一些较大的分类目录网站的权重通常都比较高，分类目录有给网站带来权重和品牌推广的两个优势。

目前，还有两个很好的站外推广途径，分别为微博与微信，希望能加关注与研究。

 学习单元 2　用户体验

 学习目标

● 了解用户体验的概念和一般方法

 知识要求

在维基百科中，用户体验的解释如下：

用户体验（User experience）是一个测试产品满意度与使用度的词语，可能是基于西方产品设计理论中发展出来的。在大多数情况下，产品软件测试或是商业行销测试时，会用到用户体验这个词。但是它也可应用在交互设计，交互式语音应答上面。有时在探讨设计价值时，也会用到此新设计是否导出更差的用户体验，来评估其好坏。

　　结合本教材，对于网页设计而言，用通俗易懂的话概括用户体验就是：网站在功能、交互、视觉设计上，带给指定用户的主观感受。

　　因为每个人对于网站的认知不同，所以这种主观感受也会有所不同，但是对于特定的用户群，这种感受却有着很多共同点，遵循这些共同点进行网页设计，就是用户体验设计。

　　在设计和制作网站时，考虑用户体验是对网页设计师的更高要求。必须要强调的是，网页设计师的工作是设计和制作网页，而并非平面作品，这意味的设计师必须按照网页和硬件展示设备的属性来考虑所有问题（当然也包括用户体验的问题）。

　　例如，在色彩选择上，平面设计时的色彩运用注重视觉的冲击力及视觉流的引导，而网页设计更注重的是信息结构关系的梳理，如果将色彩运用得过多过强，很容易引起视觉的疲劳感；平面设计的字体选用更为自由一些，不用担心后期实现的问题，所有的文字最后都会输出为图形进行印刷，而网页设计就需要考虑得更为全面，并且在字体的选用范围上也很小，为了让输出的成品大小不对服务器造成压力，基于 html 的特性，所有字体都是根据用户操作系统内默认字体而定的；网页的展现形式也更加多样、动态，其中交互设计是网页设计中最为重要的一部分，也是平面设计师无须考虑的部分……

　　深刻理解网页的特性，才能让设计师更好地来考虑用户体验，而不是趋于表面化的"修饰"，网页的"用户体验"问题应该更加立体。